第二次青藏高原综合科学考察研究丛书

国家出版基金项目
NATIONAL PUBLICATION FOUNDATION

西藏色林错-普若岗日
国家公园建设可行性研究

樊 杰 钟林生 等 著

科学出版社

北 京

内 容 简 介

本书以色林错－普若岗日国家公园建设方案为例，研究脆弱生态系统国家公园遴选标准与规划经验，探索以高原湖泊为保护对象的国家公园合理容量测定技术，建立脆弱生态系统国家公园的遴选标准，初步建立青藏高原国家公园群的遴选标准和名单，提出青藏高原国家公园（群）建设思路；研究色林错－普若岗日国家公园范围划定与功能分区技术方法，设计色林错－普若岗日国家公园建设的保护体系与格局、公园公益体系和利用格局、公园配套设施和布局、社区联动发展路径、重要小微尺度景观建设等具体方案；构建色林错－普若岗日国家公园管理体制的评估和优化的技术方法，开展色林错－普若岗日国家公园智能管理平台需求调研，建立平台功能需求体系，形成智慧平台管理系统；分析色林错－普若岗日国家公园环境影响评价与效益、风险评估，对其建设可能存在的环境影响、效益和风险进行评价。

本书可作为人文地理、城市规划、资源管理等专业科研用书，也可供国家公园建设、生态保护实践领域科研、管理、技术人员参考使用。

审图号：藏S（2021）015号

图书在版编目（CIP）数据

西藏色林错–普若岗日国家公园建设可行性研究 / 樊杰等著. —北京：科学出版社，2021.7

（第二次青藏高原综合科学考察研究丛书）

国家出版基金项目

ISBN 978-7-03-063975-2

Ⅰ.①西… Ⅱ.①樊… Ⅲ.①国家公园–建设–可行性研究–西藏 Ⅳ.①S759.992.75

中国版本图书馆CIP数据核字（2019）第300330号

责任编辑：朱 丽 白 丹 / 责任校对：何艳萍
责任印制：肖 兴 / 封面设计：吴霞暖

科学出版社 出版

北京东黄城根北街16号
邮政编码：100717
http://www.sciencep.com

北京汇瑞嘉合文化发展有限公司 印刷

科学出版社发行 各地新华书店经销

*

2021年7月第 一 版 开本：787×1092 1/16
2021年7月第一次印刷 印张：23 1/4
字数：551 000

定价：280.00元

（如有印装质量问题，我社负责调换）

刘丛强　中国科学院地球化学研究所

龚健雅　武汉大学

焦念志　厦门大学

赖远明　中国科学院西北生态环境资源研究院

胡春宏　中国水利水电科学研究院

郭正堂　中国科学院地质与地球物理研究所

王会军　南京信息工程大学

周成虎　中国科学院地理科学与资源研究所

吴立新　中国海洋大学

夏　军　武汉大学

陈大可　自然资源部第二海洋研究所

张人禾　复旦大学

杨经绥　南京大学

邵明安　中国科学院地理科学与资源研究所

侯增谦　国家自然科学基金委员会

吴丰昌　中国环境科学研究院

孙和平　中国科学院测量与地球物理研究所

于贵瑞　中国科学院地理科学与资源研究所

王　赤　中国科学院国家空间科学中心

肖文交　中国科学院新疆生态与地理研究所

朱永官　中国科学院城市环境研究所

《西藏色林错－普若岗日国家公园建设可行性研究》
编写委员会

主　编　　樊　杰

副主编　　钟林生　李建平

编　委　　赵新全　赵文武　刘国华　杨兆萍　王小丹
　　　　　徐　勇　陈　田　张文忠　刘　旺　徐卫华
　　　　　陈劭锋　黄宝荣　王传胜　虞　虎　陈　东
　　　　　杨振山　余建辉　周　侃　孙　琨　王红兵
　　　　　吴登生　王　移　刘寅鹏　李九一　郭　锐
　　　　　王亚飞　王　玲

第二次青藏高原综合科学考察队
国家公园分队人员名单

姓名	职务	工作单位
樊　杰	分队长	中国科学院地理科学与资源研究所 中国科学院科技战略咨询研究院
钟林生	副分队长	中国科学院地理科学与资源研究所
李建平	队员	中国科学院科技战略咨询研究院
徐　勇	队员	中国科学院地理科学与资源研究所
张文忠	队员	中国科学院地理科学与资源研究所
刘　旺	队员	四川师范大学
王传胜	队员	中国科学院地理科学与资源研究所
黄宝荣	队员	中国科学院科技战略咨询研究院
陈　东	队员	中国科学院地理科学与资源研究所
杨振山	队员	中国科学院地理科学与资源研究所
余建辉	队员	中国科学院地理科学与资源研究所
孙　琨	队员	扬州大学
王红兵	队员	中国科学院科技战略咨询研究院
吴登生	队员	中国科学院科技战略咨询研究院
王　移	队员	四川师范大学
刘寅鹏	队员	中国科学院科技战略咨询研究院
李九一	队员	中国科学院地理科学与资源研究所

周　侃　　　队员　　　中国科学院地理科学与资源研究所

虞　虎　　　学术秘书　中国科学院地理科学与资源研究所

郭　锐　　　队员　　　中国科学院科技战略咨询研究院

王亚飞　　　队员　　　中国科学院地理科学与资源研究所

聂炎宏　　　队员　　　中国科学院地理科学与资源研究所

白　赫　　　队员　　　中国科学院科技战略咨询研究院

赵艳楠　　　队员　　　中国科学院地理科学与资源研究所

梁　博　　　队员　　　中国科学院地理科学与资源研究所

段　健　　　队员　　　中国科学院地理科学与资源研究所

赵　燊　　　队员　　　中国科学院地理科学与资源研究所

陈东军　　　队员　　　中国科学院地理科学与资源研究所

李　萌　　　队员　　　中国科学院地理科学与资源研究所

杨　定　　　队员　　　中国科学院地理科学与资源研究所

张海鹏　　　队员　　　中国科学院地理科学与资源研究所

丛书序一

青藏高原是地球上最年轻、海拔最高、面积最大的高原，西起帕米尔高原和兴都库什、东到横断山脉，北起昆仑山和祁连山、南至喜马拉雅山区，高原面海拔 4500 米上下，是地球上最独特的地质－地理单元，是开展地球演化、圈层相互作用及人地关系研究的天然实验室。

鉴于青藏高原区位的特殊性和重要性，新中国成立以来，在我国重大科技规划中，青藏高原持续被列为重点关注区域。《1956—1967年科学技术发展远景规划》《1963—1972 年科学技术发展规划》《1978—1985 年全国科学技术发展规划纲要》等规划中都列入针对青藏高原的相关任务。1971 年，周恩来总理主持召开全国科学技术工作会议，制订了基础研究八年科技发展规划（1972—1980 年），青藏高原科学考察是五个核心内容之一，从而拉开了第一次大规模青藏高原综合科学考察研究的序幕。经过近 20 年的不懈努力，第一次青藏综合科考全面完成了 250 多万平方千米的考察，产出了近 100 部专著和论文集，成果荣获了 1987 年国家自然科学奖一等奖，在推动区域经济建设和社会发展、巩固国防边防和国家西部大开发战略的实施中发挥了不可替代的作用。

自第一次青藏综合科考开展以来的近 50 年，青藏高原自然与社会环境发生了重大变化，气候变暖幅度是同期全球平均值的两倍，青藏高原生态环境和水循环格局发生了显著变化，如冰川退缩、冻土退化、冰湖溃决、冰崩、草地退化、泥石流频发，严重影响了人类生存环境和经济社会的发展。青藏高原还是"一带一路"环境变化的核心驱动区，将对"一带一路"沿线 20 多个国家和 30 多亿人口的生存与发展带来影响。

2017 年 8 月 19 日，第二次青藏高原综合科学考察研究启动，习近平总书记发来贺信，指出"青藏高原是世界屋脊、亚洲水塔，是地球第三极，是我国重要的生态安全屏障、战略资源储备基地，是中华民族特色文化的重要保护地"，要求第二次青藏高原综合科学考察研究要"聚焦水、生态、人类活动，着力解决青藏高原资源环境承载力、灾害风险、绿色发展途径等方面的问题，为守护好世界上最后一方净土、建设美丽的青藏高原作出新贡献，让青藏高原各族群众生活更加幸福安康"。习近平总书记的贺信传达了党中央对青藏高原可持续发展和建设国家生态保护屏障的战略方针。

第二次青藏综合科考将围绕青藏高原地球系统变化及其影响这一关键科学问题，开展西风－季风协同作用及其影响、亚洲水塔动态变化与影响、生态系统与生态安全、生态安全屏障功能与优化体系、生物多样性保护与可持续利用、人类活动与生存环境安全、高原生长与演化、资源能源现状与远景评估、地质环境与灾害、区域绿色发展途径等 10 大科学问题的研究，以服务国家战略需求和区域可持续发展。

"第二次青藏高原综合科学考察研究丛书"将系统展示科考成果，从多角度综合反映过去 50 年来青藏高原环境变化的过程、机制及其对人类社会的影响。相信第二次青藏综合科考将继续发扬老一辈科学家艰苦奋斗、团结奋进、勇攀高峰的精神，不忘初心，砥砺前行，为守护好世界上最后一方净土、建设美丽的青藏高原作出新的更大贡献！

孙鸿烈

第一次青藏科考队队长

丛书序二

　　青藏高原及其周边山地作为地球第三极矗立在北半球，同南极和北极一样既是全球变化的发动机，又是全球变化的放大器。2000年前人们就认识到青藏高原北缘昆仑山的重要性，公元18世纪人们就发现珠穆朗玛峰的存在，19世纪以来，人们对青藏高原的科考水平不断从一个高度推向另一个高度。随着人类远足能力的不断加强，逐梦三极的科考日益频繁。虽然青藏高原科考长期以来一直在通过不同的方式在不同的地区进行着，但对于整个青藏高原的综合科考迄今只有两次。第一次是20世纪70年代开始的第一次青藏科考。这次科考在地学与生物学等科学领域取得了一系列重大成果，奠定了青藏高原科学研究的基础，为推动社会发展、国防安全和西部大开发提供了重要科学依据。第二次是刚刚开始的第二次青藏科考。第二次青藏科考最初是从区域发展和国家需求层面提出来的，后来成为科学家的共同行动。中国科学院的A类先导专项率先支持启动了第二次青藏科考。刚刚启动的国家专项支持，使得第二次青藏科考有了广度和深度的提升。

　　习近平总书记高度关怀第二次青藏科考，在2017年8月19日第二次青藏科考启动之际，专门给科考队发来贺信，作出重要指示，以高屋建瓴的战略胸怀和俯瞰全球的国际视野，深刻阐述了青藏高原环境变化研究的重要性，要求第二次青藏科考队聚焦水、生态、人类活动，揭示青藏高原环境变化机理，为生态屏障优化和亚洲水塔安全、美丽青藏高原建设作出贡献。殷切期望广大科考人员发扬老一辈科学家艰苦奋斗、团结奋进、勇攀高峰的精神，为守护好世界上最后一方净土顽强拼搏。这充分体现了习近平总书记的生态文明建设理念和绿色发展思想，是第二次青藏科考的基本遵循。

　　第二次青藏科考的目标是阐明过去环境变化规律，预估未来变化与影响，服务区域经济社会高质量发展，引领国际青藏高原研究，促进全球生态环境保护。为此，第二次青藏科考组织了10大任务和 60 多个专题,在亚洲水塔区、喜马拉雅区、横断山高山峡谷区、祁连山-阿尔金区、天山-帕米尔区等 5 大综合考察研究区的 19 个关键区,开展综合科学考察研究,强化野外观测研究体系布局、科考数据集成、新技术融合和灾害预警体系建设,产出科学考察研究报告、国际科学前沿文章、服务国家需求评估和咨询报告、科学传播产品四大体系的科考成果。

　　两次青藏综合科考有其相同的地方。表现在两次科考都具有学科齐全的特点,两次科考都有全国不同部门科学家广泛参与,两次科考都是国家专项支持。两次青藏综合科考也有其不同的地方。第一,两次科考的目标不一样:第一次科考是以科学发现为目标;第二次科考是以摸清变化和影响为目标。第二,两次科考的基础不一样:第一次青藏科考时青藏高原交通整体落后、技术手段普遍缺乏;第二次青藏科考时青藏高原交通四通八达,新技术、新手段、新方法日新月异。第三,两次科考的理念不一样:第一次科考的理念是不同学科考察研究的平行推进;第二次科考的理念是实现多学科交叉与融合和地球系统多圈层作用考察研究新突破。

　　"第二次青藏高原综合科学考察研究丛书"是第二次青藏科考成果四大产出体系的重要组成部分,是系统阐述青藏高原环境变化过程与机理、评估环境变化影响、提出科学应对方案的综合文库。希望丛书的出版能全方位展示青藏高原科学考察研究的新成果和地球系统科学研究的新进展,能为推动青藏高原环境保护和可持续发展、推进国家生态文明建设、促进全球生态环境保护做出应有的贡献。

姚檀栋
第二次青藏科考队队长

前　言

　　西藏是中国境内具有明显民族性和区域特点的地区，拥有突出的生态功能。开展色林错区域科学考察，探索色林错 – 普若岗日国家公园建设路径，是落实国家战略和促进地区发展的重要模式探索，是藏北地区解决贫困问题、促进区域可持续发展的需要，也是适应人类消费需求变化和新旧动能转换的需要。色林错 – 普若岗日国家公园在生态文明和国土生态安全建设、实现"美丽中国"发展战略、满足人民群众日益增长的精神文化需求、切实保护好国家自然和人文遗产资源中将发挥重要作用。为了深入考察研究色林错 – 普若岗日国家公园的建设基础和可行性，第二次青藏高原综合科学考察队国家公园分队分两次，即分别于 2017 年 9 月 16 ～ 23 日、2018 年 7 月 3 ～ 14 日深入该区域开展科考工作，旨在获取第一手数据资料，研制色林错 – 普若岗日国家公园建设的可行性方案。

　　本书以色林错 – 普若岗日国家公园建设科考方案为重点，研究脆弱生态系统国家公园遴选标准与规划经验，从遴选标准、边界划定、可行性评估、利益相关者协商、国家设立与规划五个方面切入，系统分析国际脆弱生态系统国家公园的遴选机制、设立流程及其规划的国际经验；开展色林错 – 普若岗日国家公园区域自然生态和人文资源本底调查，研究国家公园生态系统完整性和原真性评估方法和技术流程；研究以高原湖泊为保护对象的国家公园合理容量测定技术，建立脆弱生态系统国家公园的遴选标准，遴选西藏国家公园建设区域，初步建立青藏高原国家公园群的遴选标准和名单，提出青藏高原国家公园（群）建设思路；研究色林错 – 普若岗日国家公园范围划定与功能分区技术方法，设计色林错 – 普若岗日国家公园建设的保护体系与格局、公园公益体系和利用格局、公园配套设施和布局、社区联动发展路径、重要小微尺度景观建设等具体方案；构建色林错 – 普若岗日国家公园管理体制的评估与优化的技术和方法，设计色林错 – 普若岗日国家公园建设和管理评估理论框架；开展色林错 – 普若岗日国家公园智能管理平台需求调研，建立平台功能需求体系，形成智慧平台管理系统；分析色林错－普若岗日国家公园环境影响评价与效益、风险评估，对色林错－普若岗日国家公园建设可能存在的环境影响、效益和风险进行评价。

本书由中国科学院地理科学与资源研究所组织撰写，中国科学院科技战略咨询研究院、四川师范大学、扬州大学参与撰写。樊杰负责确定本书的撰写思路、总体框架、权属通告，以及对本书进行修改，并承担重点章节的撰写任务。具体分工如下：第 1 章、第 2 章由樊杰完成；第 3 章由王传胜、杨振山完成；第 4 章由刘旺、王移完成，第 5 章由黄宝荣完成；第 6 章由虞虎、钟林生完成；第 7 章由钟林生、虞虎、孙琨、杨振山、郭锐完成；第 8 章由陈东、虞虎完成；第 9 章由李建平、刘寅鹏、吴登生完成；第 10 章由孙琨、钟林生完成。樊杰负责全书的统稿工作，虞虎协助统稿。

感谢中国科学院青藏高原研究所及其拉萨部为本次科考工作提供了许多支撑性工作，地方政府包括西藏自治区人民政府、那曲市人民政府、班戈县人民政府、申扎县人民政府、尼玛县人民政府、双湖县人民政府为野外科考工作提供了诸多便利条件和基础资料，在此深表感谢。

本书难免存在不足之处，恳请读者批评指正！

作　者

2019 年 6 月

摘　　要

青藏高原是中国境内具有明显民族性和区域特点的地区，拥有突出的生态功能作用，在全球气候变化和人类活动双重胁迫下，青藏高原区域可持续发展亟需寻求新的发展模式。开展色林错区域科学考察，探索色林错国家公园建设路径，是落实国家战略和促进地区发展的重要模式探索，是藏北解决贫困问题、促进区域可持续发展的需要，是适应人类消费需求变化和发展新动能转换的需要。色林错国家公园在生态文明和国土生态安全建设，实现"美丽中国"发展战略、满足人民群众日益增长的精神文化需求、切实保护好国家自然和人文遗产资源中将发挥重要作用。

本科考报告以色林错国家公园科考和建设可行性为重点，研究脆弱生态系统国家公园遴选标准与规划经验，从遴选标准、边界划定、可行性评估、利益相关者协商、国家设立与规划5方面切入，系统分析国际脆弱生态系统国家公园的遴选机制、设立流程及其规划的国际经验；开展色林错国家公园区域自然生态和人文资源本底调查，研究国家公园生态系统完整性和原真性评估方法和技术流程；分析以高原湖泊为保护对象的国家公园合理容量测定技术，建立脆弱生态系统国家公园的遴选标准，遴选西藏国家公园建设区域，初步建立青藏高原国家公园群的遴选方式和初步名单，提出青藏高原国家公园（群）的建设思路；同时，围绕单体国家公园规划建设方法，研究色林错国家公园范围划定与功能分区技术方法，设计色林错国家公园建设的保护体系与格局、公园公益体系和利用格局、公园配套设施和布局、社区联动发展路径、重要小微尺度景观建设等具体方案；构建色林错国家公园管理体制的评估与优化的技术和方法，设计色林错国家公园建设和管理评估理论框架；构建国家公园管理体制的评估与优化的技术和方法，建立国家公园建设运营、管理评估理论框架；开展色林错国家公园智能管理平台需求调研，建立平台功能需求体系，形成智慧平台管理系统；分析色林错国家公园环境影响评价与效益、风险评估，对色林错国家公园建设可能存在的环境影响、效益和风险进行评价。

本书各个章节的具体内容如下。

第1章，总论，系统梳理国外国家公园发展历程，总结国外国家公园管理理念、管理模式、功能分区、管理体制、经营机制、资金保障机制等方面的经验；分析我国自然保护地体制存在的问题、国家公园体制试点区建设现状、中央对国家公园建设的总体要求。在对西藏地区在生态系统特征、社会发展规律进行分析的基础上，提出了西藏建立国家公园体制的必要性，并初步提出了建设西藏国家公园/地球第三极国家公园群的方案。

第2章，色林错区域发展概况，在第1章确定建设色林错－普若岗日国家公园的基础上，系统分析色林错－普若岗日国家公园区域的自然地理、社会经济、贫困化与两个百年目标实现、生态旅游发展等方面的总体情况，分析色林错自然保护区功能区划及其土地利用现状，为认识色林错区域概况、划定色林错－普若岗日国家公园范围奠定基础。

第3章，色林错区域的自然和人文生态原真性、代表性，分析色林错区域生态功能定位、与国家重点生态功能区和生物多样性保护优先区的关系，研究近年来色林错湖泊变动的特征、自然生态系统特征（地质、湖泊群、冰川群、珍稀物种群、草地等）、人文生态系统特征（文化遗迹、宗教、民间艺术等）的原真性、代表性和公益性，确定以上特征对色林错－普若岗日国家公园的支撑作用。

第4章，色林错区域自然与人文生态价值评估，基于对国家公园原真性、代表性和公益性的认知，研究国家公园生态价值的评价方法和评价技术流程，针对色林错－普若岗日国家公园生态资源的独特性、原生性及生态系统保护的限制性，进行要素（生态系统保护价值、生态景观美学价值、自然文化体验价值、科学知识普及价值等）评估和集成评估，以及限制性因素（交通通达性、生态脆弱性、高原反应等）评估，对色林错－普若岗日国家公园的潜在价值进行动态预判和综合评估。

第5章，色林错－普若岗日国家公园合理容量测定，从生态本底的承载能力、国家公园空间的总体需求平衡、基础设施服务保障能力、社会接受能力四个方面出发，研究色林错－普若岗日国家公园承载公益活动的合理人口规模与开发强度测定技术方法，研究色林错－普若岗日国家公园生态系统脆弱性、设施服务保障能力、地方民众认同意愿及未来容量变化趋势，综合确定色林错－普若岗日国家公园的合理容量。

第6章，色林错－普若岗日国家公园范围划定与功能分区，基于色林错－普若岗日国家公园功能定位，研究确定国家公园空间范围的理论依据、方法和技术路线，分析并确定国家公园的具体范围、功能区划方案，基于区划方案提出规划指引和管制要求。

第7章，色林错－普若岗日国家公园建设方案的探索，按照生态安全屏障体系优化的要求，研究色林错－普若岗日国家公园保护体系和保护格局，提出保护的基本格局方案、未来保护举措与利用的管制要求；研究色林错－普若岗日国家公园公益体系和利用格局、主要公益（休闲、旅游、体验、观光、科普）体系构成和利用格局、公园配套设施和布局（基础设施网络、公共服务网络、应急救助网络等）体系、社区联动发展路径（聚落体系、就业政策、产业引导等），以及典型、重要小微尺度景观建设的设计指引。

第8章，色林错–普若岗日国家公园管理体制与运行机制，根据国外国家公园和国内国家公园体制试点区的建设经验，立足于西藏地区生态安全、生态文明建设和区域可持续发展视角，研究符合色林错区域特征的国家公园管理体制（资产权益管理、经营运行管理、利益分配管理）、监督评估机制和生态文明制度建设。

第9章，色林错–普若岗日国家公园智慧化管理平台开发报告，根据色林错–普若岗日国家公园的特点，研发集生态保护与资源开发于一体的智慧化综合管理平台，收集国家公园数据与建立技术标准，整合多源数据资源，开发虚拟公园、智能导览、生态管理和应急管理等功能，提高色林错–普若岗日国家公园管理运行效率，改变传统的生态管理模式、服务经营方式。

第10章，环境影响评价与效益、风险评估，对色林错–普若岗日国家公园建设可能存在的环境影响、效益和风险进行评价。

目　　录

第 1 章

总　论

　　国家公园是指国家为了保护一个或多个典型生态系统的完整性，为生态旅游、科学研究和环境教育提供场所而划定的需要特殊保护、管理和利用的自然区域。国家公园被多数国家和大多数国际性组织和机构列入自然保护地体系当中，通常其被保护力度较自然保护区偏小，会适当开展"公园"属性利用的自然保护地范畴。我国也顺应国际发展的基本态势，2017年9月中共中央办公厅、国务院办公厅发布了《建立国家公园体制总体方案》，明确了国家公园在我国国土空间保护开发制度中的定位："构建以国家公园为代表的自然保护地体系"。具体而言，就是要以加强自然生态系统原真性、完整性保护为基础，以实现国家所有、全民共享、世代传承为目标，构建统一、规范、高效的中国特色国家公园体制，建立分类科学、保护有力的自然保护地体系。

　　事实上，早在2013年党的十八届三中全会通过的《中共中央关于全面深化改革若干重大问题的决定》中就已经明确指出："严格按照主体功能区定位推动发展，建立国家公园体制"。按照未调整的西藏主体功能区划，西藏约有72.30%的土地面积被定位为重点生态功能区，调整后的西藏主体功能区划生态功能区占比增加到95%左右，是全国重点生态功能区比重最高的省份之一。实施主体功能区战略面临的最大难点问题之一，就是以人均收入衡量人民生活水平在不同功能区之间存在着巨大的差距。2016年全国优化和重点开发区（即重点城镇化地区）与重点生态功能的限制开发区之间的农民人均纯收入比为1.63∶1，全国城乡居民收入比为2.72∶1，而西藏城乡居民收入比达到2.99∶1。若生态效益、社会效益和经济效益在不同类型功能区难以实现统一，就难以实现主体功能区战略。西藏自然生态系统价值独特，人文生态也是中华文明的宝贵财富。如何在保护西藏自然和人文生态系统中谋求可持续发展，如何协调人与自然、社会与环境、发展与保护之间的关系，不仅是西藏发展所面临的核心问题，也事关我国优化国土空间开发保护格局的重大战略，事关全球可持续发展的总体进程（陈德亮等，2015；孙鸿烈等，2012；姚檀栋等，2016；樊杰等，2015）。习近平总书记在祝贺第二次青藏高原综合科学考察研究的贺信中希望："着力解决青藏高原资源环境承载能力、灾害风险、绿色发展途径等方面的问题"。在西藏建设国家公园（群）是西藏落实主体功能区大战略、走绿色发展之路的科学途径。

1.1　国家公园科学内涵

　　通常认为"国家公园"（National Park）这一概念最早是由美国早期自然保护运动的发起人之一、艺术家Gerge Catlin于1832年提出的。设置国家公园的目的是保护和保存自然资源，这一目的也是整个国家公园运动的主题，但是保护的目的是使这些资源被开发出来以满足国民的游憩需求。由于资源本底和社会文化条件的差异，各国对国家公园及相关保护地概念的认识有较大差距。为此，一系列国际和组织、机构都做出了有效的尝试。影响较大的包括世界自然保护联盟（International Union for Conservation of Nature and Natural Resources，IUCN）做出的国家公园概念界定。但由于可操作性不强，各国都根据国情制定了国家公园的界定标准，最有名的当属美国的"四大标准"：全国重要性、适宜性、可行性和国家公园管理局（NPS）不可替代性。在此基础上，IUCN 从方便统计和国际交流角度出发，又提出了目前国际上广泛接受的设立国家公园的"三大标准"：保护标准（实际的保护措施、落实人员和资金）、面积标准（不少于 $1 \times 10^3 \, km^2$）和开发标准（排除存在资源开发的地带）（朱明和史春云，2015）。

国家公园在西方国家已经有 100 多年的历史，世界上最早的国家公园雏形是 1835 年美国阿肯色州温泉保留地，但最早以法律形式确定下来的国家公园是 1872 年美国建立的黄石国家公园，此后掀起了世界性的国家公园建设热潮（廖日京，1999）。之后，加拿大、英国、澳大利亚、新西兰等许多国家都陆续建立了国家公园。国家公园在全球已经发展 140 多年，IUCN 数据库统计得出，全球已建立国家公园 5219 个（IUCN and UNEP-WCMC，2014）。由于各国历史、国情、政治经济制度不同，各国国家公园的设立标准、功能定位、管理要求和保护开发强度也存在差异，内涵也可能不同，但各国建立国家公园的根本目的都是保护自然生态环境、生物多样性和景观资源，维护典型和独特生态系统的完整性，并在此基础上为民众提供游憩和受教育的机会。例如，美国和德国的国家公园属于受严格保护的类型，仅很小的一部分区域可以被开发利用；日本的国家公园则在被保护的前提下，游客可以更多地进行观光游览和休闲。实践表明，在处理生态环境保护与开发的关系上，国家公园已被证明是行之有效的双赢模式（钟林生等，2016）。

由于国家公园科学内涵的差异和变化，国家公园管理也大体经历了以下演变历程（徐媛媛等，2016）。

1）思想认识的演变。从全球视野来说，关于国家公园的保护管理，人们首先从思想认识上产生了转变：保护对象从视觉景观保护走向生物多样性保护，保护方式由消极保护走向积极保护，保护力量由一方参与走向多方参与，国家公园的空间结构由散点状、岛屿式走向网络化。根据 2005 年编译的《保护区旅游规划与管理指南》，国家公园的发展从独立发展转变为作为地区、国家和国际体系的一部分而被规划管理；管理方法已从只考虑短期效益的反应式管理过渡到从长远利益出发的适应式管理，原来的管理应用只从纯技术角度出发，现在会同时考虑政治因素。

2）规划体系的演变。从区域聚焦来说，以国家公园发源地——美国为例，按照纵向时间轴提炼美国国家公园运动和国家公园系统的发展历程和规划体系，其管理模式随着各个时期不断更迭演化，发展历程分为萌芽、成型、发展、停滞与再发展、类型扩展、教育拓展与合作 6 个阶段。美国国家公园的规划体系也经历了 3 个阶段：以旅游设施建设和视觉景观为主要对象的物质形态规划阶段（20 世纪 30～60 年代），以资源管理为规划对象并引进公众参与机制的综合行动计划阶段（20 世纪 70～80 年代），注重规划层次性和分层目标的决策体系阶段（20 世纪 90 年代以后）（杨锐，2001；朱璇，2008）。

3）管理技术工具的演变。在国家公园管理模式不断演变的背景下，国家公园的管理技术工具也在不断更新和发展，多位学者就此方面积极引进和讨论西方的研究成果。在国家公园的规划研究方面，讨论较多的技术工具有可接受改变的极限 (LAC)、游客影响管理模型 (VIM)、游客体验与资源保护模型 (VEPP)、游客活动管理程序模型 (VAMP)、游憩机会谱模型 (ROS)、最优化旅游管理模型 (TOMM)。

1.2 国家公园建设历程与研究进展

国家公园是自然资源保护和游憩利用的制度保障，通过控制土地利用方式来保护生态系统的完整性和生物多样性，并缓解不同使用者或利益群体间的矛盾，最大化保障原有自然生态环境不受侵害，有效协调解决生态系统保护、游憩教育、社区发展等多种活动之间的矛盾。国家公园倡导资源保护和利用的双赢，这受到世界各国的推崇。

1.2.1 国外国家公园建设的借鉴

纵观国外国家公园发展历程，国家公园制度在短短 100 多年中已在世界范围内得到广泛使用，是被实践证明了的一种能够在资源保护和利用方面实现双赢的先进管理制度。美国于 1872 年以国会立法形式建立了全球首个国家公园——黄石国家公园，并于 1916 年通过立法设立了国家公园管理局，这被普遍视为国家公园体系规范化的开端。自此之后，一场国家公园运动就开始了。在大洋洲，澳大利亚于 1879 年建立了世界上第二个国家公园——皇家国家公园（1954 年以后改称）；在北美洲，加拿大在 1885 年建立了班夫国家公园，墨西哥在 1989 年建立了首个国家公园；在欧洲，瑞典于 1909 年建立了欧洲第一个国家公园；在非洲，南非在 1926 年也拥有了第一个国家公园；在亚洲，日本的第一批国家公园于 1934 年建立。第二次世界大战以后，伴随着全球旅游业的蓬勃发展，国家公园运动波及世界的每个角落。截至 2018 年，全世界建立国家公园的国家和地区达到 142 个，数量达到 500 余处。建设较早的国家公园集中在北美洲和大洋洲，20 世纪 20 年代之后逐渐向欧洲、非洲、亚洲等地区扩散（表 1.1）。在此过程中，国家公园制度在实践中不断得到优化和完善，各个国家都建立了专门机构来管理国家公园，形成了各具特色的管理模式。由于自然条件、管理目标、制度安排、管理实施、土地所有权、资金安排等的差异，目前世界上已形成了美国荒野模式、欧洲模式、澳大利亚模式、英国模式等具有代表性的国家公园发展模式（Wescott，1991；Barker and Stockdale，2008）。建立国家公园已经成为一种使自然与文化资源实现可持续发展的最优化的管理方式，各国普遍适用。

1. 管理理念

对于世界各国的国家公园及其管理机构的使命表述虽然不尽相同，但其核心理念是保障自然资源的永续利用和为人民提供游憩的机会，体现了国家公园的公益性本质属性。

表 1.1 世界上典型国家的国家公园体系基本情况

地区	国家	国家公园数量（个）	始建年份	公园体系总面积（$10^4 km^2$）	占国土面积比重（%）	人口密度（万人 /km^2）
北美洲	美国	58	1872	21.03	2.21	6.78
	加拿大	42	1885	30.23	3.03	88.30
	墨西哥	68	1917	1.47	0.75	1.36
	平均值	56		17.58	2.00	32.15
欧洲	英国	15	1951	2.27	9.33	3.65
	德国	14	1970	0.96	2.69	1.18
	俄罗斯	41	1983	9.17	0.54	6.46
	法国	9	1963	4.43	7.00	6.77
	西班牙	14	1918	0.35	0.69	0.75
	挪威	34	1962	3.06	9.44	62.40
	平均值	21.2		3.37	4.95	13.54
非洲	南非	19	1926	3.99	3.27	7.98
	中非	4	1933	3.22	5.17	71.45
	平均值	11.5		3.61	4.22	39.72
亚洲	日本	29	1934	2.09	5.52	1.64
	韩国	20	1967	0.66	6.61	1.32
	平均值	24.5		1.38	6.07	1.48
大洋洲	澳大利亚	286	1879	12.92	1.68	57.56
	新西兰	14	1887	2.07	7.64	47.11
	平均值	150		7.50	4.66	52.34
总体平均		44.47		6.53	4.37	24.31

2. 管理模式

世界国家公园的管理大致可分为中央或联邦政府集权、地方自治和综合管理三种模式（卢琦等，1995），各国土地权属特性决定了其采取何种管理模式。美国、芬兰、挪威等国家因中央或联邦政府拥有直接管理的土地，对国家公园实行中央或联邦政府垂直管理模式；德国、澳大利亚、英国等国家采取地方政府自治管理模式；加拿大、日本等国家的中央和地方政府都有直接管理的土地，但相对分散，因而按权属的不同采取综合管理模式。

3. 功能分区

各个国家在对国家公园进行规划和管理时，都会考虑利用功能分区的方法协调保护和利用之间的矛盾，在功能区的划分上有一些必然遵循的相似之处，具体体现在以下几个方面：①将保护和利用功能分开进行管理；②与同心圆模式类似，各功能区保护性逐渐降低，而利用性逐渐增强；③面向公众开放的国家公园都会设有集中的服务设施区（黄丽玲等，2007）。

4. 管理体制

世界三种模式的国家公园在宏观管理体制上有较大的差距，既有专门的国家公园管理局负责全国国家公园管理的情况，也有林业、环保部门负责的情况，既有中央直管，又有地方自治，还有上下结合等不同模式，但具体到每一个国家公园只对一个管理部门负责，而且每一个国家公园只有一个管理责任主体。不同的管理体系部分受本国政府管理制度的影响，部分则是依据其国家公园的主要管理部门对公园管理的自由度而定（表 1.2）。

表 1.2　各国家和地区国家公园管理体系类型及主要管理部门（蔚东英，2017）

国家或地区	管理体系类型	主要管理部门
美国	自上而下型管理体系	美国内政部下属国家公园管理局（National Park Service）
加拿大	自上而下型管理体系	加拿大国家公园管理局（Parks Canada Agency）
新西兰	自上而下型管理体系	保护部
俄罗斯	自上而下型管理体系	俄罗斯环境保护和自然资源部下属环境保护与国家政策司
法国	自上而下型管理体系	国家自然保护部下属国家公园公共机构
南非	自上而下型管理体系	南非国家公园管理局（SAN Parks）
德国	地方自治型管理体系	各州政府设立环境部统管
英国	综合型管理体系	各国家公园管理局（National Park Authorities）及其他土地所有者
日本	综合型管理体系	国家环境省下设自然环境局、都道府县环境事务所
韩国	综合型管理体系	国立公园管理公团本部（中央）、地方管理事务所等

5. 经营机制

世界各国国家公园的管理主体、管理模式各有差异，但在经营机制上高度相似，基本上都是按照管理权与经营权分离的思路。管理者是国家公园的管家或服务员，不能将管理的自然资源作为生产要素营利，不直接参与国家公园的经营活动，管理者自身的收益只能来自政府提供的薪酬。国家公园的门票等收入直接上交国库，采取收支两条线的方式，其他经营性资产采取特许经营或委托经营方式，允许私营机构采用竞标的方式，缴纳一定数目的特许经营费，从而获得在公园内开发经营餐饮、住宿、纪念品商店等旅游配套服务的权利，地方政府、当地社区可优先参与国家公园的经营管理。国家公园管理机构可设立公园基金会以接受公益捐赠，并从中或从特许经营项目收入中提取一定比例，投入国家公园运行中并惠益社区。这种经营机制可以有效缓解公园产品的公共性与经营的私有性之间的矛盾，提高国有资源的经营效益。总的来说，在经营机制方面，部分国家的国家公园不存在营利性的经营活动，只要存在经营活动的，大多实行特许经营制度（田世政和杨桂华，2011）。

6. 资金保障机制

无论采用哪种国家公园管理模式，国家公园的资金来源都是以国家财政拨款为主，以国家公园收入和社会捐款为辅。美国、英国和加拿大等国的财政拨款都占 70% 左右。对于国家公园的门票、特许经营费等收入采取收支两条线的方式，国家公园的收入直接上交国库，再由国家拨给国家公园，用于国家公园的运营和维护。国家公园管理机构通过设立公园基金会，鼓励非政府组织、企业、个人等对国家公园进行社会捐赠（刘冲，2016）。国外，尤其是欧美发达国家的国家公园运营管理体制，无论是从资源保护、社会意义还是从经济价值角度看，都对我国有很强的借鉴价值。未来我们将对代表性地区的国家公园建设经验进行进一步梳理（表 1.3），更详细地总结其经验。

表 1.3　具有代表性的地区国家公园经验介绍文献

作者及年份	研究地	研究视角	主要经验
Bere（1957）	乌干达	建园理念	营造公众舆论氛围、调动公众积极性
Owen（1969）	坦桑尼亚	旅游开发	基础设施建设资金筹集
Lovari 和 Cassola（1975）	意大利	运营管理	鼓励非政府组织（NGO）与协会组织参与管理
Ryan（1978）	尼加拉瓜	运营管理	管理机构、人力资源及资金筹集
Brotherton（1982）	英国	运营管理	政府机构与 NGO
Jameson（1980）	美国	管理体系	管理体系的建立、档案资料调查法的应用
Kim 等（2003）	韩国	游客行为	游客行为管理
Dressler 等（2006）	菲律宾	政策制定	管理体制、管理体系与公园立法
Lupp 等（2013）	德国	景观管理	景观规划管理与风景质量变化预测

在国外国家公园发展的过程中，国外对于国家公园的研究不断增多，重点关注国家公园的生态系统、动态演变、自然旅游、影响、态度、感知、社区、野生动物、多样性、干扰、气候变化等方面，呈现出从自然保护逐渐向国家公园与利益相关者、环境变化互动等内容延伸，从单一问题向多维度综合研究发展的趋势。对国家公园的研究主要包括：①国家公园资源评估，主要对国家公园生态系统的服务价值进行货币化衡量；②国家公园环境影响，主要评估人类活动和气候变化对国家公园带来的不利影响；③国家公园发展模式，从管理目标、制度安排、管理实施、资源所有权、资金安排等方面设计不同的发展模式；④国家公园规划，主要着眼于厘清资源状况、协调各方关系、规范管理行动；⑤国家公园运营管理，主要包括总结各国管理经验，评估管理效果，设计游客、社区发展、资源与环境等专项管理方案。

1.2.2　国内国家公园发展情况

相对于国外，我国的国家公园起步较晚，从地方和部委倡导，到中共中央决议，再到国家组织试点，也只有 10 年左右的时间。此外，还面临着在起步阶段国家公园建设的对象区就存在着自然保护地多重归属、部门交叉管理等体制障碍，而且社区居民众多、土地权属复杂等特征也极为明显，决定了中国国家公园体制建设将拥有自身方案。国家公园体制建设是新时期我国兼顾保护和发展的新型保护地模式，在生态文明和国土生态安全建设中具有重要地位，在实现"美丽中国"发展战略、满足人民群众日益增长的精神文化需求、切实保护好国家自然和文化遗产资源中将发挥重要作用。

1. 国家公园与自然保护地

国家公园具有供给服务、调节服务、支持服务及文化服务等多种功能。为保障国家公园发挥更好的生态系统服务功能，需依据生态资源的重要性、敏感性与适宜性，在环境容量测算的前提下合理安排游憩、科研教育等活动，并建立较好的运营管理机制。

国家公园有其特定的功能定位，与我国现存的国家级自然保护区、国家级森林公园、国家级地质公园等有明显区别。当然，国家公园也不等同于国家级风景名胜区（对外翻译为"national park"）。具体区别见表1.4。

表 1.4　我国现存自然保护地类型比较（截至 2016 年底）

名称	最早批准时间（年）	功能定位	审批机构	现批注数（个）
国家公园	2008	在科学保护基础上，合理利用自然环境、人文景观等资源	国家林业局、环境保护部、国家旅游局等	10
国家级自然保护区	1956	严格保护自然生态系统，只允许部分地方开展科研、教育等	环境保护部	446
国家级风景名胜区	1982	早期定位类似于国际上的国家公园，也被称为"中国国家公园"	住房和城乡建设部	244
国家森林公园	1982	可持续地利用森林生态资源，发展森林旅游业	国家林业局	826
国家湿地公园	2005	保护湿地生态系统，为公众提供游览、科研教育等机会	国家林业局	702
国家地质公园	2001	保护地质景观，为人们提供科研、休憩和旅游的机会	国土资源部	240

2. 国家公园试点区建设情况

中国大力推进生态文明建设，积极推动国家公园体制建设工作，建设思路日益形成，前期目标主要是缓解生态保护与经济发展的矛盾，近年来得到中央高度关注，提出转变自然保护地发展模式，构建以"国家公园为主体的自然保护地体系"。目前正处于试点阶段，尚未有正式挂牌的国家公园（表1.5、表1.6）。

表 1.5　全国各地前期国家公园建设的主要事件

年份	地区／单位	事件
1996	云南林业部门	缓和生态保护与经济发展的矛盾，完善自然保护地体系，开始探讨建设国家公园
2006	云南省	依托碧塔海省级自然保护区建立国家公园2007 年正式挂牌成立香格里拉普达措国家公园
2008	国家林业局	批准云南省为国家公园建设试点省
2008	环境保护部和国家旅游局	批准黑龙江伊春市汤旺河地区为国家公园试点地区
2014	环境保护部等	陆续批准成立多个国家公园建设试点
2015	国家发展和改革委员会、国家林业局、环境保护部等 13 部委	明确云南、北京、青海、四川、甘肃、陕西、湖南、湖北、福建、浙江、吉林、黑龙江 12 个省份 9 个体制试点
2017	中央全面深化改革领导小组	通过祁连山国家公园体制试点方案

表 1.6 我国 10 个国家公园体制试点区基本情况

名称	涉及省份	面积 (km²)	范围界定	建设目标
普达措国家公园	云南	602.1	国家重要湿地碧塔海自然保护区和"三江并流"世界自然遗产哈巴雪山片区之属都湖景区	保护生态资源、湖泊湿地、森林草甸、河谷溪流等的原始生态环境保护区
三江源国家公园	青海	123100	可可西里国家级自然保护区，三江源国家级自然保护区的扎陵湖-鄂陵湖、星星海、索加-曲麻河、果宗木查和品赛保护分区	青藏高原生态保护修复示范区、三江源人与自然和谐共生先行区、青藏高原大自然保护展示和生态文化传承区
大熊猫国家公园	四川、甘肃、陕西	27000	邛崃山系、岷山山系等大熊猫栖息地范围内的自然保护区	实现隔离种群基因交流，并为大熊猫及其他地动物通行提供方便
东北虎豹国家公园	吉林、黑龙江	14600	吉林、黑龙江2个交界的老爷岭南部区域，东起吉林省珲春林业局青龙台林场，西至吉林省汪清县林业局南沟林场、南自吉林省珲春林业局敬信林场，北到黑龙江省东京城林业局备斗林场	按照与东北虎豹种群发展需求相适应的原则，有效保护和恢复东北虎豹野生种群
神农架国家公园	湖北	1170	神农架国家级自然保护区、中国神农架世界地质公园	"地球之肺"的亚热带森林生态系统和泥炭藓湿地生态系统，世界生物活化石聚集地、以及古老、珍稀、特有物种的避难所
钱江源国家公园	浙江	252	古田山国家级自然保护区、钱江源国家级风景名胜区和连接自然保护地之间的生态区域	保护中亚热带低海拔常绿阔叶林生态系统
南山国家公园	湖南	635.94	南山国家级风景名胜区、金童山国家级自然保护区、白云湖国家湿地公园、两江峡谷国家森林公园	提升城市生态功能，保护生物多样性
武夷山国家公园	福建	982.59	武夷山国家级自然保护区、武夷山国家风景名胜区、九曲溪上游保护地带	中亚热带原生性森林生态系统保护、珍稀特有野生动物基因库
长城国家公园	北京	59.91	以八达岭-十三陵风景区（延庆部分）边界为基础	保护人文资源和自然资源、整合长城周边各类保护地，形成完整生态系统
祁连山国家公园	青海、甘肃	52000	盐池湾国家级自然保护区、祁连山国家级自然保护区及周边自然保护区	西北地区重要生态功能区，西北地区重要生态安全屏障和水源涵养地

3. 中央对国家公园建设的要求

十八届五中全会提出了"创新、协调、绿色、开放、共享"的五大发展理念，是我国国家公园建设的指导思想。生态文明体制改革的全面推行是一个渐进的过程，国家公园在环境价值、迫切性、改革难度等方面都比较适合作为先行先试区域（苏杨，2017）。

从中央文件和习近平总书记的系列讲话中都可以看出，中央对国家公园体制建设不仅有决心，而且有明确要求，如 2015 年《生态文明体制改革总体方案》，明确提出国家公园是生态文明制度建设的重要组成部分，要求"建立国家公园体制"；2017 年《建立国家公园体制总体方案》，明确提出建立"以国家公园为主体的自然保护地体系"。我国旨在通过国家公园管理体制建设，率先落实生态文明发展战略，提升国家品牌形象，协调理念以利于平衡保护与利用、人类与自然环境之间的关系（表 1.7）。

表 1.7 中央政策文件对国家公园体制建设的要求

时间	文件名	文件中的提法	解读说明
2013 年 11 月	十八届三中全会《中共中央关于全面深化改革若干重大问题的决定》	建立国家公园体制	严格按照主体功能区定位推动发展
2015 年 5 月	十三部委《关于印发建立国家公园体制试点方案的通知》	明确 9 个试点区；试点目标：保护为主、全民公益性优先；体制改革方向统一、规范、高效	强调制度创新，突出生态保护、统一规范管理、明晰资源归属、创新经营管理和促进社区发展
2015 年	国家发展和改革委员会办公厅《国家公园体制试点区试点实施方案大纲》	倡导管理和经营权分立的机制探索，推行探索特许经营，强调建立社区发展机制，鼓励创新社会参与机制	根据环境容量确定游客承载数量、严格控制门票等公共服务类价格、探索管理权和经营权分立、项目特许经营、收支两条线管理、多渠道和多形式的资金投入机制
2015 年 4 月	《中共中央国务院关于加快推进生态文明建设的意见》	建立国家公园体制，实行分级、统一管理，保护自然生态和自然文化遗产原真性、完整性	建立国家公园的目的是保护生态和自然文化遗产
2015 年 5 月	《国务院批转发展改革委关于 2015 年深化经济体制改革重点工作意见的通知》	在 9 个省份开展国家公园体制试点	生态文明制度建设的重要内容，与经济体制改革有关
2015 年 9 月 21 日	中共中央、国务院印发《生态文明体制改革总体方案》	改革自然保护区、风景名胜区、文化自然遗产、地质公园、森林公园等体制，提出建立国家公园体制；对国家公园进行更严格的保护	生态文明制度建设的重要组成部分，并由中央制定总体方案
2015 年 9 月	《关于开展国家公园体制建设合作的谅解备忘录》	双方在国家公园的立法等方面开展共同研究；在国家公园管理体制的角色定位等方面开展深入探讨	习近平主席访问美国期间的外交成果，旨在深化中美双方国家公园体制建设合作
2017 年 9 月	中共中央办公厅、国务院办公厅印发《建立国家公园体制总体方案》	构建以国家公园为代表的自然保护地体系	以加强自然生态系统原真性、完整性保护为基础，以实现国家所有、全民共享、世代传承为目标，构建统一、规范、高效的中国特色国家公园体制，建立分类科学、保护有力的自然保护地体系
2017 年 10 月	2017 年政府工作报告；十九大报告	构建国土空间开发保护制度，完善主体功能区配套政策，建立以国家公园为主体的自然保护地体系	统筹山水林田湖草系统治理，实行最严格的生态环境保护制度，形成绿色发展方式和生活方式，建设美丽中国，为全球生态安全做出贡献

2017 年 8 月 19 日，习近平在第二次青藏高原综合科学考察贺信中提出，要"着力解决青藏高原资源环境承载力、灾害风险、绿色发展途径等方面的问题"。建立国家公园是现阶段青藏高原地区自然、人文生态资源保护与利用，促进资源增值和区域经济社会发展，落实主体功能区大战略、走绿色发展之路的科学抉择。

1）建立"以国家公园为主体的自然保护地体系"。长期以来，我国自然保护地管理工作隶属于不同部门，山水林田湖草自然生态资源破碎化管理问题突出，带来无序开发和保护缺位等问题。国家公园体制建设将重构我国自然保护地体系，保障国家中长期生态安全和人民游憩福利，重构自然生态资源的管理格局。通过国家公园体制建设，健全自然资源资产产权制度，建立归属清晰、权责明确、监管有效的自然资源资产产权制度；解决土地等自然资源权属问题，确保具有国土安全价值的山水林田湖草由中央统一管理、有序管理，统筹国家公园范围内原有保护地的各项规划，实现以统一的规划标准推进国土生态空间安全和统一保护。

2）建立和完善国家公园管理体制。基于我国特有的国情及经济发展基础和特点，积极探索具有中国特色的国家公园管理体制机制。结合现有的国家公园管理机制及建设现状，建立国家级层面的国家公园管理部、省级层面国家公园管理局国家公园管理办公室的行政管理框架。将探索以自然保护组织、环境保护协会、社会团体组织、科研教育机构及个体志愿者等为主体的非政府管理体制模式。

3）在国家公园承载力范围内合理开发利用资源。国家公园建设的目标之一是协调各相关主体利益，满足各方发展需求，建立严格的特许经营制度，保障公园服务业的发展，在合理功能分区的基础上带动社区发展等。国家公园作为解决自然保护地中保护和发展矛盾的新型模式，应在保护的基础上进行合理的开发和利用，缓解两者之间的矛盾关系。统筹国家公园范围内原有保护地的各项规划，实现以统一规划推进国土空间保护和利用。

4）建立可持续的国家公园运行机制。需要创新国家公园运营资金来源和使用机制。从财政渠道、市场渠道两个方面进行机制创新。财政渠道的创新需要专门针对国家公园试点区设置经费专项，并制定生态补偿标准，使未来国家公园从一个资金渠道获得专项资金，避免自然保护区、风景名胜区等多渠道资金散乱的局面。另外，通过市场渠道，结合投融资平台、绿色金融政策、信用支持、政策性贷款、社会捐赠等措施，促进国家公园内及周边社区的绿色产业发展和特许经营，实现自然资源的增值，更好地体现全民公益性，形成对财政渠道的良好补充。

4. 国内国家公园研究现状

尽管我国国家公园体制试点在保护地整合、集体土地用途管理机制、社区发展机制、管理制度建设等方面取得了一定的进展，但总体而言，受顶层设计不足、理论基础薄弱、利益相关者众多且关系复杂等方面的制约，体制改革进展滞后，一系列科学与实践问题还有待解决。自十八届三中全会提出建立国家公园体制以来，我国针对国家公园的研究日渐增多。已有研究主要集中在国家公园的概念、性质和功能定位、管理模式和发展历程、其他国家经验的对比和借鉴，以及我国国家公园试点存在的问题等方面，希望通过研究找到适合我国国家公园的发展模式。但总体而言，根据目前的研究仍难以科学、合理地建设符合中国国情、具有中国特色的国家公园体系，特别是针对我国国家公园的总体布局、建设的规程、遴选标准、人与公园的关系、规划与系统管理等方面的研究缺乏，使我国国家公园体系建设仍面临理论和方法支撑不足的困境。关于青藏高原，特别是西藏国家公园的建设，目前仅仅是舆论报道，缺乏系统的科学研究。西藏国家公园建设的可行性、自然和人文本底评估、区域遴选和空间布局、规划设计、社区发展、管理体制机制等方面都缺乏深入研究，亟须科学理论和技术方法的支撑。

1.2.3 西藏建设国家公园的科学难点和研究价值

1. 科学难点

为西藏和第三极国家公园群提供全链条科学支持，也面临着众多的科学难题。①西藏和第三极地区自然、人文复合生态价值独特性识别与价值评估，这是探讨自然和文化资产保护与管控技术、遴选国家公园名单并确定建设目标的主要依据。②国家公园建设组织方案–区域发展互动关系的识别。国家公园建设将在较大程度上改变区域发展路径，在产业业态、社区生计等方面产生较大影响，识别国家公园与区域发展的互动关系是国家公园规划的重要基础。③国家公园环境容量合理测定与生命共同体能力提升工程设计。只有研究国家公园的环境容量，才能合理确定人类活动阈值；只有开展山水林田湖草生命共同体建设工程，才能有效增强国家公园生态系统服务功能和承载能力。④国家公园科学方案实施体制机制与综合管控技术体系。结合西藏的特殊性，构建国家公园社会经济和生态功能协同提升的管理体系，是确保国家公园规范化运行和可持续发展的关键。

2. 研究价值

国家公园依托国家公园科学方案研制，有助于人们探索自然–人文生态敏感地区绿色发展规律。西藏和第三极地区自然和人文旅游资源丰富，但生态脆弱敏感。研制自然和人文生态敏感脆弱地区建设国家公园的科学方案，构建具有地域文化特色的产业经济发展模式，有助于探索自然和人文生态敏感地区的绿色发展规律，为此类地区的国家公园建设与可持续发展提供科学依据。

研究建立人与自然协调发展模式，能够推进合理环境容量测算方法、生态保护修复提升资源环境承载能力工程设计等示范技术的开发。通过西藏和第三极国家公园群建设研究，在保护生态脆弱区生态系统完整性和原真性的基础上，探索青藏高原地区以国家公园规划为主导的区域综合规划和建设方式，以及生态脆弱区人地关系地域系统以国家公园建设为引领的协调发展模式，开发合理的环境容量测算方法、生态保护修复提升资源环境承载能力工程设计等示范技术，促进当地经济和社区的绿色发展，为我国其他生态脆弱区实现人地系统协调、绿色发展提供示范。

探索大区域尺度景观空间组织规则，有望在发展生态－文化资本增值理论方面取得进展。青藏高原大尺度景观价值突出，具有较大的生态资本增值空间。通过在大区域尺度探索国家公园体系建设，实现整个区域生态资本增值、绿色发展、生态扶贫融合提升的有效途径，总结大区域尺度实现生态资本增值的理论基础和优化机制，为未来青藏高原地区美丽、幸福家园的建设提供强劲的动力。

依托西藏和第三极国家公园群建设可行性和管理研究，有助于探索大数据、智能化条件下国家公园现代化建设和管理运行的新模式。开展西藏和第三极国家公园群可行性和科学方案研究，有利于探索高寒高海拔、生态脆弱敏感、人口相对较少的区域，以及国家公园建设和运营管理的有效模式，对于在我国西部广大区域建立类似的国家公园具有重要的借鉴和示范意义。

1.3　西藏国家公园建设的必要性

党的十八大以来，以习近平同志为核心的党中央深入研究促进西藏经济社会发展和长治久安的大计，确立了西藏的战略定位：是重要的国家安全屏障，也是重要的生态安全屏障、重要的战略资源储备基地、重要的高原特色农产品基地、重要的中华民族特色文化保护地、重要的世界旅游目的地。这一科学决断和决策部署为西藏雪域高原绘就了面向未来的宏伟蓝图。西藏建设国家公园是打造世界旅游目的地的直接举措，是生态安全屏障建设和中华民族特色文化保护的重要途径，有助于国家安全屏障和战略资源储备基地的建设，符合中央对西藏发展的战略定位。

1.3.1　符合西藏生态系统特征

西藏地区拥有高山草地、江河源、矿产资源，生态系统复杂多样，具有丰富的生物多样性，是我国南北热量和水汽交换的巨大天然屏障，对众多重要河流的水源涵养和水温调节具有重要作用，在全球生物多样性保护中具有重要的战略地位。西藏拥有高山和草地，植物和土壤能储存二氧化碳，是重要的碳库，影响着全球碳循环。西藏作为我国与东亚气候系统稳定的重要屏障，是我国东部夏季洪涝对流云系统的重要源地之一，以及南北热量和水汽交换的巨大天然屏障，对来自低纬海洋的远距离水汽输送具有"转运站"作用，直接影响长江流域季风梅雨的发生与过程和我国旱涝分布及生态环境的演变。

西藏是重要的江河源区，湖泊、沼泽集中分布，山地冰川发育典型。由于其地处亚欧板块与非洲板块交界地带，发育有众多湖泊，且多为咸水湖和内陆湖，总面积为 2.5 万 km^2，约占全国的 30%；各类湿地面积为 600 万 hm^2，约占西藏土地面积的4.9%；冰川面积为 2.86 万 km^2，冰川年融水径流约占全国冰川融水径流的 53.6%，永久性冻土和季节性冻土面积分别占全国的 52.6% 和 38.5%，是我国重要的生态园区和水资源富集区，对众多亚洲重要江河的水源涵养和水文调节具有重要作用，对于我国的水资源利用与水安全保障具有重大意义。

西藏具有丰富的生物多样性，是保障地球生物多样性的重要基因库。西藏生态类型复杂多样，拥有北半球纬度最高的热带雨林、热带季雨林生态系统，典型中国－喜马拉雅区系特征的山地森林生态系统，以及西藏所特有的高寒干旱荒漠、高寒半干旱草原和高寒半湿润高山草甸等类型，孕育了丰富的生物群落，集中分布了许多珍稀野生动植物，其中，国家重点保护野生动物 125 种、野生植物 39 种，是世界山地生物物种主要的分化与形成中心，是全球 25 个生物多样性热点地区之一，有高寒生物自然种质库之称，在全球生物多样性保护中具有重要的战略地位（王娜，2011）。

1.3.2　优化西藏自然保护地体系

西藏既是我国生态服务功能类型多样性最丰富的地区，又是我国生态系统服务功能区域差异最明显的区域。西藏自治区林草覆盖总面积为 93.8 余万平方千米，占西藏土地总面积的 78.17%，其余为高山、湖泊、江河、戈壁、冰川等。海拔在 4000 m 以上的地区占全区土地总面积的 92%。西藏土地空间开发强度较小，2010 年为 0.061%，城镇空间建设面积为 170 km^2，2020 年规划为 0.083%，城镇空间建设面积为 261.74 km^2，表明西藏未来的生态保护十分重要。

西藏自治区拥有许多特殊和特有的生态系统类型，为高原特有动植物提供了广袤的栖息地，是全球 25 个生物多样性热点地区之一，其生态功能对保障我国乃至东南亚生态安全具有独特的屏障作用。截至 2017 年，西藏已建立了各类自然保护区 47 处，总面积达到 41.37 万 km^2，占全区土地面积的 33.9%，其中国家级自然保护区总面积达 37.2 万 km^2，约占全国的 50%（表 1.8）。西藏还建立了生态功能保护区 22 个（国家级的 1 个），国家级风景名胜 4 个，国家级森林公园 9 个，国家级湿地公园（含试点）18 个，国家级地质公园 3 个，这些自然保护地包括森林生态系统、湿地生态系统、荒漠生态系统、野生植物、野生动物等所有的保护区类型（图 1.1）。这些自然保护地的设立很好地保护了 125 种国家重点保护野生动物和 39 种国家重点保护野生植物。

表 1.8　西藏自治区区级以上自然保护地类型、数量和面积（2017 年）

序号	保护地类型	数量（个）	面积（km^2）
1	自然保护区	18	3956.44
	国家级自然保护区	10	3720.23
	自治区级自然保护区	8	236.21
2	国家级风景名胜区	4	9577.91
3	国家级森林公园	9	132.96
4	国家级地质公园	3	7124
5	国家级湿地公园	18	1395.97
	合计	70	26143.72

图 1.1 西藏自治区区级以上自然保护地分布情况

通过自然保护地管理体系建设，西藏自治区形成了以自然保护区为主体，以森林公园、地质公园、湿地公园、风景名胜区等为辅的自然保护地体系，并在自治区级以上自然保护区管理局、管理分局、管理站通过单独设立、加挂牌子等方式设立了保护管理机构，形成了"管理局—管理分局—管理站"三级保护区管理体系。林业保护区由单一的森林生态系统类型扩展到现在的所有自然保护区类型；由只有地方级自然保护区，演变到国家级、自治区级、地（市）县级，国际重要湿地、国家湿地公园、国家森林公园等多层次、多类型的保护载体结构。

西藏自然保护地建设有效保护了具有典型性和代表性的生态系统类型、珍稀濒危生物物种和生态景观，各类生态系统和野生动植物生存环境得到了恢复和改善，国家重点保护珍稀动物［黑颈鹤（*Grus nigricollis*）、藏羚羊、马鹿、野牦牛等］的种群和数量明显恢复并稳步增加，自然保护生态功能进一步增强。例如，在雅鲁藏布江中游河谷黑颈鹤国家级自然保护区越冬的黑颈鹤约 8000 只，占全球黑颈鹤数量的 80% 左右，已成为全球最大的黑颈鹤越冬地；羌塘国家级自然保护区的藏羚羊数量增长迅速，已由原来的 5 万～7 万只，恢复到目前的 20 万只以上，野牦牛也已达到 1 万头；国际动物学界认为早已灭绝的西藏马鹿被重新发现，种群仍在不断扩大，已达 300 只。

1. 西藏自然保护地体系与国土生态空间开发保护的关系

保护色林错区域代表性自然生态系统、濒危动植物及其栖息地，对于保障西藏生态安全和维持区域经济社会可持续发展具有重要作用。国际上设立自然保护地的初衷是通过约束人类对自然资源环境的开发来实现对自然的保护。我国先后建立了以自然保护区为核心，以风景名胜区、森林公园、地质公园、水利风景区等为主要组成，以重点生态功能区、生物多样性保护优先区为重要补充的自然保护地体系，成为国家生态安全的基本骨架和重要节点（侯鹏等，2017）。截至 2017 年，我国已建立 2740 处自然保护区，陆域面积为 142 万 km²，约占我国土地面积的 14.8%。其中，国家级自然保护区 446 处，总面积为 97 万 km²，形成了类型比较齐全、布局基本合理、功能相对完善的自然保护区网络（郊建荣，2017）。西藏自治区区级以上自然保护地面积为 41.37 万 km²，占全国陆域自然保护区的 29.13%，占我国土地面积的 4.3%，地位极其重要。

西藏自然保护地的空间分布范围广，生态系统构成类型及其空间分布差异较大。生态系统以草地、森林、湖泊、荒漠生态系统为主，四种类型的面积分别为 52.26 万 km²、6.51 万 km²、2.57 万 km²、1.39 万 km²，占自然保护地总面积的比例分别为 70.5%、8.88%、3.51% 和 1.9%。这四类生态系统总面积为 62.73 万 km²，占自然保护地总面积的比例为 84.58%。自然保护地生态系统构成总体稳定，森林、草地和灌丛生态系统是水源涵养、土壤保持、维护生物多样性的主体，不同类型生态系统之间的转化较少，在维持西藏生态空间和稳定安全格局方面发挥着重要作用。

2. 西藏自然保护地体系存在的问题

1）同一地区拥有多个保护地头衔，多头管理造成自然生态系统完整性割裂和效率降低。

西藏自然保护地主要包括自然保护区、国家森林公园、国家湿地公园、风景名胜区等，与全国一样，这些保护地是以部门职能为主导的体系划分，多头管理造成了同一区域草地、水域、湿地等生态要素之间的割据，破坏了自然生态系统的完整性。部分自然保护区存在"九龙治水、多头交叉"管理现象，一地多管、交叉管理问题突出。例如，藏东南雅鲁藏布大峡谷地区包括雅鲁藏布大峡谷国家级自然保护区、比日神山国家森林公园、嘎朗国家湿地公园、色季拉国家森林公园等 8 个的自然保护地（图 1.2），不同管理部门在保护理念、投入机制、经费使用和经营权等方面的标准各异，造成了管理权属争议、重复投资、权责不清、联动不足等问题，增加了管理成本（表 1.9）。多头管理同一区域，导致难以界定管理部门各自的责任，难以对破坏自然保护地的行为和责任人员进行追究和惩处。

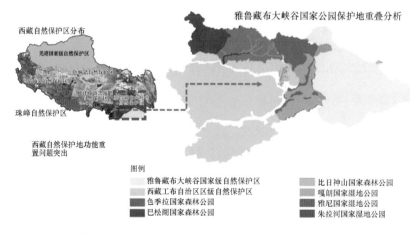

图 1.2 雅鲁藏布大峡谷自然保护地交叉管理情况分析

表 1.9 雅鲁藏布大峡谷地区自然保护地重叠分析

重叠保护地		重叠面积 (km²)	占较小保护地 面积比例 (%)	产生问题
雅鲁藏布大峡谷国家级自然保护区	比日神山国家森林公园	13.46	50.06	①自然保护地部分或完全重叠,功能区划分不统一,造成管理目标不同;②一地多管,管理体制不顺,影响管理效率;③财政投资重复
雅鲁藏布大峡谷国家级自然保护区	色季拉国家森林公园	283.45	7.09	
西藏工布自治区区级自然保护区	色季拉国家森林公园	1886.49	47.162	
雅尼国家湿地公园	色季拉国家森林公园	23.95	27.408	
比日神山国家森林公园	巴结巨柏自治区级自然保护区	0.044	55.00	
西藏工布自治区区级自然保护区	巴结巨柏自治区级自然保护区	0.08	100.00	
西藏工布自治区区级自然保护区	雅尼国家湿地公园	87.38	100.00	
西藏工布自治区区级自然保护区	比日神山国家森林公园	225.94	100.00	

2) 功能区划不合理造成保护利用的交叉混乱,已经限制了部分地区发展。

由于历史原因,部分自然保护区划建之初规划不合理,核心区或缓冲区覆盖了大量的城镇和乡镇居民点,严重制约正常的城镇、交通、旅游等重大基础设施建设,如珠穆朗玛峰国家级自然保护区划建之初,将定日、定结、吉隆、聂拉木 4 个县城所在地及陈塘、日屋、吉隆、樟木等 22 个乡镇所在地、部分国道、省道划入了保护区,居民人口达 8 万多人,保护区管理和当地经济社会发展矛盾日益突出,已经不适应当前的管理要求。在羌塘国家级自然保护区划建之初,将双湖县城和 8 个乡镇所在地划入保护区的缓冲区或实验区,严重制约城镇常规的基本建设,与保护区管理条例明显相悖(图 1.3)。到 2018 年珠峰、芒康滇金丝猴、羌塘 3 个国家级自然保护区范围和功能区调整事项,已通过国家级自然保护区评审委员会专家的评审,正处于审批过程中。

色林错黑颈鹤国家级自然保护区(简称色林错自然保护区)中原申扎县的买巴乡、巴扎乡、塔尔玛乡 3 个乡政府机关所在地,以及人口密集的村庄居民点处于越恰—木纠错缓冲区中,功能区划调整将其调入到申扎实验区(表 1.10);规划于 20 世纪 80 年代的 S301 省道的一段位于吴如—色林—错鄂核心区和色林错缓冲区,将 S301 省道分布在保护区核心区与缓冲区的交通建设用地及其影响区调整为实验区,在 S301 省道通过原核心区路段的实验区外侧区划 200 m 宽的过渡带作为缓冲,以缓冲对核心区的影响。2018年色林错黑颈鹤国家级自然保护区的调整方案已通过主管部门审批,处于公示阶段。

3) 区域经济发展诉求的持续扩张刺激了保护区内的旅游无序发展。

色林错自然保护区包括独特的景观资源和野生动物资源,工程设施建设受到较大限制(图 1.4)。前期禁牧草场网围栏使部分藏羚羊等野生动物迁徙受到阻碍,羌塘南部的班戈县和申扎县,人口和牲畜更多,2006 年就已经看到了大量的围栏,这些围栏大部分面积较小,牧民将一小部分草场围起来,留给牛羊第二年春天吃。近年来有关部门在色林错观赏区建设了环湖围栏,将野生动物圈定在围栏之内供游客观赏,同时还在规划修建旅游公路、营地、集装箱宾馆等服务设施,建设标准、水平的滞后使周边景观受到了较大破坏。同时随着游客增多也出现了碾压草地等现象。

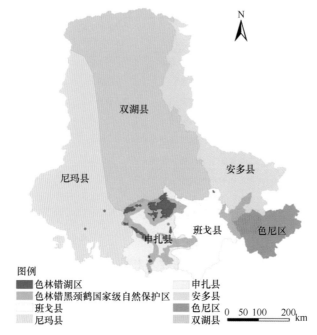

图例
- ■ 色林错湖区
- ▨ 色林错黑颈鹤国家级自然保护区
- ▦ 班戈县
- ▨ 尼玛县
- □ 申扎县
- ▨ 安多县
- ■ 色尼区
- ▨ 双湖县

0　50 100　200 km

图 1.3　色林错黑颈鹤国家级自然保护区与周边县（区）的交叉情况[1]

表 1.10　色林错自然保护区与县（区）的交叉情况

总面积（万 km²）	所在县（区）	交叉面积（10⁴km²）	乡镇（个）	村居（个）	功能区类	面积（10⁴km²）	备注
1.89	班戈县	0.3956	0	30	核心区	0.1093	
					缓冲区	0.1446	
					试验区	0.1417	
	尼玛县	0.410	0	1	核心区	0.0064	
			0		缓冲区	0.0346	
	申扎县	0.9582	3（塔尔玛乡、巴扎乡、买巴乡）	51	核心区	0.3600	县城在缓冲区边缘
					缓冲区	0.5343	
					实验区	0.0638	
	安多县	0.1728	0	24	核心区	0.0523	
					缓冲区	0.1120	
					实验区	0.0085	
	色尼区[1]	0.2680	0	23	核心区	0.0604	
					缓冲区	0.0936	
					实验区	0.1140	
	双湖县	0.1127	0	0	核心区	0.0483	
					缓冲区	0.0309	
					实验区	0.0335	

---

① 2017 年起，那曲县改称色尼区。考虑全书内容保持一致性，无特殊说明的，全文使用新称"色尼区"。

(a)色林错自然保护区西北岸被围栏挡住迁徙通道的藏羚羊群　　(b)在核心区修建旅游公路被环保部门督查暂停

(c)保护区内修建的自驾车营地设施　　(d)色林错湖边建设的集装箱宾馆

(e)普若岗日南入口温泉招待所　　(f)旅游车辆碾压的草地

图 1.4　色林错自然保护区旅游开发带来的问题

4) 自然保护地管委会与地方政府共管，自然保护地的业务和行政管理权责模糊。

自然保护地存在着业务管理和行政管理权责不清晰、管理边界模糊问题。自然保护地管委会多为地方政府派出机构，业务相对独立，并由上级主管部门管理，而行政社会事务多由原市县乡镇等行政管理机构负责。前者属于新设开发管理主体，后者属于属地行政管理主体，两者在土地用途、用地布局、土地出让、租金收入等方面分歧较大。同时，色林错自然保护区管理级别和权限较低，色林错自然保护区管理局为正科级，5 个管理分局为副科级，隶属于地区和县林业局。管护人员少、专业技术人员缺乏，仅有工作人员 105 人，平均每 180 km^2 有 1 位管护人员，难以高效率及时进行资源管理（表 1.11）。多头管理造成财政资金收支分化、不利于协调统一。

表 1.11　色林错自然保护区管理局人员现状统计表　　　　（单位：人）

人员构成	文化结构						职称结构					职工数			退休人员
	小计	硕士以上	本科	专科	中专或高中	初中及以下	小计	高级	中级	助工	技术员	小计	正式职工	临时工	
合计	105		17	14	14	60	2		1	1		104	35	69	1
管理人员	21		8	8	2	3	2		1	1		20	20		1
科研人员															
后勤人员															
执法人员	15		9	6								15	15		
管护人员	69				12	57						69		69	

5) 多头管理造成财政资金收支不统一，不利于提高财政资金使用效率。

西藏地区各级政府接收到不同层面和不同部门的财政援助资金，自然保护地的资金来自林业部门、国土部门、建设部门、环境部门等，由于没有完全统一的管理机构，因此资金在各自管理权限内部使用，使用中很难将资金统筹起来，资金使用效率大打折扣。

西藏建设以国家公园为主体的自然保护地体系，能够保护自然生态系统完整性和人文遗产，以及保障生态景观可持续发展，理顺自然保护地建设体系和管理体制、协调保护与发展的矛盾，也将有效解决西藏自然保护地体系现存的问题，为青藏高原生态安全屏障建设和绿色发展提供模式借鉴和先行示范。

1.3.3　符合西藏社会经济发展规律

1959 年以来，西藏自治区经历了两个重要的发展阶段。第一个阶段是以始于"八五"时期的"一江两河"重点农牧业基地开发为代表的现代农牧业建设阶段，西藏迈上了第一个发展台阶，彻底改变了西藏农副产品生产和供给的状态，显著提升了西藏人民的初级生活水平（樊杰，2000；樊杰和王海，2005；Fan et al.，2010）。同 1990 年相比，2005 年农副产品产量增幅由大到小依次为：花生（增长 1300%，下同）、青饲料（448%）、蔬菜（408%）、油菜籽（267%）、水果（103%），稻谷、小麦和青稞等主要农作物的增长率也达到了 55% ～ 66%。第二个阶段是西部大开发阶段，特别是近两个五年规划时期推进的新型城镇化和新农村建设，使西藏迈上了第二个发展台阶，现代工业和服务业经济比重显著提升，城镇化率从 2006 年的 21.13% 增长到 2015 年的 27.74%，打破了西藏城镇化水平长期徘徊不前的状态，西藏人民实现了与全国人民共享改革开放成果的愿望，有望同步实现第一个百年奋斗目标。当前及未来一段时间内，谋划第二个百年奋斗目标，特别是探索符合生态文明要求的、富有竞争力的现代化建设路径，是西藏自治区人民政府和人民在党的十九大后所要做的一个重要任务。新的发展阶段要求新的发展模式，在守住生态红线、建设生态安全屏障的前提下，科学谋划全域旅游将成为西藏下一步提升的关键。针对人口分布相对稀少、农牧业发展条件受到限制,但生态景观价值突出的广大区域,采用西藏和第三极国家公园群的方式对其进行保护中的利用,这是西藏全域旅游的"重头戏",是助推西藏跨入第三个阶段的动力。可将西藏丰富的能源矿产资源作为战略储备资源,直到利用新技术、新工艺能够实现对自然和人文生态系统有最小扰动时对其进行合理开发,这将成为未来西藏经济地位再次得到提升、步入第四个阶段的新契机(图1.5)。

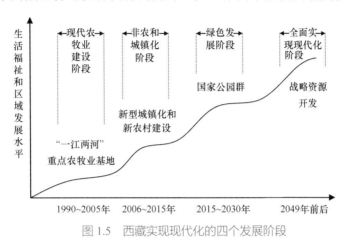

图 1.5　西藏实现现代化的四个发展阶段

1. "一江两河"推动下的现代农牧业建设阶段(1990～2005 年)

20 世纪 70～90 年代,我国首次对青藏高原地区进行综合性科学考察,涵盖地质构造、古生物、地球物理、气候与动植物研究等 50 多个专业,获得大量一手资料,填补了青藏高原研究中的诸多空白,积累了大量科学资料,为青藏高原生态保护和社会经济发展提供了坚实的科学依据。其间,受西藏自治区委托,中国科学院拉萨生态农业站完成了《西藏自治区"一江两河"中部流域资源开发和经济发展规划》《西藏自治区"一江两河"地区综合开发规划(1991—2000)》《西藏自治区艾马岗综合开发规划设计》《尼洋河流域资源开发与经济发展综合规划》《西藏自治区江当农业综合开发区可行性研究报告》等,对系统性研究西藏地区自然资源、生态环境保护,积极引导西藏地区建设与发展起到了积极的推动作用(孙鸿烈,2003)。

随后国家和西藏自治区聚焦"一江两河"重点农牧业基地的开发,掀开了西藏发展的新篇章(图1.6、图1.7)。在"八五"期间,国家针对西藏地区农业、林业、畜牧业及相关基础设施,投入了大量建设资金。其中水利项目投资为25816.04万元,占"八五"期间总投资的47.90%,是农牧业基地开发计划的重中之重;农业直接投资4666.72万元,占8.66%;畜牧业投资1220.82万元,占2.26%;科技投资2754.37万元,占5.11%;能源项目投资8498.34万元,占15.77%;林业投资5488.01万元,占10.18%;交通投资4776.41万元,占8.86%;工业投资679.19万元,占1.26%。农业生产条件得到了大幅改善,从图1.8中可以看出,在20世纪70年代后西藏耕地面积长期维持在23万 hm^2 左右的情况下,1995～2005年乡村劳动力从92万人快速增加到109万人,农林牧渔年总产值增长了90%(图1.7),农牧民人均年纯收入增长了1.4倍(图1.8)。

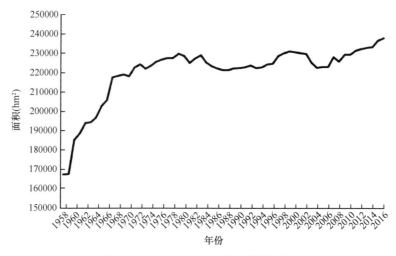

图 1.6　1958～2016 年西藏耕地面积

资料来源：《西藏统计年鉴 2017》

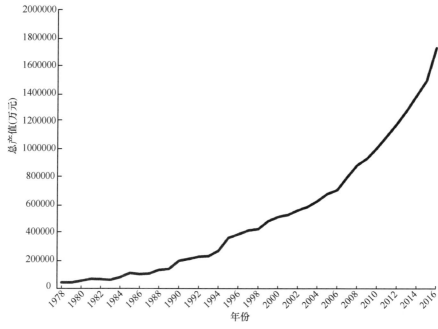

图 1.7　1978～2016 年西藏农林牧渔总产值

资料来源：《西藏统计年鉴 2017》

　　农牧业的快速增长为西藏地区摆脱农副产品自给自足的状态，实现快速发展奠定了基础。在 1990～2005 年的 15 年间，西藏的总人口数由 221.47 万人增长至 280 万人，其中，农业人口由 188.22 万人增长至 224.42 万人，虽然农业人口有所增长，但农业人口比重在 1990～2001 年长期保持在 86% 的水平，2002 年开始逐年下降，直至 2005 年的 83.9%。随着人民生活水平和城镇化水平的日益提高、科学技术水平的不断发展，西藏地区经济发展逐渐偏重发展第二产业，城镇化趋势也日益明显。

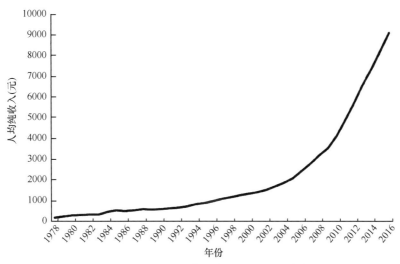

图 1.8 1978 ～ 2016 年西藏农牧民人均纯收入

资料来源:《西藏统计年鉴 2017》

2. 非农产业的快速增长和新型城镇化建设使得西藏发展发生了质的转变
（2006 ～ 2015 年）

现代农牧业的快速增长为西藏经济发展打下了坚实的基础，也为西藏的城镇建设
提供了条件。2006 ～ 2015 年城镇固定资产投资从 196 亿元增加到 1296 亿元，增长了
5.6 倍（图 1.9），城镇建设用地从 78 km^2 增加到 143 km^2（图 1.10），城市道路面积增加
了 2.5 倍，城镇化率从 2006 年的 21.13% 增长到 2015 年的 27.74%，打破了西藏城镇化
水平长期徘徊不前的状态。从城镇人口城镇化率年变化情况来看，2012 年以后，西藏
城镇化才有了较快速度的变化。

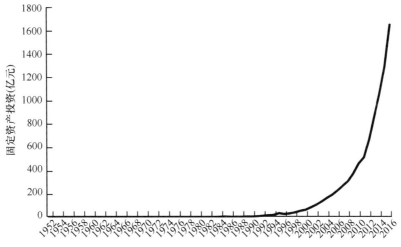

图 1.9 1952 ～ 2016 年西藏城镇固定资产投资

资料来源:《西藏统计年鉴 2017》

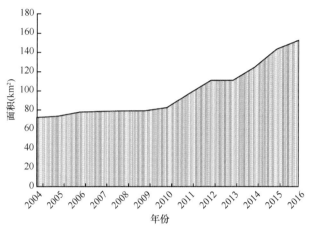

图 1.10　2004～2016 年西藏城镇建设面积
资料来源:《西藏统计年鉴 2017》

　　与此同时,虽然农业发展较好,但第一产业占 GDP 的比重逐年快速下降,2015 年仅为 9.6%,非农产业,尤其是第三产业飞速发展,推动西藏经济发展迈向新的台阶。第三产业增加值由 2006 年的 159.76 亿元增长到 2015 年的 553.3 亿元,增长了 3.46 倍,所占 GDP 比重保持在 54% 左右(图 1.11),成为西藏社会经济发展的重要支柱;第二产业增加值在 2015 年达到 69.6 亿元,占 GDP 的比重为 36.7%。可以说近十年来推进的新型城镇化建设和非农产业发展使西藏迈上了第二个发展台阶,现代工业和服务业经济比重得到显著提升。

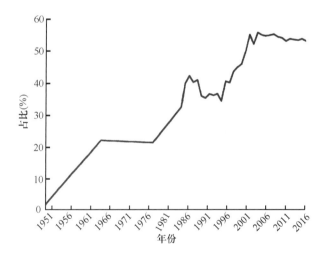

图 1.11　1951～2016 年西藏第三产业占 GDP 的比重
资料来源:《西藏统计年鉴 2017》

3. 绿色发展助推西藏"两个一百年"奋斗目标的实现(2015 年至今)

　　2015 年 8 月,以中央第六次西藏工作座谈会召开为重要标志,西藏开启了绿色发展的新时代。习近平在讲话中强调,要坚持生态保护第一,采取综合措施,加大对青藏高原空气污染源、土地荒漠化的控制和治理，加大对草地、湿地、天然林的保护力度。会议强调了依法治藏、富民兴藏、长期建藏、凝聚人心、夯实基础的西藏工作重要原则。以"两山"理念为科学指导，以绿色发展为路径，以国家公园（群）为重要抓手的发展模式，有望为西藏找出一个兼顾生态资源有效保护、人民群众脱贫致富的可持续发展之路。

2005 年 8 月，时任浙江省委书记的习近平同志在浙江湖州安吉考察时，就提出了"绿水青山就是金山银山"的科学论断。青藏高原是"世界屋脊""地球第三极"，更是长江、黄河的发源地，是我国与东亚气候系统稳定的重要屏障，该地区是同纬度生物多样性最丰富的地区。其中，受国家重点保护的珍稀植物有 38 种、被列入自治区重点保护植物的有 40 种、被列入《濒危野生动植物种国际贸易公约》附录的有 214 种，保护西藏地区的生态环境具有重要意义。西藏的矿产资源、水资源、林业资源储量丰富，水资源总量高达 3853 亿 m^3，森林面积为 1471.56 万 hm^2，在国家战略资源中占有重要地位。

但由于地区生态环境的脆弱性、开采技术的限制性、民族风俗的矛盾等一系列因素，矿产资源开发困难重重。例如，矿区开发极易对当地景观格局产生影响；在高寒、干旱的气候条件下，高寒草甸、草原及荒漠的生态系统呈现出脆弱、易变的不稳定性。这种不稳定性使得生态系统一旦被毁，地区就极易演变为荒漠、戈壁，且难以恢复。大规模矿区开发导致地皮裸露，加重土地荒漠化。另外，矿区的开发势必带来厂区的建设和矿石冶炼工业、矿石加工工业的发展，这些高污染行业会污染大气。在青藏高原进行矿产资源开发会将景观生态风险指数提高到 2 倍以上（李立新等，2011），而色林错区域生态脆弱性指数在 0.76 左右，属于 0.61 ～ 0.80 高度脆弱区间（米玛顿珠，2017）。除此以外，矿产资源开发对水土、地质环境也会产生一定的影响；社会接受度和社会风险也是不可回避的现实。

如何在丰富的资源和脆弱的生态环境中找出一条适合西藏自身发展的科学道路是当前迫切需要解决的重要问题。长期以来，西藏地区一直努力通过产业发展安藏富民，但受自然地理条件的制约，西藏很难复制工业化振兴之路。1973 年以后，虽然西藏地区的工业产值有了较大的提高，但占 GDP 的比重长期维持在一个较低水平（图 1.12）。不过基础设施条件的改善，以及服务业，特别是旅游业的大力发展，为优化产业结构、协调地方经济发展与自然环境之间的关系提供了契机。2006 ～ 2015 年西藏地区的铁路里程数由 550 km 增长至 786.3 km；2016 年公路里程数达到 89343 km。公路、铁路的建设打破了西藏长期封闭的状态，为沿线城镇的发展带来了机遇。

1.3.4　解决深度贫困区扶贫攻坚难题的可持续发展模式

脱贫前西藏是我国深度贫困地区中唯一的全省集中连片贫困地区。西藏每一元钱的财政支出中有 0.97 元来自中央财政，依靠"输血"方式实现西藏脱贫和建成小康社会是可行的，但想在未来建成现代化强国中不让西藏掉队，就需要探索一条可持续发

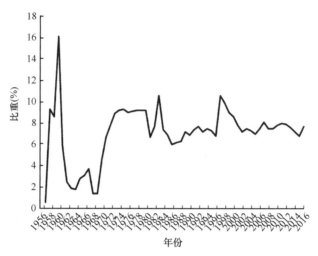

图 1.12 1957 ～ 2016 年西藏工业增加值占 GDP 的比重

资料来源：《西藏统计年鉴 2017》

展路径。西藏脱贫致富的难点在牧区和生态功能区,广大的牧区和生态功能区因地域广、位置偏、生境差而成为最贫困的地区。2017 年前西藏贫困发生率为 18% 左右，是全国平均水平的 6 倍，2017 年底贫困人口还有 33 万人，几乎全部分布在牧区和生态功能区。西藏的牧区和生态功能区在空间分布上大体重合,牧民生计几乎完全依赖牲畜养殖，过度放牧成为增加收入的主要方式，也是导致生态功能下降的重要因素，另辟增收途径的需求越来越迫切。从长远看，解决西藏牧区和生态功能区相对贫困、相对落后的问题，将是一项长期而艰巨的任务。

国家公园是保护传承及改善优化自然和人文生态系统的优选模式。习近平总书记提出"初步确定把国家公园建设作为西藏走绿色发展路径的重要途径"。国家公园建设对于西藏富民兴疆战略具有重要的推动作用。坚守"保护生态环境就是保护生产力、绿水青山就是金山银山"的发展理念，在西藏地区建设国家公园，保护特定类型资源的典型性和生态系统的完整性，维持自然和文化遗产的价值和品质，能够有效地处理人与自然、发展与保护的关系，通过空间整合、机构整合等手段，加强对重要生态系统的完整性和原真性保护，实现"大部分保护、小部分开发"；依据资源环境承载能力和环境容量，规范资源利用效率和生态旅游产品建设，减少无序、粗放开发，借助国家公园的品牌效应，促进旅游资源、民族文化等自然和文化资本增值，构建借外力激发内力、以"输血"促进"造血"的体制机制，提升自身造血功能，形成经济社会发展的新动力。

政府贫困是指地方（或国家）政府依靠自己的财政收入很难，甚至不可能满足政治、经济、社会、文化等其他服务型政府职能和正常的政府运作所需要的财政支出（丁哲澜等，2013）。特困政府和贫困政府财政收入大大小于财政支出，人均财政收入也处于较低水平，特别是特困政府区域通常依靠财政转移支付来维持政府机构的正常运作，以及提供基本公共服务。西藏自治区自然环境恶劣、生存发展条件差、生产方式落后、贫困人口素质低，辖区内 74 个县（区）均为国家重点贫困县，共计 5369 个贫困村，是全国唯一的省级集中连片贫困地区。西藏自治区的贫困问题有贫困面广、贫困程度深、脱贫成本高、难度大、任务艰巨的特点（张丽君和侯霄冰，2017）。"十三五"期间，按照国家现行标准，西藏确定 59 万农牧区贫困人口全部脱贫，约占全区人口的 1/5。59 万贫困人口虽然不多，但贫困人口的分散分布加大了实现精准扶贫的难度。而在西藏全区贫困人口中，共 15.57 万户 55.03 万人因缺乏生产资料致贫，在致贫原因中最为突出。

受制于自然条件和经济发展水平，西藏自治区财政收入规模小，财政平衡基本依赖于中央政府的持续大力支持。区域综合财力主要依靠转移性收入支撑，2016 年全区获得一般公共预算补助收入 1369.25 亿元，以一般性转移支付收入和专项转移支付收入为主，总占比达到 86.90%，基金预算收入以国有土地使用权出让收入为主，总体规模较小（钟士芹，2017）。

在党中央、国务院关于打赢脱贫攻坚战的决策部署下，西藏自治区连续出台了《西藏自治区人民政府关于全面建立临时救助制度的意见》《西藏自治区人民政府关于贯彻落实基本生活救助暂行办法的实施意见》《西藏自治区农村居民最低生活保障实施办法（试行）》《西藏自治区城市居民最低生活保障制度操作规范（试行）》《农村五保供养工作条例》等涉及扶贫的 47 个规范性文件。

通过中央的财政转移支付流向西藏的资金较大，西藏自治区形成了专项扶贫、行业扶贫、社会扶贫、金融扶贫、援藏扶贫"五位一体"的大扶贫格局。2017 年统筹整合各项财政涉农资金 110.35 亿元，推动各类涉农资源向贫困地区和贫困群众聚集[1]。而在金融扶贫方面，西藏银行业共投入信贷扶贫资金约 920 亿元，占西藏贷款总额的 26%，实现了向精准扶贫倾斜，向深度贫困区倾斜[2]。2017 年以来，共有拉萨市城关区、日喀则市亚东县、山南市乃东区、林芝市巴宜区、昌都市卡若区 5 个县（区）实现了脱贫攻坚任务，色林错 - 普若岗日国家公园周边的 6 个贫困县（区）的脱贫攻坚任务依旧任重道远。

从总体上看，2017 年前西藏自治区的贫困面很大，贫困程度还很深，资金缺口较大。单从资金分配的情况上看，作为全国唯一的省区级集中连片特困地区和整体性深度贫困地区，2017 年西藏自治区获得的中央扶贫专项资金数额仅为 43.2958 亿元，只占排名第一的贵州省的 57.4% 左右（图 1.13）。

从西藏自治区内部的扶贫资金分配来看，那曲地区（今那曲市）作为深度贫困地区获得了较多资金支持，且将筹措到的资金重点用于扶贫支出。据统计，西藏自治区 2016～2017 年统筹整合的财政涉农资金中有超过 70% 的资金向日喀则、昌都、那曲 3

---

[1]《精准施策挖"穷根"——我区五县（区）向全社会宣布脱贫摘帽》，http://www.xizang.gov.cn/xwzx/ztzl/fpgj/201712/t20171206_150099.html，2017 年 12 月 6 日。

[2]《西藏 26% 银行信贷投向精准扶贫》，http://www.xizang.gov.cn/xwzx/ztzl/fpgj/201709/t20170925_144759.html，2017 年 9 月 25 日。

个深度贫困地区倾斜，3 个地区共整合资金 147.2 亿元[①]。对色林错－普若岗日国家公园所在的那曲地区，更是加大了地方资金投入力度，确保地、县按照上年本级公共财政预算收入 10% 以上比例安排扶贫专项资金，援藏资金投入按不低于实际到位资金的 60% 促进脱贫攻坚工作开展（谢伟，2017）。那曲地区紧紧围绕总体战略和"4+6"措施，以牧业、旅游、物流为重点，同时围绕旅游引发的小城镇建设项目和其他扶贫"短平快"项目，促进贫困人口实现产业脱贫。2017 年全年计划实施产业扶贫项目 188 个，总投资 49.98 亿元，总体带动 4.5 万人脱贫，受益群众 10320 人[②]。

实践证明，旅游扶贫是西藏自治区争取国家扶持、实现脱贫致富的关键途径之一。"十二五"期间，西藏自治区各级政府广开思路，多渠道融资，有效保障了旅游基础设施的建设。其中，中央预算内资金、国家旅游发展基金补助地方资金和地方旅游发展资金累计投入 10 亿元，建设各类旅游项目 262 个，旅游吸引社会投资 400 多亿元，有效地推动了西藏自治区的精准扶贫进程。

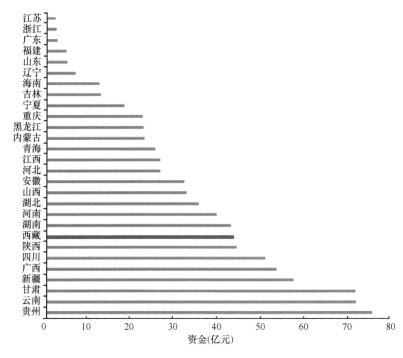

图 1.13　2017 年中央财政专项扶贫资金分配情况图

资料来源：根据国家扶贫开发领导小组公开数据整理

[①]《西藏整合涉农资金逾 208 亿元用于扶贫》，http://news.xinhuanet.com//politics/2017-09/08/c_1121630413.htm，2017 年 9 月 8 日。

[②]《那曲地区 2017 年力争实现 23285 人脱贫》，http://www.xizang.gov.cn/zwgk/xwfbh/201706/t20170626_137283.html，2017 年 6 月 26 日。

1.3.5 适应迅速增长的旅游需求

2006 年青藏铁路通车以来,西藏旅游总人数增加了 10 倍,旅游总收入增加了 12 倍。近年来, 旅游业也成为牧区和生态功能区热衷的产业,西藏已建设运营了以 4 个地方政府命名的国家公园, 低水平规划和管理造成国家公园资源的低效利用, 甚至有可能付出昂贵的生态代价,必须尽早规范。建设国家公园经济收益前景良好,建设国家公园、规范旅游业发展以保护青藏高原生态和藏域文化迫在眉睫。

1. 旅游业发展现状与趋势

世界旅游组织的研究表明, 当人均 GDP 达到 5000 美元时, 一个国家或地区会出现旺盛的旅游需求。2016 年中国人均 GDP 已超 8000 美元, 2016 年全世界人均 GDP 达 10100 美元, 旅游需求已成为人类最重要的需求之一, 成为人们一种普遍的生活方式和基本权利。世界旅游组织统计, 当前生态旅游需求旺盛, 生态游年均增长率保持在 25% ~ 30%, 是发展速度最快的旅游形态。2016 年全球旅游总人次突破百亿, 达 105 亿人次, 旅游收入达 5.17 万亿美元, 相当于全球 GDP 的 7.0%。全球旅游总人次和旅游总收入增速显著高于全球 GDP 增速。其中, 生态旅游年均增长率高达 25% ~ 30%。2016 年国内旅游接待量超过 44 亿人次, 旅游收入超过 39390 亿元, 占全国 GDP 的比重约为 5.3%。

从全世界旅游发展来看, 旅游规模将大幅度增加。世界旅游组织预测, 到 2020 年, 全球旅游产业收入将增至 16 万亿美元, 相当于全球 GDP 的 10%; 作为旅游消费的主力军, 全世界中产阶级人员数量到 2030 年将上升到 49 亿人。从国内旅游发展来看, 目前国内游客量年均增长率保持 11% 以上的增长速度, 远高于世界 6% 左右的平均水平 (表 1.12)。

从旅游消费特征来看, 当前旅游需求呈现出两大趋势: 一是以"90 后"为代表的新一代旅游者更关注在旅行中进行探索和交流, 希望获得原始性、独特性体验。二是生态旅游的受关注和受欢迎程度在继续增大; 生态旅游是一种负责任的旅游、自助型和自律型的旅游。

表 1.12　2011 ~ 2017 年全国及西藏旅游业发展情况

项目	2011 年	2012 年	2013 年	2014 年	2015 年	2016 年	2017 年
全国游客量（亿人次）	26.4	29.6	32.6	36.1	40	44	50
全国旅游收入（亿元）	19306	22706	26276	30312	34195	39390	54089
西藏游客量（万人次）	869.76	1058.39	1291.06	1553.14	2017.53	2315.94	2561.43
西藏旅游收入（亿元）	97.06	126.48	165.18	204.00	281.92	330.75	379.37

2. 西藏旅游需求现状及趋势

2016 年西藏自治区接待游客 2315.94 万人次，旅游收入为 330.75 亿元，占西藏自治区 GDP 的比重为 28.76%。如表 1.12 所示，西藏的旅游发展速度明显高于全国平均水平。通过对比分析可发现，在全世界旅游发展大背景下，西藏目前的游客量基数仍较少，用 12.52% 的土地面积接待了不足全国 0.53% 的游客量；同时也反映出西藏的旅游发展潜力仍很大。

在整个西藏的游客中，男性占 55.7%、女性占 44.3%。21 ～ 40 岁的游客占游客总量的比重达 81%。76.9% 的游客选择全程自助的旅游方式，15.4% 的游客采用跟团与自助相结合的旅游方式，全程跟团的游客仅占 6.8%（陈莉，2017）。在进藏的游客中，有 79.2% 的游客有再次来西藏旅游的意愿。游客计划在西藏停留的时间主要为 7 ～ 15 天。对西藏自然风光、地方文化较感兴趣的游客分别占游客总量的 87.8%、52%。游客在西藏旅游的需求特征也正在发生变化。在文化旅游方面，以观光游为主的文化旅游已不能满足潜在的旅游消费需求，游客对文化性强、体验度和参与度高的旅游产品的需求在不断增加（王亚欣和李泽锋，2013）；在自然生态旅游方面，游客越来越偏好在环境质量较高的自然环境中旅游，喜爱野外宿营和进行有一定强度的身体活动，如野外徒步、湿地观鸟等，其中女性生态旅游者对徒步旅行较为推崇；旅游者对物质条件的要求不高，但对目的地安全和被提供的各种信息服务要求会较高，如对景物标识和环境教育信息较为重视等。国家公园强调自然旅游、自助旅行、文化体验，注重环境教育，建设国家公园能很好地迎合该区域旅游发展诉求。

1.4 西藏国家公园／地球第三极国家公园群初步方案

"国家公园"无疑是人类在工业文明刚刚开始之时，为了保护自然生态系统、使人类能长远享受自然、给人类游憩福祉所作出的明智的选择。在城市化进程中，"公园"是城市居民亲近自然环境、品味生态景观、放松生活节奏、提升生活品质的一方恬静去处。尽管现代公园类型越来越多样化，但形成的与城市密集的水泥建筑物和嘈杂的社会氛围截然不同的小环境，以及提供给市民的同日常生活和生产活动完全不同的享受生命的内容，始终是城市公园的基本特征。城市公园规模有限，很难有相对完整的自然生态系统作为依托，也很难有较大尺度的景观作为对象，所以人工修饰和装点、园林化风格便成为城市公园的主旋律。国家公园则具备了依托相对完整的自然生态系统，选择较大尺度的自然风光和天然景观，打造供国民游憩和休闲的地方的条件。国家公园一定要具有公园品相和游憩价值，以及完整独特的自然生态、美丽宜人的景观。为了使国民永久享受自然生态的福祉，为了使宝贵的自然生态成为提升国民生活品质的重要资源，保护国家公园自然生态、实现国家公园资源可持续利用，成为国家公园建设的前提和原则。合理利用公园的科普探秘、研究探索、游憩观光功能，则是国家公园建设的核心内容。随着生态文明理念的强化，以及旅游在人们生命过程中的地位提升，国家公园一定会逐渐成为一个国家的名片，彰显着国家对自然的态度，人们对美好生活追求的方向，以及一个国家在世界之林独特的存在价值和人类命运共同体的独特角色。

1.4.1 西藏国家公园建设的基本准则

1. 要把保护传承和改善优化自然与人文生态系统放在优先地位

国家公园强调以保护为主、兼顾开发，在保护生态系统完整性和原真性的前提下，允许适度开发。西藏在高寒、干旱的气候条件下，以高寒草甸、草原及荒漠这三大生态系统为优势的自然环境表现出脆弱易变的不稳定性。高原生态系统发育的时间很短，加之寒旱的水汽条件，其一旦被毁，就极易演替为荒漠、戈壁，很难恢复。自然环境的脆弱性和生态系统演替过程的不可逆性是青藏高原国家公园建设不可忽视的约束条件。

西藏自治区是藏族同胞的集居地，藏文化历史悠久，至今仍保持着自身的完整性和独特性。独特的藏族文化氛围和传统造就了其独特的风俗人情、价值观念、宗教信仰、文化艺术，由此综合形成的瑰丽人文景观，成为西藏在世界文化宝库和人类发展历史长河中最宝贵的精神和文化财富。因此，维系自然和人文生态系统的持续性是西藏国家公园群建设的首要任务。西藏国家公园建设要以满足生态文明和国家生态安全屏障建设需求为前提，在自然和人文生态系统保护优先的基础上，合理挖掘自然景观和生态体验价值、树立国家公园品牌，通过小部分区域的开发利用，实现生态保护和经济发展的双赢。

2. 把富民、富藏、兴边、造福全人类作为主要导向

西藏脆弱的生态环境特点使其难以通过传统的工业化、城镇化实现富民富藏的发展目标，采取传统的经济增长方式也难以实现跨越式发展，特别是在国家大力推动生态文明和国家生态安全屏障建设的背景下，西藏必须寻求经济发展的新动能、创新现代化建设的新模式，才能在实现第二个百年奋斗目标方面不落伍。建设西藏国家公园，能够有效地处理人与自然、发展与保护的关系，通过空间整合、机构整合等手段，加强对重要生态系统的完整性和原真性保护，实现"大部分保护、小部分开发"；借助国家公园的品牌效应，促进自然和文化资本增值，提升自身"造血"功能，提升人民福祉水平；在国家公园建设框架下，依据资源环境承载能力和环境容量，规范青藏高原地区生态旅游产品建设，提高资源利用效率，减少无序、粗放开发，最终实现经济、社会、环境的统一协调发展。此外，在生态安全屏障建设的大前提下，关于国家投向西藏的多种资金方面，在集中建设高原城镇化、发展特色农牧业的同时，开辟国家公园群建设投资的新方向，有利于自然保护地的整合和重要生态系统的完整性、原真性保护；通过山水林田湖草生命共同体的系统保护和修复工程，提升生态安全屏障建设的综合效益。2015 年起，西藏为拉动旅游业发展也自行挂牌了纳木错、珠穆朗玛和雅鲁藏布大峡谷 3 个"国家公园"，但由于以旅游开发为主的功能定位，其建设效果同国家层面的"以保护为主、兼

顾全民公益"的功能定位存在较大差异，甚至出现旅游活动超载、居民生计困难、偷猎和放牧过度等问题，这应在国家公园建设中着力避免。

3. 必须坚持以科学研究为基础、科学发展为宗旨、科学规划为依据、科学管理为手段的建设模式

基于国家公园建设的复杂性及西藏极其重要的生态地位和文化背景，开展西藏和第三极国家公园群建设需要遵循科学谋划、合理推进的原则。建立国家公园不仅涉及空间规划布局、山水林田湖草系统保护和修复、资源环境承载能力监测预警等工程技术层面的问题，以及土地确权和用途管制、中央和地方财权事权划分等管理体制层面的问题，还涉及特许经营、社区发展、品牌增值等发展机制问题，是一项复杂的系统工程，需要系统性建设方案。如果缺乏系统的前期研究和科学支撑，采取盲目推进的方式，在缺乏前期资源环境调查与评估、空间布局研究、环境容量测算的基础上，仓促开展国家公园建设或试点，将不利于西藏和第三极国家公园群整体品牌的提升，可能使具有重要景观和生态价值的资源未被纳入国家公园体系中，也可能造成未考虑资源环境承载能力和环境容量的过度开发建设及旅客超载现象，从而导致重要景观、生态和资源发生不可逆转的破坏和退化。为此，提高西藏和第三极国家公园群建设的科技含量，应着力：①以第二次青藏高原综合科学考察研究为基础，将按照科学规律办事作为西藏和第三极国家公园群建设的基本原则，依托科学考察和研究数据，评价其旅游价值、产品开发方向和方式；②以提供从基础论证、规划编制到运行管理全套服务为指引，保障西藏和第三极国家公园群建设的科学设计水准、建设水准、管理水准；③加强信息化、智能化在西藏和第三极国家公园群建设中的应用，把西藏和第三极国家公园群建设成为全球国家公园中在应用现代技术工具进行管理方面居于领先地位的主体。

1.4.2 西藏和第三极国家公园群的研究框架

针对西藏和第三极地区生态系统脆弱性和地域文化敏感性带来的资源环境复杂性、生态保护地类型多样性、空间管控碎片化等问题，立足生态文明建设、国土生态安全和国家公园体系建设高度，研究评估西藏和第三极国家公园群自然资源和人文遗产价值、资源环境承载能力、山水林田湖草系统提升潜力，编制西藏和第三极国家公园群建设规划方案、建设与管理技术规程、监测评估规范，研发西藏和第三极国家公园群资源监测、运营管理信息平台与生态系统可持续管理技术（图1.14），建成全球最具有影响力和吸引力的国家公园群。

1. 西藏和第三极国家公园群规划的前向研究

（1）西藏和第三极国家公园群自然和人文生态系统及其景观价值评估

采用地理信息系统、生态系统结构与功能、区域社会经济与文化等多种分析手段和视角，摸清西藏和第三极不同类型生态保护地的布局现状与发展需求，分析西藏和

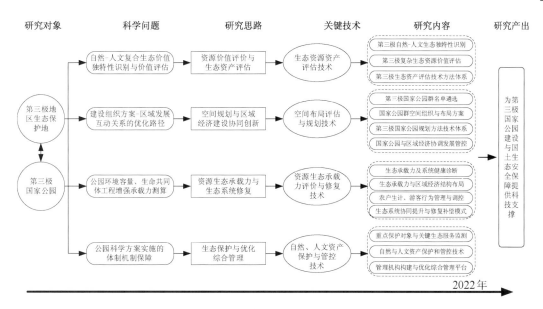

图 1.14　西藏和第三极国家公园群研究框架

第三极重要生态保护地的自然、人文生态特征和布局特点，构建西藏和第三极生态保护地数据库和价值评估指标体系，科学评价西藏和第三极地区自然、人文生态资源及其景观价值，确定国家公园资源优越度等级序列；比对生态保护地在生物多样性和生态系统服务方面的对应性，以及生态保护地的布局现状与生态功能空缺区域的错位性，提出西藏和第三极国家公园群优化建设的时间表。

（2）西藏和第三极国家公园群资源环境承载能力和脆弱性评价

分析西藏和第三极地区的自然生态环境现状，构建资源环境承载能力和生态脆弱性评价与预警的技术流程、评价体系，揭示资源环境承载能力与脆弱性的各个构成要素及其组合的变化规律，增强资源环境承载能力。系统梳理国际上脆弱生态系统保护的国家公园建设模式和管理机制，总结国际脆弱生态系统中国家公园的遴选机制、设立流程及其规划的案例与经验。建立包括人口容量、土地容量、资源容量、游客容量、废弃物消纳容量等因素在内的生态保护地生态环境容量评价指标体系，运用生态足迹、生态承载力、生态赤字等综合性指标，根据国家公园的主导功能定位，确定国家公园建立后的环境容量阈值。

（3）西藏和第三极国家公园群生态修复的生命共同体能力提升工程设计

基于资源环境承载能力和脆弱性评价，以提升西藏和第三极国家公园综合承载力和环境容量为目标，针对关键的承载力和脆弱性，结合国土生态安全、主体功能区建设的总目标，设计生命共同体建设工程，开展山水林田湖草系统保护和修复，探索并完善自然资源产权、国土空间开发保护、流域综合管理、生态保护和修复等综合治理制度，优化西藏和第三极国家公园国土生态安全和空间开发模式，健全生态保护补偿机制，提高系统适应性和抗风险能力。

2. 西藏和第三极国家公园群规划研制

（1）西藏和第三极国家公园群建设可行性研究报告编研

通过实地考察、资料整理、专家咨询、案例借鉴等方法，总结国际发达国家国家公园体系建设的主要特点、模式和经验教训，建立多种国家公园开发模式的适应情景模拟与匹配技术评价体系，研究国家公园建设介入后，其与自然、人文生态和区域经济社会发展产生的协调与胁迫特征机制和优化调控路径；针对不同片区的自然生态系统保护效率、生态系统功能服务、区域经济社会优化发展导向，提出多层级、多类型国家公园发展模式，编制西藏和第三极国家公园群建设可行性研究报告，为西藏和第三极国家公园群建设提供决策支持。

（2）西藏和第三极国家公园群规划方案编制与技术体系研发

系统梳理国际上国家公园的规划技术方法，尝试提出西藏和第三极国家公园群功能分区技术、保护等级、管控技术分类分级体系和标准，探索符合自然保护地功能分区的动态规划和模糊分区的理论方法，提出综合多学科领域技术、多种保护需求、多种生态演化模式的动态规划技术；结合西藏和第三极地区不同类型生态保护地规划技术的经验，提出符合青藏高原区情的国家公园建设的规划方法和体系框架。依据自然资源分布、环境特点和管理需要，建立以重要生态保护地和国家公园主导功能为导向的资源分类与评价、功能区划、分区模式、管理机制等系统性的规划内容，形成规划编制技术指南，为泛西藏和第三极地区国家公园群规划提供可复制、能推广的经验模式。

（3）西藏和第三极国家公园群建设实施方案和指南

采用指标体系构建、定量测算和空间分析相结合的集成技术方法，从自然生态资源类型、人文文化遗产价值、生态系统完整性、重点生物保护对象等方面，研究西藏和第三极国家公园群遴选的指标体系和评价方法，确定国家公园入选门槛条件，选出西藏和第三极国家公园群拟建区域。从全球国家公园发展模式、建设规律和成功经验借鉴入手，结合中国 10 个体制试点区评估问题，从规划角度分析自然和人文生态子系统、人类活动子系统、开发环境子系统等之间的匹配关系，根据西藏和第三极地区的地域条件和资源环境差异化特点，确定西藏和第三极国家公园群的优化布局建设方案。建立以西藏和第三极国家公园群主导功能为导向的资源分类评价、功能区划、土地资源权属、分区模式、管理体制和运行机制等系统内容，形成实施方案和标准指南。

3. 西藏和第三极国家公园群规划的后向研究

（1）管理体制机制构建和优化综合管理平台建设

开展全球国家公园管理机制与模式的广泛调研，同时借鉴现有西藏和第三极地区不同类型自然保护地管理取得的经验，以生态保护与社会经济协同发展为目标，从国家公园的准入与退出制度、管理规划制度、公园保护制度、公众参与制度等方面开展研究，构建符合中国国情的国家公园政策管理机制。从规范标准、规划设计、运营管理、资金机制、监督机制、社区共建、旅游利用等方面探讨国家公园运行机制。针对西藏和第三极地区高寒、高海拔地理环境和人类活动特点，研发分区、分类、优化、综合管理服务平台，设计涵盖文化保护、访客监测、实时监控、应急救助、宣传推介等内容的智能化技术模块。实施国家公园管理人才队伍技术培训工程，提出后期咨询、培训与管理技术支持的实施方案。

(2) 重要保护对象和关键生态服务自动在线监测

根据西藏和第三极国家公园群生态现状诊断、生态资产评估、资源环境承载能力评估等研究成果，识别重要保护对象与关键生态系统服务，通过划定监测范围、细化监测内容、构建监测指标、确定监测方法、制定监测数据收集与管理办法等，研发国家公园重要保护对象与关键生态系统服务监测技术，形成西藏和第三极国家公园群重要保护对象与关键生态服务监测技术、灾害预警与人为胁迫管理技术，以及自然与文化资产保护和管控技术体系。构建国家公园资源环境监测与管理信息平台，制定满足国家生态安全保障和区域生态系统健康的分区、分类管理方案，以及国家公园建设综合管控技术标准。基于风险全过程控制和优先管理的原则，从管理主体、管理要素、管理过程等方面建立国家公园灾害预警技术，模拟研究多情境下系统的响应机制，提出动态可适应的管控技术。

(3) 国家公园群建设运营评估

跟踪西藏和第三极国家公园群建设与运营管理进程，设计国家公园建设运营的评估导则和标准，构建自然资产分区管理、环境胁迫分类管理、公众参与分级管理、协调发展分期管理等管控技术体系，以及开发相关政策法规研究和监管平台。

1.4.3 西藏国家公园群 / 地球第三极国家公园群初步方案

西藏、青藏高原、地球第三极是国家公园理想的国家公园备选地，进行国家公园（群）的可行性研究，是探索西藏和青藏高原绿色发展途径的核心任务，是 2017 年中国科学院启动第二次青藏高原综合科学考察研究的主题内容。究竟如何命名这个区域的国家公园群，将在最后完成科考任务时给出定论。但无论怎样，西藏、青藏高原和地球第三极在全球中的自然生态独特性和社会文化独特性是不容置疑的。青藏高原因多数区域海拔超过 4000 m、面积为 257 万 km² 而被称为地球第三极，这对于生活在海拔 500 m 以下的全球 80% 的人口而言，地球第三极呈现的一切都令人向往、感到神秘，即使是蓝天上的云彩也常常令人惊艳。这里有在持续了 2.4 亿年隆升过程中在高原内陆那曲一带形成的海湖相完整的沉积剖面，能让人直接感受沧海桑田的变迁；这里有水平距离 40 km 内在青藏高原南缘墨脱县形成的完整的植物垂直带谱，又能使人在短短的几个小时车程中体会到从寒带植物到热带植物的典型生态景观。因长江、黄河、湄公河、恒河、印度河等重要的河流发源于青藏高原，因而其被称为亚洲水塔；高原隆起阻挡并改变了西风和季风的大气环流，使得西藏成为今天全球气候变化的最敏感区，过去百年和未来百年西藏升温幅度都高于全球平均水平，冰川退缩、湖面上升，为我们提供了把脉地球变化的最佳位置。地球第三极的环境变化对全球生态平衡有重要的影响，在这里我们可以理解科学、触及科学，很直观地体会到爱护和保护自然的重要性。

青藏高原是壮美的。地球第三极的隆起创造了地球上最高的山峰——珠穆朗玛峰、陆域最大的冰川——普若岗日冰川、最深的峡谷——雅鲁藏布、陆域最大的无人区——羌塘和海拔最高的县城——双湖。高耸的雪山、深邃的峡谷、湛蓝的湖泊、广袤的草原等大尺度组合，景观震撼，这种景致不仅在中国现代化建设中而且在全球范围内也是稀有和珍贵的。在大尺度景观中镶嵌上高原特有的藏羚羊、黑颈鹤、野驴等野生动物，再点缀上种植的青稞、牧养的牛羊、古今特色聚落和传统寺庙，以及跳着锅庄舞的藏民，便构成了一幅幅美丽的画卷。当你置身其中时，会感受到心灵的净化和升华。

着眼于整个青藏高原，初步提出的国家公园群是以雅鲁藏布大峡谷、那曲色林错、阿里札达土林、青海三江源、珠穆朗玛峰、羌塘无人区等为主体，结合青藏高原边缘地区一系列由国家公园所组成的全球集中度最高、覆盖地域最广、品质上乘、特色鲜明的公园群（图1.15）。本书将进一步论证该方案，着重对西藏范围内的国家公园构成逐一分析。

1. 选择因素考虑

国家公园是指国家为保护一个或多个典型生态系统的完整性，为生态旅游、科学研究和环境教育提供场所而划定的需要特殊保护、管理和利用的自然区域。它既不同于严格的自然保护区，也不同于一般的旅游景区。

根据国家公园的主导功能和国家公园体制建设总体方案的意见，国家公园的遴选重点突出国家代表性、生态系统完整性和原真性。

国家代表性：以国家利益为主导，坚持国家所有，具有国家象征，代表国家形象，

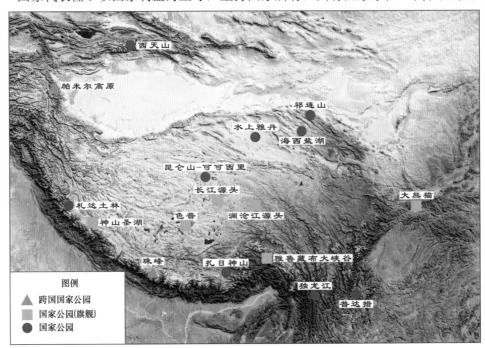

图1.15 西藏和第三极国家公园群愿景策划

展现中华文明。

生态系统完整性：提升生态系统服务功能，开展自然环境教育，为公众提供亲近自然、体验自然、了解自然的机会。

原真性：保护自然和人文遗产的地域文化特色。

因此，西藏国家公园建设的区域选择应在保障国土生态安全的前提下，充分考虑区域的生态系统完整性、国家代表性和原真性，满足保护和利用的双重需要，要有利于妥善处理自然保护地自身存在的交叉重叠与碎片化等突出问题。

2. 选择步骤

选择国家公园建设区域要通过以下 3 个步骤。

首先，在每个重要生态功能区和国家生态安全屏障区内选择最具有代表性的自然生态区域，该区域能够表征地区自然特征和过程，包括野生动植物、地质地貌、植被覆盖、生态景观等情况，且受人类影响较小，基本处于自然状态。

其次，选择潜在的国家公园。根据第一步的自然生态区域，考虑动植物分布、生态系统完整性、文化遗产分布、游憩利用潜力等因素，确定国家公园区域。

最后，评估国家公园建设可行性。根据地方居民意愿、经济社会发展、政策、财政承受能力等确定是否建设该国家公园。同时考虑典型地物、居民点分布、土地利用权属、能源资源评估，为国家公园边界划定奠定基础。

（1）西藏国家生态安全屏障建设的关键敏感区域

西藏生态安全屏障规划区共分为 3 个生态安全屏障区和 10 个亚区，总体情况和分区特点见表 1.13。

（2）西藏代表性的自然和人文生态景观

西藏生态环境的多样性也决定了生态旅游景观的多样性，主要景观有森林景观、雪山冰川景观、湿地景观、高寒草地景观、高寒裸岩景观等。生态资源具有自然性、垄断性、资源品位高等特征。典型的山地景观有南迦巴瓦峰、珠穆朗玛峰、梅里雪山、冈仁波齐峰，湖泊景观有纳木错、色林错，峡谷景观有雅鲁藏布大峡谷，冰川景观有绒布冰川、米堆冰川、普若岗日冰川等。

（3）西藏典型自然生态系统完整性、珍稀濒危旗舰物种

将自然生态系统和自然文化遗产保护放在第一位，遵循核心保护区不能动、保护面积不能减的原则，对西藏自治区的自然保护地保护对象和布局进行梳理。按照设立层级和保护目标，对各类保护地的交叉重叠和碎片化区域进行整合，初步形成国家公园管理层级。按照代表性、典型性的原则，既要满足保护对象的保护需求，又要解决保护地交叉重叠、多头管理、自然生态系统被人为切割、碎片化严重等突出问题。

3. 指标体系与技术路线

根据国家公园建设的目的，结合国家公园的主导功能，建立由国家代表性、生态系统完整性与原真性以及发展机会 3 个方面组成的评价指标体系（图 1.16 和表 1.14）。

表 1.13　西藏生态安全屏障区总体布局

生态安全屏障区	位置	总体特点	生态系统类型	亚区	亚区特点
藏北高原和藏西山地生态安全屏障区	藏北高原湖盆区、藏西阿里山地地区及雅鲁藏布江源区	在青藏高原冷高压干冷西北气流控制下，该地区具有降水少、低温持续时间长、太阳辐射强烈和多大风等特点	以草甸-草原-荒漠生态系统为主体。高寒草原生态系统分布面积最大，其次为高寒草甸、高寒荒漠草原和高寒荒漠	羌塘高原北部、昆仑山南翼及通天河上游高寒特有生物多样性保护区	该区气候极端寒冷干燥、大风频繁、降水量少、昼夜温差大，生态系统结构简单，特别是稀有是稀有高寒荒漠和高寒荒漠草原生物有动植物种；对该区要保护好高寒荒漠和高寒荒漠草原生态系统
				羌塘高原南部及藏西山地土地沙漠化控制与农业适度发展亚区	该区既有高原丘陵湖盆，又有高海拔的冈底斯山和喜马拉雅山；气候寒冷干燥，以高寒草原生态系统为主，其次为温性荒漠草原等，温性荒漠和高寒温性脆弱荒漠草原生态系统；生态系统需加强该区高寒和温性荒漠草原生态系统保护
				那曲地区东部及当曲流域水源涵养亚区	该区为怒江源头区及藏北内外流分水岭部分地区；生态系统由高寒草甸和高寒草甸草原、草本植被组成高寒草原类复杂种类；对该区需保护好怒江源江河水源涵养功能和发展草原畜牧业
藏南及喜马拉雅山中段生态安全屏障区	由冈底斯山脉（中东段）、喜马拉雅山脉（中东段）和处于这两大山脉之间的"一江两河"三大不同地貌单元组成	河谷海拔多在4000 m以下，河谷平原面积大，分布广，具有温带半干旱气候特征，水热组合条件较好	冈底斯山脉是以高原温带半干旱草原带为基带的多层次山地生态系统；喜马拉雅山脉的山具有大面积的山原寒带气候草原与温带半干旱及以亚热带常绿育林带为基带的多层次山地生态系统	雅鲁藏布江中游宽谷土地沙漠化及水土流失控制及经济发展亚区	该区地处冈底斯山和喜马拉雅山之间，包括雅鲁藏布江中游宽谷和冈底斯山南侧山地；河谷地带暖干温半干旱气候区；河谷地带平底面积大，河漫滩发育，冬春多大风，多刺鸡儿、高山白草、三刺草等固沙草为主，小半灌木、草本灌木草极组成，草地生产力和生物量较高；对该区沙固沙土地沙化和水土流失综合治理
				中喜马拉雅山北侧山原宽谷盆地土地沙化控制与农牧适度发展亚区	该区地处中喜马拉雅山脉北侧的山原地带，发育了以高寒草原生态系统为主的多种高山生态类型；高寒草原生态系统结构简单，植物种类组成单一；该区需要治理好多种高山草甸沙化和保护好水源涵养功能
				中喜马拉雅山南坡生物多样性保护与旅游业发展亚区	该区地处中喜马拉雅山脉的南坡，该山地受印度洋暖湿气流的影响，发育了以亚热带常绿阔叶林为基带的多样性山地森林生态类型及高山草甸生态系统；对该区的主要治理措施是保护好生物多样性

续表

生态安全屏障区	位置	总体特点	生态系统类型	亚区	亚区特点
藏东南和藏东生态安全屏障区	地处西藏东南部高山深谷区，林芝地区北部有念青唐古拉山、中南部有唐古拉山、马拉雅山及其支流深切于山岭之间。昌都地区相间排列三大高山和三条大川，从西藏东次为念青唐古拉山岭、怒江、澜沧山、达马金沙江、宁静山—伯舒拉岭、他念他翁山、澜沧江、金沙江	岭谷高差悬殊。区内水系发育，金沙江、澜沧江、怒江及其支流江及其支流及雅鲁藏布江水量丰富，季节变异水量较小，是我国水力资源最丰富的地区之一	从谷底到山脊发育了多层次的山地生态系统，其中森林生态系统不仅类型多且分布面积大，成为该区最具有优势和特色的生态系统类型，该类型孕育了丰富的生物多样性资源	昌都北部河流上游水源涵养与牧业发展亚区	该区位于昌都地区北部，紧连青海。气候较温暖湿润，属于高原温带半湿润气候类型，年降水量 400～500 mm。河谷区年均气温为 10℃左右，其次为河谷温带灌丛草甸，亚高山草甸。海拔 2800～3400 m 的亚高山暗针叶林为主以云杉为主的阴坡多为疏林灌丛，发展特色畜牧业。对该区主要进行水源涵养和生物多样性保护、
				昌都南部生物多样性保护与旅游业发展亚区	该区位于昌都地区南部，金沙江、澜沧江和怒江南北向贯穿全境，属于高原温带半湿润气候。山地坡面以云杉、冷杉为主体的亚高山暗针叶林，植被为以云杉、冷杉、松林和云南松林。森林生态系统类型多样，此外还有较大面积的硬叶阔叶林，坡度陡峻，谷地狭窄，坡地物质稳定性差。亚高原温带较主要分布于海拔 2700～4400 m。对该区主要进行针叶林多样性保护和加强水源涵养
				雅鲁藏布江下游谷地生物多样性保护与农林业发展亚区	该区地处念青唐古拉山脉与喜马拉雅山脉之间，境内地势北高南低，岭谷高差大。坡度较陡，地表物质稳定性差，易发生崩塌、滑坡、泥石流。生态系统类型多样和海洋性冰川广泛，主要发育有亚热带常绿阔叶林、温带针叶林、暖温带针阔叶混交林。以川滇高山栎为主的硬叶阔叶林和落叶阔叶混交林，寒温带暗针叶林从河谷到亚高山均有分布。对该区主要是保护生物多样性和发展特色农林业
				喜马拉雅山东段南襄生物多样性保护与山谷农林业发展亚区	该区地处喜马拉雅山脉东段南翼，水平与垂直气候变化明显，地势北高南低，北部山脊多在 6000 m 以上。降水丰富，北部往北依次出现热带、亚热带、温带、寒带和高山冰雪带。从南部丘陵低山到高山依次有热带雨林及季雨林、亚热带常绿阔叶林、针阔叶混交林、暗针叶林、灌丛草甸等植被。生物多样性极为丰富。山地坡度陡峻，河谷深切，河流侵蚀作用强烈。对该区主要是保护生物多样性

注：根据《西藏生态安全屏障保护与建设规划（2008—2030 年）》整理。

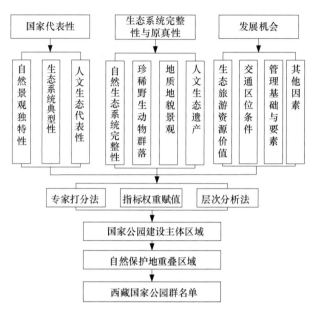

图 1.16　西藏国家公园群遴选评价技术路线

（1）指标体系内涵

选择的各个指标的内涵解释如下。

国家代表性：①自然景观独特性，国家公园是一种重要的景观资产，自然景观独特性能够从总体层面反映某一区域的内在生态价值，最能反映出国家公园的珍贵价值；②生态系统典型性，属于某一生物地理类型区域的典型代表性生态系统；③人文生态代表性，体现出长期以来在该区域自然生态基础上形成的与之相关的人文生态特色。

生态系统完整性与原真性：①自然生态系统完整性，区域内生态系统是具有连续性的；②珍稀野生动物群落，能指示野生动物群落分布和丰度情况；③地质地貌景观，即能够反映该区域特点的地貌景观、古生物化石、历史演变过程等；④人文生态遗产，即与该区域历史演变相伴生的人文遗产和遗迹。

发展机会：①生态旅游资源价值，表示某地未来可以开展游憩利用的潜力；②交通区位条件，指进入该区域的交通条件及周边市场情况；③管理基础与要素，表示建设国家公园的管理体制基础和能力；④其他因素。

本次考虑数据基础，在选定西藏国家公园准入名单时，以县级行政单元为空间单元进行赋值，选择比较集中的若干县所在地区作为备选区域，再结合生态系统保护的迫切性、受影响程度、濒危物种情况、地方政府支持力度等因素，确定发展时序安排方案。

（2）指标测算

综合评价考虑因素、评价因子和指标权重，采取半定量的测算方法，依照指标释义的内涵，按照高、中、低三分法对评价因子进行等级赋值。处于已有生态区划范围内的按照是（1）和否（0）赋值，对民族文化聚落、珍稀动植物分布、旅游资源分类等

表 1-14 国家公园设置标准评价指标分值设定

综合评价层	分值	评价因子	分值	评价依据	权重	参考依据
国家代表性	30	重要性	12	生态系统具有全国乃至全球意义	$0.8 \leqslant w \leqslant 1$	《全国生态功能区划》
				生态系统具有区域意义	$0.5 \leqslant w < 0.8$	
				生态系统重要性一般	$0 \leqslant w < 0.5$	
		典型性	10	在全球或全国同类型生物地理区中典型性强	$0.8 \leqslant w \leqslant 1$	《中国生物地理区划》
				在全球或全国同类型生物地理区中典型性较强	$0.5 \leqslant w < 0.8$	
				在全球或全国同类型生物地理区中典型性一般	$0 \leqslant w < 0.5$	
		唯一性	8	拥有全球或全国唯一的自然景观或旗舰物种	$0.8 \leqslant w \leqslant 1$	《国家保护动植物名录》
				拥有全球或全国同类型生态系统中的指示性自然景观或旗舰物种	$0.5 \leqslant w < 0.8$	
				不具有唯一性	$0 \leqslant w < 0.5$	
生态系统完整性	30	原生状态	5	整体风貌未变化，受损比例很小，自然修复能力强	$0.8 \leqslant w \leqslant 1$	《原始状态与人口密度》
				整体风貌基本未变，局部受损，自然修复能力较强	$0.5 \leqslant w < 0.8$	
				整体风貌发生变动，受损比例较大，自然修复能力一般	$0 \leqslant w < 0.5$	
		生态功能维持能力	10	生态要素结构完好，具有较强的维持生态系统功能的能力	$0.8 \leqslant w \leqslant 1$	
				生态要素结构较好，具有一定的维持能力	$0.5 \leqslant w < 0.8$	
				生态要素结构不全，维持能力较弱	$0 \leqslant w < 0.5$	
		生物多样性	8	生物多样性丰富	$0.8 \leqslant w \leqslant 1$	《中国珍稀动植物分布名录》
				生物多样性较好	$0.5 \leqslant w < 0.8$	
				生态多样性一般	$0 \leqslant w < 0.5$	
		景观连续性	7	丰富连续的生态景观	$0.8 \leqslant w \leqslant 1$	生态景观破碎程度、人为干扰程度
				拥有较多的生态景观	$0.5 \leqslant w < 0.8$	
				零星分布有生态景观	$0 \leqslant w < 0.5$	
原真性	20	地貌景观	10	典型地质地貌未受到影响，得到了充分保护	$0.8 \leqslant w \leqslant 1$	
				典型地质地貌受到局部影响，得到了较好保护	$0.5 \leqslant w < 0.8$	
				典型地质地貌发生变化	$0 \leqslant w < 0.5$	
		人文遗存	10	保存有全国或全球唯一的人文遗迹	$0.8 \leqslant w \leqslant 1$	《中国非物质文化遗产名录》
				保存有区域代表性的人文遗迹	$0.5 \leqslant w < 0.8$	
				保存的人文遗迹一般	$0 \leqslant w < 0.5$	

综合评价层	分值	评价因子	分值	评价依据	权重	参考依据
发展机会	20	土地所有权	7	超过 60% 的土地所有权归国有或集体所有，土地获得性高	$0.8 \leq w \leq 1$	国有和集体土地比重
				40%～60% 的土地所有权归国有或集体所有，土地获得性较高	$0.5 \leq w < 0.8$	
				小于 40% 的土地所有权归国有或集体所有，土地获得性一般	$0 \leq w < 0.5$	
		旅游价值	5	景观审美性高，具备开展游憩活动的条件，经济社会价值高	$0.8 \leq w \leq 1$	旅游资源丰度和质量分析
				景观审美性较高，具备开展游憩活动的条件，经济社会价值较高	$0.5 \leq w < 0.8$	
				景观审美性一般，开展游憩活动的条件一般，经济社会价值一般	$0 \leq w < 0.5$	
		市场区位	2	半径 200 km 内有 100 万人以上人口规模的城市，或 100 km 内有著名景区	$0.8 \leq w \leq 1$	与附近中心城市距离
				半径 200 km 内有 50 万人以上人口规模的城市，或 100 km 内有知名景区	$0.5 \leq w < 0.8$	
				半径 200 km 内有低于 50 万人口规模的城市，或 100 km 内景区知名度一般	$0 \leq w < 0.5$	
		交通通达性	3	可进入性高，具有一级公路直达或充足的旅游专线交通	$0.8 \leq w \leq 1$	交通线路分析
				可进入性较高，具有较高等级的公路或较多的旅游专线交通	$0.5 \leq w < 0.8$	
				可进入性一般，无一级公路或旅游专线交通	$0 \leq w < 0.5$	
		需求迫切性	3	现有保护地交叉和财政问题突出	$0.8 \leq w \leq 1$	财政缺乏、多头管理
				保护地交叉和财政问题较多	$0.5 \leq w < 0.8$	
				无保护地交叉，财政问题一般	$0 \leq w < 0.5$	

进行人工赋值，对人文要素评价按照三分法赋值。

综合获得国家公园准入的评估公式：

$$S = \sum_{i=1} W_i x_i \tag{1-1}$$

式中，S 为选择区域得分；W_i 为各个指标因子的权重分值；x_i 为各个指标因子的评估赋值；i 为指标。

4. 分析结果

从 20 世纪 80 年代以来，西藏自然保护地建设至今已经形成了类型多样、覆盖度广的体系，涵盖了西藏地区典型和具有代表性的自然生态单元。因此本次评价以西藏自治区林业厅提供的国家级和自治区级自然保护区、国家森林公园和国家湿地公园为对象进行评价。然乌湖湿地自然保护区和然乌湖国家森林公园重复,对其进行合并处理。最后得到 44 个评价对象。

根据上文的指标体系对 44 个自然保护地进行初步评价,得到的评分结果显示,排名前 10 的包括雅鲁藏布大峡谷国家级自然保护区、珠穆朗玛峰国家级自然保护区、色林错国家级自然保护区、冈仁波齐国家森林公园、当惹雍错国家湿地公园、色季拉国家级森林公园、羌塘国家级自然保护区、雅鲁藏布江中游河谷黑颈鹤国家级自然保护区、巴松湖国家森林公园、芒康滇金丝猴国家级自然保护区(图 1.17)。

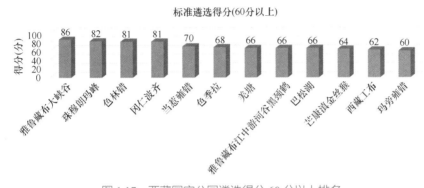

图 1.17　西藏国家公园遴选得分 60 分以上排名

图中横轴分别为各景区的简称

考虑到在西藏建设国家公园的数量规模、已有基础和青藏科考任务的时间有限,建议选择排名靠前的自然保护地作为未来国家公园的建设区域。在后续范围划定时纳入周边紧密联系区域。本次遴选的西藏国家公园群包括雅鲁藏布大峡谷国家公园、珠穆朗玛峰国家公园、色林错 – 普若岗日国家公园、札达土林国家公园等。

1.5　政策建议

建设西藏和第三极国家公园群,是青藏高原在大尺度空间实现可持续发展的最佳路径,是实现西藏和第三极地区重要自然资源国家所有、全民共享、世代传承的根本途径。同时,研究西藏和第三极国家公园群的科学方案,对探索生态敏感地区绿色发展规律、开发合理环境容量测算方法与提升生态修复发展潜力工程技术、探索大数据智能化条件下国家公园现代化建设和管理运行新模式具有全球示范意义。

1.5.1　在生态文明建设方面的创新性

1)在青藏高原这样一个相对完整的生态系统和藏文化圈中,进行顶层设计、整体部署国家公园群,这在全球其他区域是罕见的。我国生态系统区划和综合自然地理区划,都是把青藏高原作为一级相对独立完整的生态系统。不同于地球南北极,青藏高原生态系统内部又存在着生态景观和生态资源的显著差异，因此，独立完整的高原生态系统和历史悠久的藏文化传统、高原内部特色纷呈的差异格局，为类型多样的国家公园的建立提供了优越的自然基础。青藏高原可持续资产是自然生态和民族文化的完整性、原真性、独特性和代表性，广域严格保护、局域低密度开发利用、形成各具特色的自然和人文景观综合体，符合西藏自然生态和社会文化特征，符合自然和社会发展规律的客观要求。

2) 把国家公园群建设从生态系统和传统文化保护、国民游憩和科学研究场所的经典功能，拓展到助推扶贫攻坚、带动兴藏强区的领域，这也是在全球范围内少有的。我国扶贫攻坚困难最大的区域称为"三区三州"，即西藏、四省涉藏区域、新疆南疆四地州三区，以及怒江傈僳族自治州、凉山彝族自治州和临夏回族自治州三州。这是青藏高原主要覆盖的区域，换句话说，青藏高原曾是我国真正意义上集中连片且深度贫困的区域。其中，西藏曾是我国唯一一个整个省级行政区被划为深度贫困地区的区域，贫困发生率都超过18%，相当于全国平均水平的4倍。国家公园建设要探索新的管理体制，能够让当地居民从中受益、使社区与国家公园建设同步协调发展，特别是将现在的国家扶持资金直接补贴个人生活，逐步转向通过补给国家公园建设带动的相关产业领域，以及当地农牧民的劳动技能培训等项目，通过农牧业直接进入产业活动增加收入，创新青藏高原可持续的增收致富新模式。

3) 在多年人迹罕至的国家公园群配置高智慧化的管理服务系统，是在各国国家公园中超前的。青藏高原的神秘世界有待探索、交流和传播，也有着高海拔的应急救助需求和公路交通需求，食宿周到才能保障游憩活动正常、有效地进行，而对自然保护地的严格管理和国家公园不同功能空间的游客流量控制，以及环保、绿色、零排放旅游模式的实现，这样的一个复杂巨系统的管理和运行，都需要有现代的信息化系统予以支撑，建设全球国家公园智慧化水平最高的国家公园应该作为地球第三极国家公园群建设的一个目标。

1.5.2 创新预期

构建西藏和第三极国家公园群自然和人文生态系统能力提升工程。根据西藏和第三极地区独特的自然–人文资源生态特征，构建西藏和第三极国家公园群资源生态价值评估方法，并进行客观评价，识别和筛选西藏和第三极地区拟建国家公园名单，并结合人类活动，介入对国家公园的胁迫影响机制分析，结合资源环境承载能力和脆弱性评价，识别易发脆弱点，针对性地提出生命共同体工程建设，优化提升该地区生态系统服务功能。

研发资源环境承载能力约束下西藏和第三极国家公园群空间规划技术体系。以统筹各类型保护地规划、处理各类空间要素矛盾为导向，在预设资源环境承载能力阈值的前提下，叠加生态保护、综合用地、产业发展、公共服务、社区发展、基础设施建设等要素层，形成一张有机整合的布局总图，形成国家公园"一本规划、一张蓝图"

的规划体系，落实用途管制，实现多头规划向统一规划、各自审批向统一审批、蓝图指引向落地见效的转变。

建设分区、分类的西藏和第三极国家公园群综合管控技术体系。在西藏和第三极国家公园群结构与功能分析、生态保护与经济发展协同提升和统一高效管理模式研究的基础上，制定满足西藏和第三极地区生态安全保障和区域生态系统健康的分区、分类管理方案，融合关键生态服务检测、灾害预警与人为胁迫管理方法，制定西藏和第三极国家公园综合管控技术标准，研发具备信息存储、风险分析、趋势预测等多种功能的优化综合管理平台。

1.5.3　政策建议

（1）建设西藏国家公园，逐步形成以西藏国家公园为主体、覆盖 30 万 km² 的具有世界影响力的青藏高原国家公园群

西藏最大的可持续资产是自然生态和民族文化的完整性、原真性、独特性和代表性，广域严格保护、局域低密度开发利用、形成各具特色的自然和人文景观综合体，符合西藏自然生态和社会文化特征。西藏具有建立国家公园的优越条件，陆域是为人类提供认知科学、接受美育的理想之地。初步研究认为，以西藏的雅鲁藏布大峡谷、珠穆朗玛峰、色林错 – 普若岗日冰川、札达土林 – 神山圣湖等片区为主体建设国家公园，联合四省藏区已有和新建的国家公园，完全有能力在全球形成最具有影响力的国家公园群。青藏高原国家公园群实行顶层设计、统筹规划、有序管理，将在国家公园建设史上是一个创新，符合青藏高原的演变规律和发展趋势。初步估算，青藏高原国家公园群总面积达 30 万 km² 左右，超过美国现有国家公园面积之和。青藏高原国家公园群建设能够为全球 2030 年可持续发展目标树立中国新样板，为全球生态文明建设做出新表率。

（2）西藏国家公园要以生态安全屏障建设为本，科学、准确地划定和建设自然生态保护格局

西藏可持续发展，"成"在生态，"败"也在生态。西藏自然生态具有脆弱性强、恢复力弱、对其他地区生态平衡影响程度大的特征，建设西藏生态安全屏障是国家战略，也是西藏富民强区的自然基础，因此，西藏国家公园建设必须坚持生态优先的原则。一是重新划定涉及国家公园范围的各类自然保护区，精准谋划自然生态保护格局，对生态空间实行最严格的保护制度。二是科学测定合理的开发容量，作为国家公园可被人类利用的最高上限。三是通过山水林田湖草工程整合国家公园规划范围内的生态屏障建设资金，提升国家公园可持续发展的承载能力。我们对典型区进行初步研究后认为，在西藏国家公园备选范围内，用小于 1% 的土地进行低密度利用、实现对 99% 以上的国土空间进行最严格的生态保护，是完全可行的。

（3）采用"1+3"管理机制主导西藏国家公园的顶层设计，为西藏建设世界一流的国家公园研制科学的规划、建设和管理方案

西藏国家公园建设，是贯彻落实"绿水青山就是金山银山、冰天雪地也是金山银山"新理念、建设生态文明的一项伟大工程，国家公园在生态保护和人文活动的和谐程度、旅游体验和心灵净化的大美品质，以及智能化管理和服务水平等方面，都应该达到世界一流水平。应建立"1+3"的管理机制，即由中财办和国家公园管理局、西藏自治区政府、中国科学院共同构成管理机构，履行对西藏国家公园建设的主导作用，组织西藏国家公园建设立项和顶层设计工作，编制总体规划，划定各类功能区和红线，做好棋盘，定好规则，布好棋子；制定建设规范，确定技术流程和工程标准，指导施工建设；明确管理制度，编制动态监督和定期评估规程，及时纠正运行阶段的偏差；组织人员培训，为西藏国家公园建设提供全流程的指导和服务。抓紧部署，尽早启动，2022 年前完成规划、论证和审批程序，将西藏国家公园纳入全国国家公园的总体布局中。

（4）把富民作为西藏国家公园建设的政策取向，将国家补贴到人的"输血机制"转变为补贴到事、以事富民的"造血机制"上来

2006 年青藏铁路通车以来,西藏旅游总人数增加了 10 倍,旅游总收入增加了 12 倍。通过国家公园建设，加快实现国家财政补贴和资金投入，从直接补贴藏民生活或补贴地方财政，转变为补助西藏国家公园建设，牧民通过参与国家公园建设获取劳动收益，实现脱贫致富。把更多的收入留在当地，使国家公园建设与当地牧业发展、文化建设、乡村振兴、城镇化有机互动，使牧民在融入国家公园建设中获得持续增长的收入，使社区在国家公园产业链形成中获得发展的新机遇。

（5）把改革作为推动西藏国家公园建设和绿色发展的新动力，探索西藏国家公园资产归国家所有、全民共享的新路径

探索依托国家公园建设、实现西藏绿色发展的新体制，创新国家公园建设、运营、监督和管理新机制。加大西藏国家公园范围内的自然资产权属改革力度，探索牧场分包到户与承担生态安全屏障的长效协调机制，实现国家所有、全民共享、世代传承的目标。加大边境管理的体制创新，实现边境建设与国家公园建设的深度融合，通过边境地区"路、城、业、景"协同规划和共同建设，把抵边工程做实，打造边疆新面貌，巩固西藏国防。优化国家资金用途和实效的管理体制，开展山水林田湖草生态修复保护工程，增强生态安全屏障功能和国家公园环境容量。探索国际合作，共建跨国国家公园的途径，拓展"一带一路"愿景在相邻国家共建共享的新领域。

第 2 章

色林错区域发展概况

2.1 色林错自然地理概况

色林错是中国第二、西藏第一大咸水湖,地处青藏高原腹地,西藏自治区申扎、班戈和双湖3县交界处。两次科考范围涉及色林错及其附近区域(图2.1),共包括那曲市所辖6区县:色尼区(原那曲县)、申扎县、班戈县、尼玛县、双湖县、安多县,总面积为$30.42\times10^4\,\text{km}^2$,绝大多数地区海拔在4500 m以上,超过40%的区域海拔在5000 m以上。

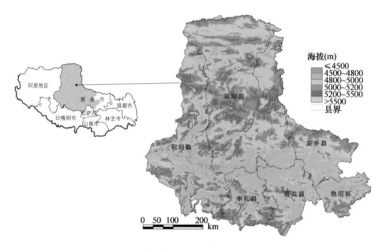

图2.1 考察区在西藏自治区的位置

2.1.1 地质地貌

藏北高原受南北向至东—南西向的以应力为主的现代构造应力场的作用,在高原上形成一系列东西向断裂带与复式背向斜构造,第四纪沉积不仅包括常见的残积、坡积、洪积与冲积,湖积、风积、冰碛也十分普遍,这是考察区地层、地貌的地质基础。

那曲地区有4条区域性深大断裂[①],分别为若拉岗日断裂(金沙江断裂)、双湖断裂(龙木错—双湖—澜沧江断裂)、班公湖—怒江断裂和纳木错断裂(狮泉河—纳木错—嘉黎断裂)。四大断裂将那曲分为4个片区,若拉岗日断裂以北为巴颜喀拉陆块(可可西里—巴颜喀拉褶皱系),若拉岗日和双湖之间为羌北(唐北)陆块(唐古拉褶皱系),双湖与班公湖—怒江之间为羌南陆块(唐古拉褶皱带),纳木错断裂北部为冈底斯—念青唐古拉陆块(断裂带将其分为南北两部分)。上述构造线在羌塘中部大致呈北西向延伸,其余地区多呈近东西向。

受上述地质构造的影响,双湖北部由一系列近似平行排列的岭谷组成,并形成南山北湖的地表特征;羌南地区形成西部平缓、东部深切的地表特征;班公错—怒江断

---

① 那曲地区地方志编纂委员会.那曲地区志.北京:中国藏学出版社,2012.

裂带以南由一系列不规则的断块组成，具有陆壳性质和寒武纪硬结的基底，总体形成南翘北陷的地表特征[①]。

那曲大致由三大地貌类型区构成（图 2.2），西北部为高原湖盆区，中部为高原宽谷区，东南部为高山峡谷区；主要发育湖盆、宽谷、深谷和山地四种地貌类型。其中湖盆地貌多集中在中西部，发育湖滩、湖阶地、洪积扇和洪积冲积扇等次一级地貌类型；深谷地貌主要集中在东南部，多呈峡谷、嶂谷状形态；宽谷集中在西部和北部，发育河漫滩、河流阶地和洪积冲积扇等次一级地貌类型；山地分布广泛，主要包括残高山、浅切高山、中切高山、深切高山和极高山等类型。本次考察区大部分位于高原湖盆区和高原宽谷区，以湖盆地貌、宽谷地貌和山地地貌为主要类型。

图 2.2　考察区主要地貌类型图

2.1.2　气候

那曲地区整体处于高原亚寒带湿润向寒带干旱季风气候过渡地带，具有明显的高原大陆性气候特征[②]。境内绝对海拔高，气温低，年均温在 –3 ～ 4℃，极端最低温可达 –43 ～ –24℃；气温年日均差较大，冷暖季温差超过 50℃。年降水量 289 ～ 700 mm，雨暖同季，降水集中，干季和雨季区别明显。年均降雪日数 82 ～ 152 天，积雪日数 29 ～ 120 天，中西部多于东部。空气稀薄，太阳辐射强烈，日照时间长，多数地区年日照时数在 2400 h 以上，太阳年总辐射量在 150 kcal/cm² 以上，年均活动积温为（≥ 10℃）71 ～ 740℃。

考察区气候地区差异大，垂直分异显著。从东南向西北气候趋向冷干，主要包括

[①] 西藏自治区那曲地区农牧局 . 西藏那曲地区土地资源 . 北京：中国农业科学技术出版社，1992.

[②] 那曲地区地方志编纂委员会 . 那曲地区志 . 北京：中国藏学出版社，2012.

三大典型气候区[①]：①亚寒带半湿润气候区，位于色尼区、安多县东部和东南部，以及班戈、申扎、尼玛境内念青唐古拉山北侧的狭长地带。该区牧草生长季积温为 800 ～ 1100℃，牧草生长季天数为 150 ～ 170 天，年均温 –1℃以下，最热月平均气温为 8℃左右，最冷月气温低于 –12℃，年降水量少于 450 mm，年湿润度不到 0.8，年光合有效辐射接近 2850 MJ/m²。②亚寒带半干旱气候区，包括班戈县、申扎县、尼玛县的大部地区及安多县西部，以及双湖县南部的广大地区。该区牧草生长季积温为 700 ～ 1200℃，牧草生长季天数为 170 天，年均温在 0℃左右，最热月平均气温为 9℃，最冷月气温低于 –10℃，年降水量为 160 ～ 330 mm，年湿润度不到 0.4，年光合有效辐射可达 3000 MJ/m²。③寒带干旱气候区，包括双湖县北部江爱山以北的广大地区。

垂直气候带包括寒温带、亚寒带、寒带、亚冰雪带[②]。气温随海拔上升而降低，海拔每升高 100 m，年均温降低 0.85℃；降水量有随海拔上升而增加的趋势，冰雪线附近降水相对较多，高原山地较高原面丰富，迎风坡较背风坡丰富。

2.1.3 河流水系

考察区河流水系长度 7×10⁴ km 有余，主要有扎加藏布、扎根藏布、波曲藏布、麦地藏布、易贡藏布、波仓藏布、那曲（怒江）、夏曲、挡毛曲、索曲等（图 2.3）。以青藏公路为界，分为外流水系和内流水系，以东为外流区，以西为内流区[①]。外流区分布在安多县的东部和色尼区，属于怒江水系。怒江在那曲地区境内长 600 多千米，主要支流

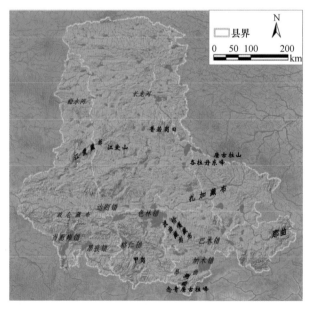

图 2.3　考察区水系图

① 那曲地区地方志编纂委员会 . 那曲地区志 . 北京：中国藏学出版社，2012.

② 西藏自治区那曲地区农牧局 . 西藏那曲地区土地资源 . 北京：中国农业科学技术出版社，1992.

有夏曲、挡毛曲、索曲、热曲、日曲、朵日学曲等；怒江干流上游为那曲，发源于安多县东北部的唐古拉山南麓（海拔 6070 m）的吉热格帕山，经聂荣、比如交界处与夏曲合流称怒江。班戈、申扎、尼玛、双湖 4 县属于内流水系区，绝大部分为季节或间歇性河，常流河大多短浅，只有少数几条流量较为丰沛，主要有注入色林错的扎加藏布，注入达则错的布波仓藏布，注入依亥茶卡的江爱藏布，注入当惹雍错的达果藏布，注入纳木错的波曲，注入格仁错的申扎藏布等。

内流区主要包括三大水系：①色林错水系，西藏最大的内流水系，流域内河流湖泊众多，最大的河流为扎加藏布，为西藏最长的内流河，全长 409 km，流域面积约 14850 km^2。②纳木错水系，流域面积为 10610 km^2，最长的河流为昂曲，全长 188 km。③当惹雍错水系，主要包括达果藏布和卜赛藏布等河流。内流区水系矿化程度较高，大多不能用于草地灌溉和人畜饮用，仅有少量淡水湖可以利用。

内流区河流多以湖泊为其归宿，形成自成一体的雪山→河流→湖泊的地表水的源汇系统。例如，色林错较大的汇入河流有扎加藏布、波曲藏布、扎根藏布等；纳木错较大的汇入河流有昂曲、波曲、测曲、尼雅曲等，分别发源于湖盆区南北两侧的山体冰川。上述流域涵盖冰川、高山冻土、季节积雪、湖泊、高寒草原草甸、湿地等多种自然介质，是开展环境监测的理想场所，是了解该区域乃至整个青藏高原环境变化的天然实验室。

2.1.4　植被土壤

研究区位于藏北羌塘湖区，由于该区海拔高、气候寒冷、干旱、遭风蚀、易发生水土流失等，主要植被类型为高寒荒漠草原和高山草甸草原，高寒荒漠草原在该区中北部大片分布，高山草甸草原仅分布在东南部的安多县和色尼区，以及尼玛、申扎和班戈三县南部的山麓地带（图 2.4）。此外，有些稀疏灌木大致沿湖区周围零星分布，双湖县北部还有大片荒漠分布。地理位置及海拔使其植物区系、植物形态特征和生理结构都具有高原特点，全年植物生长期仅 110 天。

主要土壤类型有寒钙土、淡寒钙土、暗寒钙土、草毡土、薄草毡土等，以寒钙土为优势类型，主要分布在中部，面积将近占六区（县）面积的 2/3。淡寒钙土主要分布在考察区最北部，草毡土主要分布在安多县和色尼区。

研究区包括安多、申扎、班戈、尼玛、双湖 5 县，无乔木生长，灌木只有少量的锦鸡儿、麻黄、水柏枝、金露梅、香柏等。野生药用植物有 50～60 种，常见的有报春花、葱、狼毒、火绒草、风毛菊、虎耳草、垂头菊、青兰、紫色蒲公英、绢毛菊、雪莲花、红景天、大黄、独一味、锦鸡儿、翠雀、龙胆、毛茛、紫堇等。

2.1.5　土地利用

图 2.5～图 2.7 分别是公园范围内不同时期的土地利用类型图，公园区域内不同的土地利用类型及其面积见表 2.1。从土地利用类型看：有林地、灌木林地、高覆盖度草地、

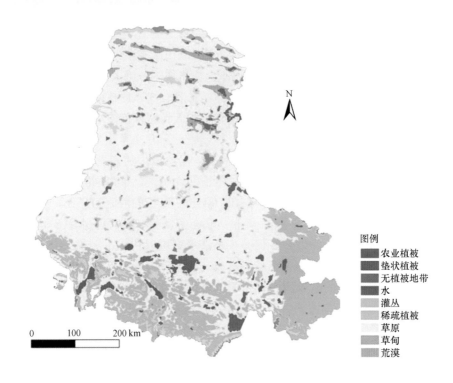

图 2.4　考察区植被类型图

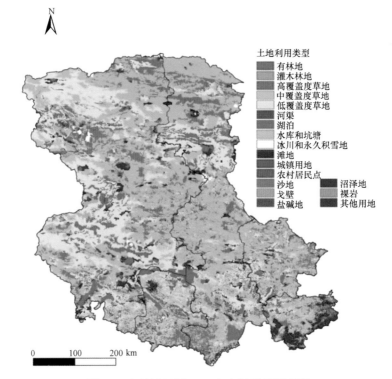

图 2.5　色林错区域 1980 年土地利用类型图

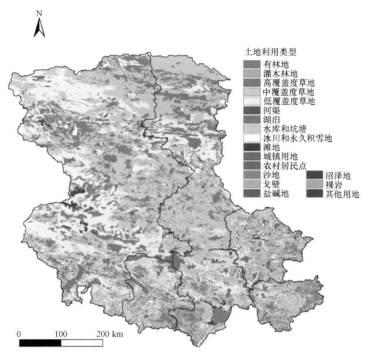

图 2.6 色林错区域 2000 年土地利用类型图

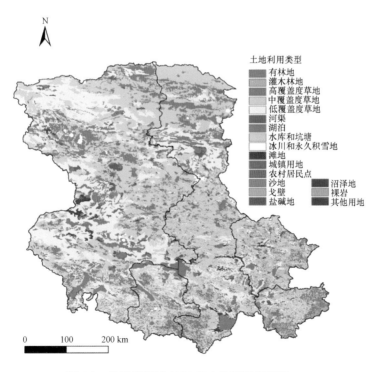

图 2.7 色林错区域 2008 年土地利用类型图

中覆盖度草地、低覆盖度草地、河渠、湖泊、水库和坑塘、冰川和永久积雪地、滩地、城镇用地、农村居民点、沙地、戈壁、盐碱地、沼泽地、裸岩及其他用地共 18 种。其中有林地、灌木林地、河渠、水库和坑塘、城镇用地、农村居民点、沙地、戈壁、沼泽地及其他用地所占的面积比例较小。2008 年占地面积大的是草地，占土地总面积的 88% 左右，其次是湖泊。1980～2008 年不同土地利用类型的面积变化不大，比较明显的是高覆盖度草地面积减小，相应的是低覆盖度草地面积在增大，裸岩的面积也在缓慢增大。

表 2.1 色林错区域不同的土地利用类型及其面积 （单位：km²）

类型	1980 年	2000 年	2005 年	2008 年
有林地	1	3	3	3
灌木林地	10	5	5	5
高覆盖度草地	85999	85658	85657	85657
中覆盖度草地	124497	124356	124356	124356
低覆盖度草地	92888	93111	93097	93097
河渠	144	161	161	161
湖泊	14263	14347	14283	14283
水库和坑塘	25	25	25	25
冰川和永久积雪地	2099	2119	2119	2119
滩地	1729	1809	1809	1809
城镇用地	3	4	4	4
农村居民点	1	1	1	1
沙地	82	83	83	83
戈壁	168	181	181	181
盐碱地	7848	7737	7816	7816
沼泽地	626	629	629	629
裸岩	10131	10244	10244	10244
其他用地	1596	1617	1617	1617

2.1.6 土壤类型

区域内主要土壤类型有寒钙土、淡寒钙土、草毡土、薄草毡土、暗寒钙土这五种类型（图 2.8），其中寒钙土面积为 181480.6 km²，所占比例最大，达 64.36% 左右，分布于整个研究区域的中部，其次是淡寒钙土，面积为 47409.38 km²，所占比例为 16.81%，主要分布在研究区域的最北部。草毡土面积为 30434.5 km²，占整个区域面积的比例为 10.79%，主要分布在公园区域内的色尼区、安多县境内。薄草毡土所占面积为 5522.7 km²，所占比例为 1.95%，在区域内的最南边地区零星分布。

2.1.7 水系分布

图 2.9 是研究区域内河流水系和所有湖泊的分布情况，其河流水系长度为 71556.81 km，主要有那曲河、索曲、夏曲、扎加藏布、扎根藏布、波曲藏布、麦地藏布、易贡藏布、

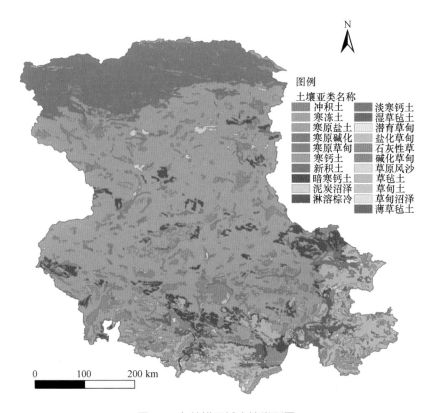

图 2.8　色林错区域土壤类型图

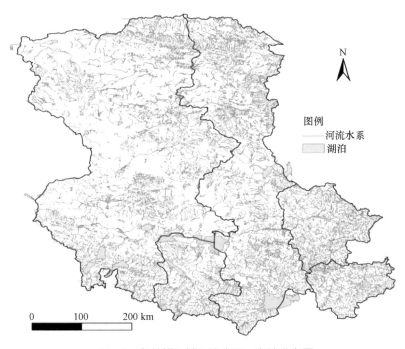

图 2.9　色林错区域河流水系、湖泊分布图

布波仓藏布等。区内的水系分为外流水系和内流水系两类，以青藏公路为界，其东为外流区，其西为内流区。其东部外流区包括色尼区的大部和安多县的东部，主要分属怒江水系。怒江水系支流较多，流域面积最大，包括本区内色尼区南部和安多县东部，并流入印度洋。怒江干流上游为那曲河，发源于安多县东北部的唐古拉山南麓（海拔6070 m）的吉热格帕山，那曲河流经聂荣、比如交界处，与夏曲合流，称怒江。怒江经安多县、色尼区、比如县、索县进入昌都地区，在那曲地区境内长 600 多千米，那曲境内的主要支流有夏曲、挡毛曲。

班戈、申扎、尼玛、双湖 4 县属于内流水系区，其中绝大部分属于季节或间歇性河，常流河大多短浅，只有少数几条流量较为丰沛，主要有注入色林错的扎加藏布，注入达则错的布波仓藏布，注入依布茶卡的江爱藏布，注入当惹雍错的达果藏布，注入纳木错的波曲，注入多格仁错的申扎藏布等。

2.2　经济社会发展概况

2.2.1　人口经济整体情况概述

色林错地区位于那曲地区南部，包括班戈县、尼玛县、色尼区、双湖县、申扎县、安多县，面积达 359261 km^2。该地区地广人稀，经济发展落后于西藏平均水平，现代工业发展受到该地区旅游业与农牧业发展的限制，只有少量农业、手工业。

与西藏整体情况类似，1959 年西藏民主改革及改革开放政策的实施使得色林错地区发生了翻天覆地的变化。近年来，其一直保持速度较快的经济发展，经济总量稳步提高，产业结构进一步优化，居民的收入水平有了明显的改善。2017 年色林错地区六县（区）人口共约 29 万人，其中农牧业人口有 27.2 万人，占总人口数的 93.8%，实现 GDP 43.8 亿元，经济结构为 1 ∶ 1.4 ∶ 3.6。该地区处于国家 14 个集中连片贫困区，拥有大量贫困人口，约占当地总人口的 40%（根据座谈和调研估算，需要后续核实）。与西藏的发展历程相比，色林错地区呈现出以下特点。

（1）色林错地区耕地面积扩展迅速，但人均 GDP 增速低于西藏平均水平

色林错地区同样得益于"一江两河"发展，农牧业取得了长足的发展。1990 ～ 2005 年色林错地区的第一产业与西藏地区一样增长了一倍；耕地面积从 1995 年的 87.82 hm^2 增长到 2005 年的 126 hm^2，同期西藏自治区的耕地面积略有下降。

从人均 GDP 对比来看（表 2.2），1995 年色林错地区人均 GDP 为 6119 元，远高于西藏 2358 元的平均水平；2005 年色林错人均 GDP 与西藏的平均水平大体相当，年均复合增速为 2.8%，远低于西藏年均 14.3% 的增速。

（2）城镇建设水平落后于西藏平均水平，但城镇建设已经进入提速阶段

地处藏北的色林错地区在西藏"一江两河"建设时期无疑获得了较大的发展。国家在农业、林业、畜牧业及相关的基础设施方面投入了大量的建设资金。1995 ～ 2005年色林错地区的固定资产投资从 1995 年的 7836 万元增长到 2005 年的 34401 万元，增

表 2.2　色林错和西藏自治区社会经济发展整体情况对比

年份（色林错地区）	固定资产投资 （万元）	人均 GDP （元）	第一产业 （万元）	耕地面积 （hm²）
1995	7836	6119	236965	87.82
2005	34401	8057	473765	126
2010	87276	8804	710730	153
2015	287915	17915	1421460	165
年份（西藏地区）	固定资产投资 （万元）	人均 GDP （元）	第一产业 （万元）	耕地面积 （hm²）
1995	369492	2358	234800	224470
2005	1961916	8939	480400	223010
2010	4627000	17027	687200	229530
2015	12957000	31999	980400	236800

资料来源：《西藏统计年鉴 1996～2016》，当地调研及社会经济统计公报。

长了 3.39 倍，而西藏同比增长了 4.31 倍，客观上造成色林错城镇建设落后于西藏平均水平。1995 年色林错地区人口几乎全为农村人口，而西藏地区城镇化率为 13.8%；2005 年色林错地区城镇化率已达 10%，西藏提高到 16.1%；2015 年色林错地区城镇化率在 21.58% 左右，西藏提高到 27.74%。

"一江两河"时期现代农牧业的快速增长同样也为色林错地区的快速发展奠定了基础。同时，国家对色林错的投资力度明显加大。2005～2010 年色林错地区的固定资产投资从 34401 万元增长至 87276 万元，增长了 1.54 倍，西藏地区从 1961916 万元增长至 4627000 万元，增长了 1.36 倍。在这两方面的推动下，色林错地区的城镇已经表现出快速发展势头。

（3）第一产业、第三产业双轮带动色林错地区产业发展

较西藏地区的整体状况，色林错地区表现出相似的产业结构波动趋势，但第一产业、第三产业双轮驱动的趋势更加明显（图 2.10）。2015 年色林错第一产业比重为 17.1%，高于西藏的 9.6%；第三产业为 61.04%，高于西藏的 53.8%。另外，2005 年以来西藏自治区的第三产业比重略有下降，色林错地区耕地面积仍在持续增加，因此色林错地区社会经济发展呈现出更加明显的第一产业、第三产业双轮驱动的趋势。

2.2.2　色林错拟建国家公园内部人口经济分析

拟建国家公园地区的海拔、发展历史存在较大的差异。根据拟建国家公园的状况和资料，对主要涉及的申扎县、班戈县、尼玛县、双湖县的人口、经济进行深度分析。

色林错地区社会经济发展差异大，受海拔等自然条件等的影响，人口稀少，分布高度不均（表 2.3）。2015 年四县人口 99566 人，占西藏地区人口的 3.07%，人口密度为 0.41 人 /km²。4 个县的人口密度均小于西藏自治区平均水平。尼玛县人口最多，但地域广阔，人口密度仅为 0.50 人 /km²。班戈县人口与尼玛县人口相当，但因其面积较小，人口密度是尼玛县的两倍多。双湖县是四县中人口最少的县，2015 年有人口 10400 人，

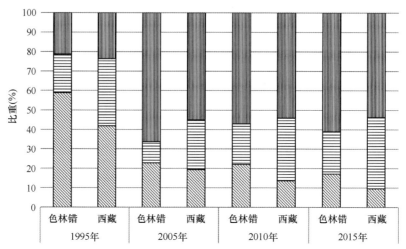

图 2.10　色林错和西藏自治区产业结构对比

资料来源：《西藏统计年鉴 1996 ～ 2016》

表 2.3　色林错地区 2015 年内部社会经济发展情况

地区	人口 （人）	农牧业人口比重 （%）	人口密度 （人 /km²）	人均 GDP （元）	牧业增加值 （万元）	固定资产投资 （万元）
尼玛县	36425	96.10	0.50	15292	11651	65110
班戈县	35007	94.33	1.23	15621	14305	58474
双湖县	10400	94.89	0.09	29910	2919	30173
申扎县	17734	87.51	0.69	23091	6160	49334
安多县	40000	86.41	0.40	16982	8917	49618
色尼区	80000	92.87	4.94	17874	10245	35206
色林错地区	219566	92.12	0.61	17915	54197	287915

人口密度为 0.09 人 /km²。双湖县曾被称为"无人区"，境内湖泊众多，高山耸立，风灾、雪灾和霜灾灾害频繁，所以极少有人居住。申扎县在四县中面积最小，人口约为班戈县的一半，人口密度为 0.69 人 /km²。

色林错地区 2015 年实现 GDP 总额 393352 万元，占西藏 GDP 总额的 3.83%，经济发展落后。在总量上，尼玛县位居四县第一，占色林错地区 GDP 总量的 30.53%；班戈县与尼玛县相当，占色林错地区 GDP 总量的 29.97%，两县占整个地区的大半，是该地区经济的主体。双湖县与申扎县经济发展落后，在四县中双湖县居于末尾，与其他三县差距较大；申扎县居于倒数第二位，数据为中等水平。从人均 GDP 来看，尼玛县和班戈县相当，因人口较多而低于地区平均水平；双湖县和申扎县因人口较少，人均 GDP 高于地区平均水平。

色林错地区各县建设投入与各县经济实力相一致。固定资产投资尼玛县最高，双湖县最低，分别为 65110 万元和 30173 万元，而位于保护区核心位置的申扎县固定资产投资仅有 49334 万元，仅占色林错地区固定资产投资总额的 17.13%。

　　色林错地区内部产业结构和产业适应性也与自然条件有很大关系。双湖县第三产业占比最高，达 73.72%，班戈县最低，为 48.34%。除班戈县、申扎县以外，其余各县第三产业比例均高于西藏平均水平（图 2.11）。双湖县境内旅游资源较丰富，有大量的游客来此观光旅游，但自然环境较差，不利于农牧业发展，因而第三产业占比较高。色林错各县第二产业比重均低于西藏平均水平，第二产业比重申扎县最高，尼玛县最低，申扎县的第二产业比重是尼玛县的两倍多。申扎县境内资源丰富，以矿业开发为龙头的第二产业发展势头强劲；尼玛县因资金短缺、劳力缺乏等，工业发展困难。

　　色林错地区各县第一产业比重均高于西藏平均水平。其中，双湖县第一产业比重最低，为 9.17%，班戈县最高，约为双湖县的三倍。从农牧业人口比重来看，各县均在 85% 以上，申扎县和安多县低于色林错地区平均水平，尼玛县农牧业人口比重最高，达 96.10%。从牧业增加值来看，双湖县最低，仅为 2919 万元，班戈县、尼玛县农牧业产值均在 1 亿元以上。

　　因为拟建的色林错 – 普若岗日国家公园面积较大、内部社会经济发展情况存在较大差异，所以需要进一步提高分析精度。受时间和资料的限制，我们对主要涉及的、具有典型代表意义的班戈县、尼玛县、申扎县、双湖县进行分析。未来的规划研究将结合各局部区域的具体情况开展更加细致的分析，结合 GIS、GPS 等技术手段开展定点、定位分析。

（1）班戈县内部社会经济状况

　　班戈县位于色林错黑颈鹤国家级自然保护区的东部与西部之间，是连接东部和西部的枢纽，在其境内也有部分核心区、试验区、缓冲区（图 2.12）。2015 年该县人口为 35007 人，人口密度接近西藏的一半；全县贫困人口占总人口的 34.41%，农牧业人口占总人口的比重与西藏相当，是保护区内以农牧业为主的县。班戈县第一产业比重在六个县（区）中最高，约为西藏的 3 倍，第二产业与第三产业比重均低于西藏平均水平。

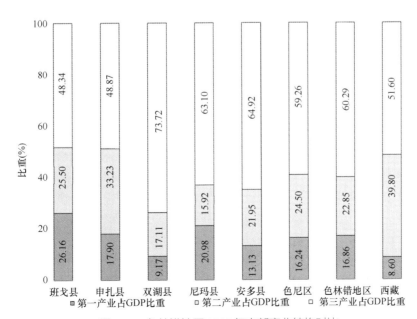

图 2.11　色林错地区 2015 年内部产业结构对比

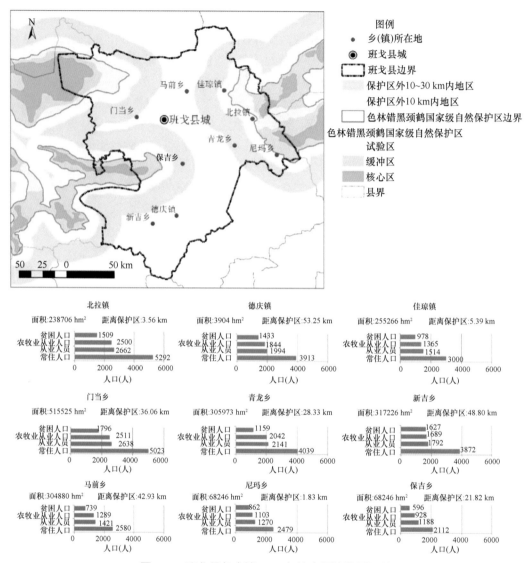

图 2.12 班戈县各乡镇 2015 年社会经济发展概况

GDP 总量在六个县（区）内排名第五，但人口相对较少，人均 GDP 排名第五，约为西藏平均水平的 3/5；牧业增加值居于六个县（区）首位，占西藏牧业增加值的 2.1%。

　　班戈县下辖 10 个乡镇，各乡镇 90% 的从业人员为农牧业人员。尼玛乡离保护区最近，为班戈县中等规模的乡，乡政府位于保护区 10 km 范围内。德庆镇为全县离保护区最远、面积最小的镇，贫困人口占全县贫困人口的 11.90%。保吉乡人口较少，贫困人口在 10 个乡镇中最少；门当乡常住人口居于第三的地位，贫困人口最多，占全县贫困人口的 14.91%。2017 年全县养殖牲畜 784789 头，出栏率为 32%；各乡镇牲畜量差异较大（图 2.13），但出栏率差异不大。从各乡镇来看，门当乡牲畜量最多，出栏率为 31%；德庆镇为县政府所在地，牲畜量最少，但出栏率最高，为 38%；尼玛乡牲畜量排名靠后，出栏率为 28%，是各乡镇中最低的。

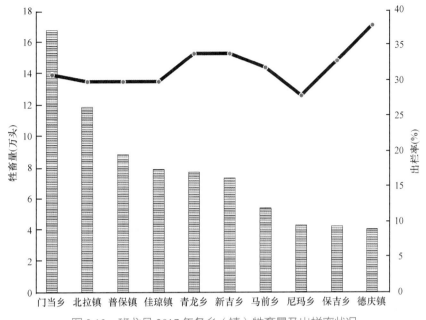

图 2.13   班戈县 2017 年各乡（镇）牲畜量及出栏率状况

图中柱状图表示牲畜量，曲线表示出栏率

（2）尼玛县内部社会经济状况

尼玛县位于色林错黑颈鹤国家级自然保护区的西部部分，尼玛县东部也有部分核心区、试验区、缓冲区（图 2.14）。该县 2015 年人口为 36425 人，人口密度不到西藏自治区的 1/5；全县贫困人口占总人口的 24.23%。尼玛县经济以牧业为主，牧业人口占绝大多数，仅南部零星种植青稞、油菜，其余地区均为纯牧业区。尼玛县工业发展较为滞后，第二产业占 GDP 比重在六县（区）中最低。尼玛县拥有达果雪山、当惹雍错、荣玛温泉、古象雄王国遗址、加林山岩画等旅游资源，且是拉萨到阿里地区北线途中重要的节点，因而其旅游业发展良好，第三产业占比达 63.10%。固定资产投资为 65110 万元。

尼玛县下辖 14 个乡镇，各乡镇 90% 的从业人员为农牧业人员。申亚乡离保护区最近。2015 年尼玛镇规模最大，常住人口为 4839 人，占总人口的 13.28%，是除中仓乡和俄久乡以外其余各乡的两倍多。文布乡、中仓乡、吉瓦乡从事第二产业、第三产业的人口较多。文布乡范围内有著名的当惹雍错，是象雄文化的中心，吸引了大量的游客前来观光旅游，因而从事第二产业、第三产业的人员较多。2017 年 14 个乡镇中尼玛镇贫困人口最多，占该镇人口的 33.63%。卓瓦乡、达谷乡、吉瓦乡、军仓乡、卓尼乡均为中小规模的乡，贫困人口比重达 30% 以上，卓瓦乡最高，达 35.51%。

（3）申扎县内部社会经济状况

申扎县总面积约 2.429 万 km^2，是色林错黑颈鹤国家级自然保护区的核心地区，核心区、试验区、缓冲区的大部分地区位于该县境内（图 2.15）。申扎县 2017 年实现第一产业、第二产业、第三产业增加值分别为 21870.72 万元、8329.18 万元、23165.52 万元。2015 年总人口为 17734 人，仅为西藏平均人口密度的 1/4；全县贫困

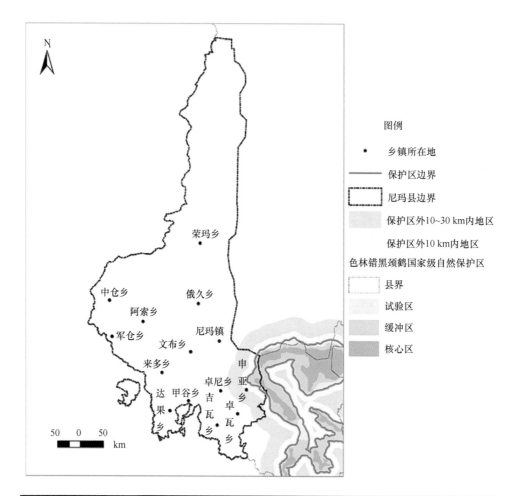

乡镇	贫困人口 (人)	乡(镇)人口 (人)	建档立卡贫困人口剩 余劳动力总数 (人)	农村人口 (人)	行政区面积 (km²)
阿索乡	527	1906	864	504	14000
达果乡	630	1838	299	435	2584
俄久乡	689	2577	395	608	28778
吉瓦乡	580	1886	320	482	3332
甲谷乡	673	2259	321	705	2658
军仓乡	525	1575	340	456	5000
来多乡	594	2215	316	471	4201
尼玛镇	1675	4981	297	1089	938
荣玛乡	334	1125	186	267	46779
申亚乡	557	1984	351	575	3459
文布乡	590	2053	323	579	3730
中仓乡	728	2804	320	759	14250
卓尼乡	650	1992	282	429	4712
卓瓦乡	741	2087	315	525	3150
合计	9493	31282	4929	7885	137571

图 2.14　尼玛县乡（镇）2015 年社会经济发展概况

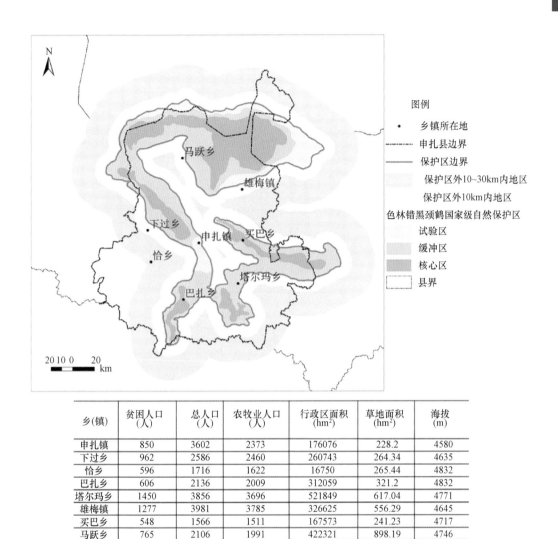

乡(镇)	贫困人口 (人)	总人口 (人)	农牧业人口 (人)	行政区面积 (hm²)	草地面积 (hm²)	海拔 (m)
申扎镇	850	3602	2373	176076	228.2	4580
下过乡	962	2586	2460	260743	264.34	4635
恰乡	596	1716	1622	16750	265.44	4832
巴扎乡	606	2136	2009	312059	321.2	4832
塔尔玛乡	1450	3856	3696	521849	617.04	4771
雄梅镇	1277	3981	3785	326625	556.29	4645
买巴乡	548	1566	1511	167573	241.23	4717
马跃乡	765	2106	1991	422321	898.19	4746
总计	7054	21549	19447	2203996	3391.93	—

图 2.15 申扎县乡（镇）2015 年社会经济发展概况

人口占比达 47.46%。牧业人口占总人口的 87.51%，为保护区内主要的牧业县之一，第一产业比重是西藏平均水平的两倍多。以矿业开发为龙头的第二产业发展势头强劲，藏药开发与奶制品加工业不断发展，因而申扎县第二产业比重在色林错地区处于第一位，但略低于西藏平均水平。商品批发、零售业，餐饮、休闲、娱乐业及通信服务等现代商业和各种服务行业初具规模、蓬勃发展；凭借自身旅游资源优势，其旅游业发展成效显著。2013 ～ 2017 年全县共接待游客 53304 人次，实现旅游总收入 690 余万元。

申扎县下辖两镇六乡，各乡镇人口经济差异较大。雄梅镇是其第一大镇，其次是塔尔玛乡，与雄梅镇规模相当。买巴乡人口最少。雄梅镇、下过乡从业率位居前列；恰乡从业率最低，为纯牧业乡镇，饲养牦牛、山羊、绵羊。从各乡镇第一产业、第二产业、第三产业比重来看（图 2.16），各乡镇第一产业比重均在 40% 左右；第二产业比

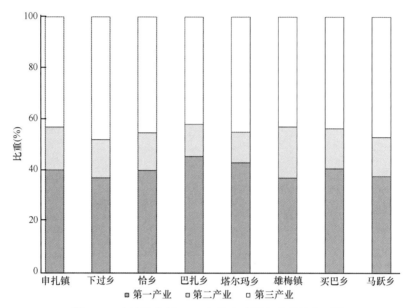

图 2.16　申扎县内部 2017 年各乡（镇）产业结构对比

重较小，全县第二产业比重为 16%，雄梅镇第二产业比重为 20%，是各乡镇中最高的。第三产业下过乡比重最高，马跃乡其次。各乡镇产业比重与其拥有的资源优势息息相关。因而，申扎县是色林错地区重要的牧业县。

（4）双湖县内部社会经济状况

双湖县位于色林错黑颈鹤国家级自然保护区北部，南部有色林错保护区的核心区、试验区、缓冲区。双湖县拥有丰富的自然资源，生态系统较为脆弱，是保护区的重要组成部分。该县人口稀少，人口密度仅为 0.09 人 /km²，曾经被称为"无人区"。该县贫困人口较多，占全县人口的 39.25%。双湖县第一产业以牧业为主，几乎没有农业。因平均海拔为 5000 m，牧草资源较少，第一产业占 GDP 的比重略高于西藏平均水平，在六区（县）中占比最低。第三产业占比远高于西藏和色林错地区平均水平，双湖县为了保护生态和野生动物，限制开发双湖县丰富的矿产资源，鼓励发展旅游业，加之双湖县境内拥有具有重要观赏价值的野生动物和普若岗日冰川，所以双湖县旅游业特别发达，第三产业占 GDP 比重达 73.72%。而固定资产投资为 9869 万元，仅占色林错地区的 10.48%。

双湖县下辖一镇六乡，31 个行政村，土地面积为 11.67 万 km²，草地面积 5 万多平方千米。乡镇均分布在县南部。县政府驻地多玛乡索嘎鲁玛，以及措折罗玛镇、协德乡均离保护区比较近，措折罗玛镇人口规模最大，第二产业、第三产业从业人员最多；措折罗玛镇为纯牧业、纯藏族居住区，经济以牧业为主。嘎措乡人口规模最小，仅有 525 人。

2.3　贫困化与实现两个百年目标

2.3.1　个人贫困与可持续生计

色林错–普若岗日国家公园所处的那曲地区是西藏自治区脱贫攻坚三大主战场之一，有 11 个贫困县、114 个贫困乡（镇）、1190 个贫困村，贫困人口占比为 16.89%[①]，脱贫攻坚任务尤其艰巨。与西藏自治区整体水平（31.26%）相比，拟建国家公园周边的六个县域贫困发生率均高于全区水平，贫困现象更加普遍。从调研情况来看，拟建国家公园内部不同地区的致贫原因可能存在较大差异。色尼区社会经济水平较高，致贫原因可能是缺乏劳动能力，双湖县致贫主要因为自然条件恶劣；而缺乏资金可能是各县普遍存在的问题。

因各地区贫困状况和原因存在较大差异，规划研究时需要进一步分析。现对班戈县、申扎县、尼玛县、双湖县的贫困状况做深度分析。

（1）班戈县贫困状况分析

班戈县是那曲市的主要贫困县，其贫困情况在一定程度上反映了色林错–普若岗日国家公园周边区域的脱贫攻坚形势。

班戈县属于那曲市典型的牧业大县和财政弱县，下辖 10 个乡镇、86 个村（居），总人口为 43291 人，全县建档立卡贫困群众 4111 户、15433 人，剩余未脱贫群众 3159 户、12184 人，贫困发生率为 31.5%，其中深度贫困人口 12090 人。贫困村（居）80 个，其中深度贫困村（居）61 个，从贫困现状和发展环境来看，班戈县呈现"广、大、深、多"4 个特征[②]。

首先是贫困面广，全县有 7 个深度贫困乡镇、61 个深度贫困村。其次是贫困人口占比大，全县建档立卡 4111 户、15433 人，占全县牧业人口的 40%，未脱贫 3159 户、12184 人，占全县牧业人口的 31.5%。再次是贫困程度深，经过多年的努力，容易脱贫的群众已基本解决，现在面对的贫困群众都是贫中之贫、困中之困，越往后贫困程度越深、致贫成因越多、基础条件越差、群众发展观念越弱、脱贫难度越大、扶持成本越高、脱贫见效越慢，且贫困人口抵御风险和应对外部冲击能力越差，极易因病、因灾返贫，长期在贫困线上徘徊。最后是制约因素多，较贫困人口多数分布在高寒牧区，基础设施、公共设施十分薄弱，致贫因素交叉叠加，自我发展能力极弱；班戈县草场大多属于高寒草甸型牧场，沙化、退化、荒漠化现象和草原"三害"严重，天然草地生产能力弱、产量低；受自然因素制约，地震、雪灾、雹灾、水灾、旱灾、风灾等自然灾害频繁（表 2.4）；贫困群众在一定程度上存在地方病问题，长期慢性病、大病、残疾三类疾病严重。

---

① 数据来自西藏自治区扶贫办。
② 班戈县人民政府，那曲市班戈县 2017 年脱贫攻坚调研报告。

表 2.4　2017 年班戈县、申扎县、尼玛县、双湖县贫困人口致贫原因状况（单位：%）

地区	因病比例	因残比例	因学致贫比例	因灾比例	缺土地比例	缺水比例	缺技术比例	缺资金比例	交通条件落后比例	自身发展力不足比例	其他比例
班戈县	0.51	0.26	0.05	0.37	0.35	0.19	7.4	65.42	0.77	0.56	2.25
申扎县	0.52	1.08	0.71	0.56	0.47	0	10.06	64.69	0.14	7.85	0.24
尼玛县	0.75	0.69	0.37	0	0.03	0.06	14.6	40.44	2.06	2.81	11.61
双湖县	5.19	0.1	3.5	46.15	0	0	1.6	23.48	4.6	0.9	2.8
平均值	1.74	0.53	1.16	11.77	0.21	0.06	8.42	48.51	1.89	3.03	4.23

　　从贫困对象的劳动力状况来看，截至 2015 年底，班戈县具有劳动能力的贫困人口数超过一半。但无劳动能力贫困人口占贫困人口总数的比例高达 40.9%（图 2.17），接近贫困人口的一半，给产业扶贫、教育扶贫等带来了挑战。分乡镇看贫困对象的劳动力状况，截至 2017 年各乡镇丧失劳动能力者和无劳动能力者占各乡镇总人口的一半左右，其中尼玛乡和佳琼镇最高，德庆镇占比最少。

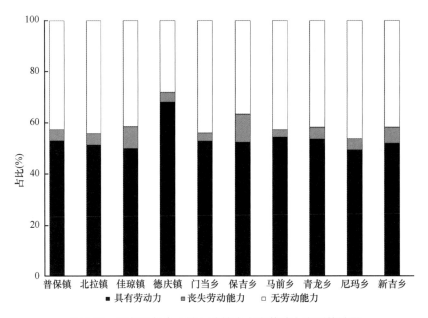

图 2.17　班戈县各乡（镇）建档立卡户劳动力类型统计图

　　从贫困对象的健康状况来看，2015 年班戈县患有长期慢性病、大病及残疾的贫困人口占贫困人口总数的比例为 8%（图 2.18）。

　　从各乡镇贫困程度来看，一般贫困户和低保贫困户人口占比最多，五保户人口占比最少（图 2.19）。马前乡、新吉乡、北拉镇和青龙乡的一般贫困户人口在各乡镇中占比较高，马前乡占比达 80%，德庆镇、佳琼镇、尼玛乡低保贫困户人口占比达 40% 以上，

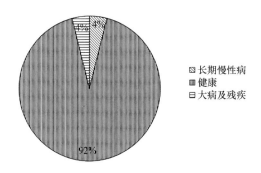

图 2.18　2015 年班戈县贫困人口身体健康状况统计图

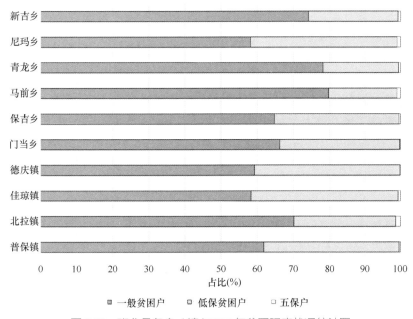

图 2.19　班戈县各乡（镇）2017 年贫困程度状况统计图

　　佳琼镇占比最高，达 41.1%。北拉镇五保户人口最多，占比为 1.26%。各乡镇贫困人数和贫困程度各有差异，加之各乡镇独特的贫困原因，无疑给扶贫带来了重大挑战。

　　针对班戈县的贫困状况，各级政府积极采取了扶贫措施，包括生态补偿、微型补偿、发展教育、医疗救助、发展生产、易地搬迁、转移就业、信贷扶贫、社会保障、社会援助 "4+6" 的 10 个脱贫措施[①]，对贫困人口进行帮扶（表 2.5），从表中可以看出，该地区资金缺乏是大问题，社会援助和信贷扶贫成为主要措施；生态补偿、微型补偿是为保护环境及保障地区发展公平而采取的扶贫措施；发展生产时调动贫困群众的自主能动性是其自身造血发展的有效措施。

---

① 班戈县人民政府，那曲市班戈县 2017 年脱贫攻坚调研报告。

表 2.5　2016 年班戈县各乡（镇）"4+6"的 10 个脱贫措施实施状况　（单位：%）

乡镇	生态补偿	微型补偿	发展教育	医疗救助	发展生产	易地搬迁	转移就业	信贷扶贫	社会保障	社会援助
普保镇	16.5	16.6	3.8	2.2	14.4	9.2	8.1	14.4	2.2	12.8
北拉镇	16.5	16.7	3.7	1.7	14.9	9.2	6.0	14.9	1.7	14.7
佳琼镇	16.6	16.7	4.2	1.5	15.2	9.2	3.3	15.2	1.5	16.7
德庆镇	17.5	17.5	3.2	1.5	15.3	9.6	2.9	15.3	2.2	15.0
门当乡	16.9	17.0	2.2	1.6	15.4	9.3	8.7	15.4	1.6	12.0
保吉乡	16.5	16.6	3.7	1.8	14.8	9.1	4.3	14.8	1.8	16.6
马前乡	16.5	16.7	4.4	1.0	15.5	9.2	3.9	15.5	1.2	16.2
青龙乡	17.0	17.1	4.3	1.0	15.9	9.4	3.8	15.9	1.2	14.5
尼玛乡	16.4	16.5	4.4	1.9	14.6	9.1	5.6	14.6	1.9	14.9
新吉乡	17.3	17.5	3.2	1.1	16.4	9.6	3.9	16.4	1.1	13.6

　　通过具体措施、严格监管，扶贫工作有了显著的成效。产业扶贫是提升贫困群众自我发展能力和持续脱贫增收的有效途径，也是增强其造血功能的有力支撑。班戈县始终坚持以牧业为主的产业发展思路，设计实施产业项目 65 个，目前已开工实施的项目有 45 个。2017 年通过产业项目实现带动建档立卡 243 户、964 人，解决就业 233 人，实现脱贫 275 人，盈利 750 万元。根据那曲市脱贫攻坚指挥部统一部署，全县 10 个乡镇完成组建 1 家合作社和 9 家公司，注册资金为 5516 万元，覆盖建档立卡贫困户 15433 人，覆盖率为 100%。资金到位 3000 万元，落实投资 2215.63 万元，实现产值 668.44 万元，产生盈利 183.76 万元，解决就业 190 人。政府组织转移就业持续向好，目前各种就业渠道累积实现贫困户就业 2065 人，其中可流动贫困劳动力就业 1939 人，不可流动贫困劳动力就业 126 人，长期就业 1483 人，短期就业 583 人，外出前往拉萨、那曲、比如等地务工的有 647 人，累积创收 1112.02 万元，人均增收 5385 元。同时，全县高校毕业生 366 人中 186 人已就业，创业 11 人。"十三五"期间班戈县共实现易地搬迁 1616 户、6638 人，目前已实现入住 929 户。2017 年成功安置生态岗位 15805 个，其中已脱贫建档立卡贫困群众 595 人、未脱贫建档立卡贫困群众 5986 人、非建档立卡农村低保 517 人，收入在 2800～4100 元的农村低收入群众 8707 人。2018 年全县共帮扶建档立卡贫困群众 3952 户、14890 人，涉及帮扶资金 34.26 万元[1]。

　　虽然脱贫攻坚取得了一定的成效，但仍然存在一些问题和困难。第一，人均养殖牲畜数量不平衡。2017 年全县实际存栏量为 125.14 万只绵羊单位，牧业人均牲畜为 27 只绵羊单位，基本已达到减畜极限状态，要全面实现草畜平衡，达到人均 18 只绵羊单位的难度相当大。第二，城镇低收入群体的增收问题。目前班戈县有城镇居民 3803 人，城镇低保户 677 人，城镇低收入群体占比较高。第三，部分产业项目落地迟缓。很多地区被划入生态红线内，给产业落地实施增加了成本和难度，如德庆镇所有地域被划在生态红线区内。第四，贫困群众政策收入占比较高。虽然班戈县实现减贫 943 户、3427 人，但脱贫群众收入中政策性收入占比很大，贫困群众靠自己双手挣到的钱不多，一旦政策补贴停止，群众返贫概率较大[1]。

―――――――――――

① 班戈县人民政府，那曲市班戈县 2017 年脱贫攻坚调研报告。

（2）申扎县贫困状况分析

申扎县处于色林错 – 普若岗日国家公园的中心位置，解决其贫困问题关系国家公园的建设。目前申扎县下辖 2 镇 6 乡 62 个村（居），各乡镇和村均有不同程度的贫困，贫困人口达 6280 人，全县贫困发生率为 32.73%。申扎县全县致贫因素与班戈县相似，资金缺乏是主要致贫因子，影响人口达 64.69%。与班戈县相比，申扎县缺乏技术、自身发展动力不足、因残致贫影响力表现更加突出，缺乏劳动力导致贫困的作用相对弱化。

从各乡镇贫困发生率来看，除巴扎乡、申扎镇以外，其他各乡镇贫困发生率都在30% 以上，塔尔玛乡人口最多，贫困发生率也最高，达 37.6%；马跃乡属于中等规模的乡，贫困发生率达 36.32%；申扎镇是申扎县政府所在地，人口为 3602 人，贫困发生率为23.6%（图 2.20）。

针对申扎县的贫困问题，各级政府因地制宜地制定了相应的脱贫措施，包括产业扶贫、转移就业、易地搬迁、教育支持、医疗救助等。计划"十三五"期间，解决5901 人左右的贫困人口脱贫，完全或者部分丧失劳动能力的 565 人口全部纳入农村低保制度覆盖范围，实行社保政策兜底脱贫[①]。第一，发展生产脱贫一批，引导和支持有劳动能力的人依靠自己的双手开创美好明天，坚持宜牧则牧、宜工则工、宜商则商、宜游则游，立足当地资源，实现就地脱贫。"十三五"期间，力争通过产业扶持 1617户，使 2848 人脱贫。第二，易地搬迁脱贫一批，对"一方水土养不活一方人"的情况实行扶贫搬迁政策，对于很难实现就地脱贫的贫困人口实施易地搬迁。"十三五"期间，力争通过搬迁扶持 958 户，使 3944 人脱贫。第三，生态补偿脱贫一批。通过培训或扩

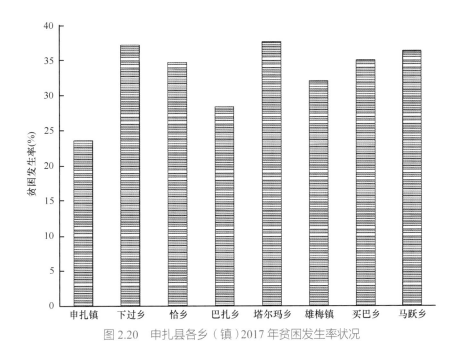

图 2.20 申扎县各乡（镇）2017 年贫困发生率状况

---

① 申扎县"十三五"时期国民经济和社会发展规划纲要（申扎县第十一届人民代表大会第 7 次会议审议通过）。

大政策实施范围，让有劳动能力的贫困人口就地转成野生动物保护人员等生态保护人员，实现脱贫。"十三五"期间，力争通过生态补偿扶持1456户，使5877人脱贫。第四，发展教育脱贫一批。加大基础教育工作力度，大力实施"一户一名大学生或职教生"人才培育计划，同时加大培训力度，提升就业创业能力。"十三五"期间，力争通过转移就业扶持1396户，使3020人脱贫。第五，社会保障兜底一批。对完全或部分丧失劳动能力的人，由社会保障来兜底，将低保政策和扶贫政策相衔接，对因病致贫的人员提供医疗救助保障，加大其他形式的社会救助力度。"十三五"期间，力争通过社会保障扶持512户，使710人脱贫。

申扎县旅游脱贫是一条重要的脱贫路径。申扎县位于藏北高原腹地，是连接后藏农区与牧区的桥头堡，是那曲西部商贸旅游的大通道，是那仓部落文化宗源追溯地。拥有独特而丰富的旅游资源优势，全国知名的错鄂鸟岛，"离藏羚羊最近的地方"旅游战略已初具雏形，色林错裸鲤鱼开发已经先行一步，2017年实现旅游总收入260余万元，共接待游客14000人次，旅游就业共647人。但存在旅游开发力度不够、区位优势发挥不明显、旅游基础设施配套不足、人才培养及旅游服务水平有待提升、群众意识有待加强等问题，且旅游是劳动密集型产业，能够促进大量人口就业。因此，在保护生态环境的前提下，发展旅游是申扎县脱贫致富的重要路径。

（3）尼玛县贫困状况分析

尼玛县位于色林错地区的西部边缘，是拟规划的色林错－普若岗日国家公园的重要组成部分。尼玛县下辖1镇13乡，77个行政村，贫困人口、贫困户构成复杂。经精准识别及动态监测，截至2017年底，尼玛县共有贫困户2456户、9493人，低保人口4577人。尼玛县的贫困状况复杂，致贫因素主要有缺资金、缺技术、缺劳力及其他致贫因素。与班戈县、申扎县相比，尼玛县因缺乏资金而致贫的比重较小，表明尼玛县资金困乏程度相对较小；因缺乏技术而贫困的占比高于申扎县和班戈县；交通条件落后导致的贫困人口的比重远高于申扎县和班戈县，是班戈县的2.6倍多。

从各乡镇分布来看，各乡镇有数量不等的贫困人口，尼玛镇是尼玛县最大的镇，贫困发生率最高，是最小的乡荣玛乡的6倍，其余各乡镇贫困发生率在6%～8%（图2.21）。尼玛县地广人稀，贫困人口分布分散，致贫原因错综复杂，给精准扶贫工作带来了重大挑战。

根据尼玛县的自身发展状况及致贫因素，政府制定了相应的扶贫措施，现已取得一定成效，并计划在2019年脱贫。据对尼玛县扶贫办的访谈，应主要通过发展生产、发展教育、社会援助、易地搬迁、生态补偿、医疗救助、转移就业、微型补偿、信贷扶贫帮助贫困群众脱贫致富。根据各个乡镇的情况，制定相应的劳动力转移计划（表2.6），目前已转移就业人数为722人，已完成培训人数为528人。从各项来看，申亚乡转移就业完成率最高，超额完成；尼玛镇因为是尼玛县政府所在地，能够提供足够多的就业就会，因而完成率较高；文布乡坐落在当惹雍错湖畔，临近达果雪山，因而观光游客的服务需求促进了就业；其余各乡镇转移就业完成率均在50%以下。截至目前，全县已完成培训率66%，完成率最高的为申亚乡，为144%；文布乡完成率最低，为31.58%。

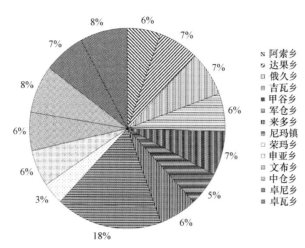

图 2.21 尼玛县各乡（镇）2017 年贫困发生率状况

表 2.6 尼玛县 2018 年建档立卡转移就业及培训工作进度情况表

乡镇	户数（户）	人数（人）	计划转移就业人数（人）	已转移就业人数（人）	转移就业完成率（%）	计划培训人数（人）	已完成培训人数（人）
尼玛镇	393	1675	277	174	63	117	39
申亚乡	129	598	80	83	100	34	49
卓瓦乡	201	728	142	31	22	60	43
吉瓦乡	151	557	125	13	10	53	33
卓尼乡	181	673	156	57	37	67	32
甲谷乡	164	526	128	57	45	55	41
达果乡	160	630	70	19	27	30	25
阿索乡	155	527	133	50	38	57	37
荣玛乡	89	335	103	14	14	44	36
中仓乡	144	650	103	43	42	42	33
俄久乡	187	741	131	53	40	58	41
军仓乡	165	580	143	37	26	61	52
来多乡	167	590	153	21	14	65	49
文布乡	171	689	134	70	52	57	18
合计	2457	9499	1878	722	38	800	528

资料来源：当地调研。

　　解决色林错 – 普若岗日国家公园周边县域的个人贫困问题，旅游扶贫将是一条重要途径。已有实证研究表明，西藏旅游收入与西藏农牧民人均纯收入存在显著正相关关系，西藏旅游总收入每增加 1 亿元，农牧民人均纯收入就会增加 24.712 元（图登克珠，2017）。因此，凭借色林错 – 普若岗日国家公园建设的历史机遇，周边县域政府可以通过旅游扶贫这一重要手段着力提升周边农牧民的人均纯收入，从而促进当地个人贫困与可持续生计问题的有效解决，带领农牧民走向共同富裕的康庄大道。

2.3.2 政府贫困与发展战略选择

特困政府和贫困政府财政收入大大小于财政支出，人均财政收入也处于较低水平，特别是特困政府区域通常依靠财政转移支付来维持政府机构正常运作，以及提供基本公共服务。受制于自然条件和经济发展水平，西藏自治区财政收入规模小，财政平衡基本依赖于中央政府的持续大力支持。区域综合财力主要依靠转移性收入支撑，2016年全区获得一般公共预算补助收入 1369.25 亿元，以一般性转移支付收入和专项转移支付收入为主，总占比达到 86.90%，基金预算收入以国有土地使用权出让收入为主，总体规模较小（钟士芹，2017）。

色林错拟建国家公园所在的那曲地区的财政情况在西藏自治区属于末端，存在严重的政府贫困现象。2016年那曲地区的一般公共预算收入不足 10 亿元，其一般公共预算自给率在 10% 以下，在西藏自治区的所有地市中仅超过阿里地区。因此，那曲地区与西藏的其他多数地市类似，存在着严重的财政收支不平衡现象，财政自给能力十分薄弱，在资金缺口上主要依靠上级的转移支付进行平衡，政府贫困现象极其突出。

依靠转移性收入输血的方式很难使得色林错地区获得良性财政状况。由于经济结构较为单一，色林错－普若岗日国家公园周边县域经济发展缓慢，缺乏税收增长的动力，直接导致了政府财政贫困。同时县级财政作为基础财政单元，创造的财政收入有很大部分用于上缴上级单位（丁哲澜等，2013）。以尼玛县为例，2016年尼玛县的财政收入为 1735 万元，财政支出为 99933 万元，其中中央转移支付 35341.6 万元，财政自给率不到 2%，在特困政府中属于较差水平。从图 2.22 中可以看出，2006～2016年尼玛县财政收入的增长速度远远低于财政支出，财政自给率逐年下滑，政府贫困状况不断加剧。因此，今后色林错地区需要结合国家公园建设，优化政府补贴资金使用途径，积极探索补贴资金的撬动效应，发挥产业的造血作用。

2.3.3 国家扶持——资金来源和用途分析

在党中央、国务院关于打赢脱贫攻坚战的决策部署下，西藏自治区连续出台了《西藏自治区人民政府关于全面建立临时救助制度的意见》《西藏自治区人民政府关于贯彻落实社会救助暂行办法的实施意见》《西藏自治区农村居民最低生活保障实施办法（试行）》《西藏自治区城市居民最低生活保障制度操作规范（试行）》《西藏自治区实施〈农村五保供养工作条例〉办法》等涉及扶贫的 47 个规范性文件。

通过中央的财政转移支付，西藏自治区形成了专项扶贫、行业扶贫、社会扶贫、

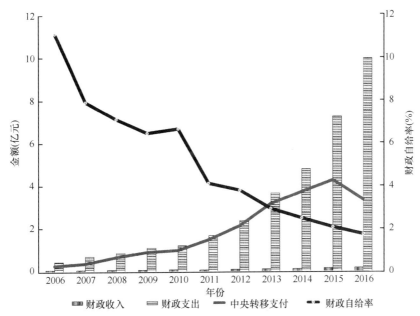

图 2.22　2006 ~ 2016 年尼玛县财政收入、财政收支、中央转移支付及财政自给率情况

金融扶贫、援藏扶贫"五位一体"的大扶贫格局，2017 年统筹整合各项财政涉农资金 110.35 亿元，推动各类涉农资源向贫困地区和贫困群众聚集[①]。而在金融扶贫方面，西藏银行业共投入信贷扶贫资金约 920 亿元，占西藏贷款总额的 26%，实现了向精准扶贫倾斜，向深度贫困区倾斜[②]。2017 年以来，共有拉萨市城关区、日喀则市亚东县、山南市乃东区、林芝市巴宜区、昌都市卡若区 5 个县（区）实现了脱贫攻坚任务。

　　由于历史遗留问题，色林错 – 普若岗日国家公园周边四县实现脱贫致富依旧任重道远。例如，尼玛县在异地扶贫和产业扶贫资金上就面临着诸多资金缺口。异地扶贫方面，尼玛县易地扶贫搬迁以每人 6 万元的标准进行修建，但材料、人工成本大，上级资金仅能满足主体建筑需要，相关附属配套建设压力大。另外，尼玛县荣玛乡高海拔生态搬迁，非建档立卡贫困户需自筹 30% 资金，超出了部分贫困群众的筹资能力。在产业扶贫方面，尼玛县产业项目计划总投资的 60743 万元全部申请贷款，但由于产业发展项目盈利能力有限，承贷群众还款压力巨大。班戈县在公共服务和产业扶贫方面也存在着资金短板。班戈县基本公共服务起点低、前期基础薄弱，加之人口居住高度分散，县级政府在财政预算范围内可提供的公共服务与群众需求存在明显差距。同时，县级政府对企业生产融资所能提供的资金帮助也相对不足，长期从事小规模和分散经营的农牧民资本积累少，扩大再生产能力十分有限。因此，色林错周边四县更要以国

---

① 《精准施策挖"穷根"——我区五县（区）向全社会宣布脱贫摘帽》，http://www.xizang.gov.cn/xwzx/ztzl/fpgj/201712/t20171206_150099.html，2017 年 12 月 6 日。

② 《西藏 26% 银行信贷投向精准扶贫》，http://www.xizang.gov.cn/xwzx/ztzl/fpgj/201709/t20170925_144759.html，2017 年 9 月 25 日。

家公园建设的战略举措为契机，以旅游扶贫、生态扶贫为重要抓手，拓宽扶贫资金来源渠道尤为重要。

建设第三极国家公园群是西藏贯彻落实习近平总书记和党中央指示要求的具体行动，是西藏落实主体功能区大战略、走绿色发展之路的科学抉择（樊杰等，2017）。色林错－普若岗日国家公园作为第三极国家公园群建设的重要一环，将对周边四县实现脱贫致富产生重要影响。"十三五"期间，那曲地区计划通过旅游发展累计带动17189人实现脱贫致富。因此，按照中央第六次西藏工作座谈会精神，主动对接援藏资金和项目，通过组建旅游总公司，开发那曲至班戈、申扎、尼玛、双湖"一线五点"的旅游工作，发展特色旅游与专项旅游，以藏文化旅游为龙头，以生态旅游为主线，把蓝天、雪山、冰川、湖泊、草原、野生动物等自然景观和独特的藏北风土人情结合起来，把旅游业发展同促进扶贫帮困结合起来，引导农牧民参与旅游开发，有利于增加扶贫资金来源，加速周边地区大步迈向脱贫致富的全面小康社会。

2.4 旅游发展

2.4.1 旅游规模现状及发展趋势

色林错区域拥有种类及数量最多的高寒草原珍稀野生动物栖息地、面积最大的陆地冰缘等垄断性自然生态景观，是有独特吸引力的世界性生态旅游目的地，面临较好的旅游发展形势。色林错区域目前仍是旅游发展的洼地，该区域所在的那曲地区2015年的游客接待量仅为102万人次，旅游收入为1.02亿元；按照那曲地区"十三五"旅游业发展规划，到2020年，那曲接待的旅游者会达到253.8万人次，旅游收入达到3.11亿元。周围的申扎县、尼玛县、班戈县等的旅游接待量较少，如申扎县2017年游客接待量仅为1.2万人次，旅游收入仅为216.6万元。2016年尼玛县、班戈县旅游接待人次仅分别为2万人次、4.45万人次，旅游收入分别为356万元、744.73万元。色林错区域虽然拥有世界级生态旅游资源，但仍属于旅游资源利用程度非常低的新型生态旅游目的地，有非常大的旅游发展后劲与潜力。游客对色林错区域的生态旅游需求正在释放，班戈、尼玛等县的住宿接待设施已无法满足旺季的游客需求，游客接待和管理方面的问题正变得越来越突出。

2.4.2 旅游需求特征及趋势

色林错区域的旅游者将以21～40岁的人群为主，绝大部分游客会选择全程自助游方式，且以欣赏自然风光、感受地方文化为主要目的。色林错区域原始而神秘的特征将吸引更多热衷于生态保护、重视自然体验的生态旅游者的关注。色林错区域是国家的生态屏障，同时也是生态敏感区，对该区域游客行为进行约束是国家的要求，是社会公众的期望。

　　而即将建设的国家公园强调生态保护、人与自然的和谐，提倡自助型、自律型、探索型游憩活动的开展，其所倡导的游憩方式既能很好地迎合当前旅游需求新趋势，又能对部分游客的行为进行约束，符合生态环境友好型游憩的标准，可协调生态保护与旅游发展的关系。

　　目前，关注国家公园建设的人越来越多，色林错–普若岗日国家公园建设将引起国内外对该区域生态旅游的广泛关注，反映出近些年国家公园的受关注度在持续增强，这能够为该区域生态旅游发展注入强劲的动力与活力，也有助于驱动该区域的环境友好型旅游成为旅游需求的主流。

2.5　色林错自然保护区功能区划及其土地利用现状

2.5.1　总体特征

　　色林错自然保护区是拟建国家公园的核心区域。在可研究分析中暂时以原有划定的色林错黑颈鹤国家级自然保护区展开研究。保护区内以草地和湖泊为主，草地面积占总面积的 69.60%，湖泊占 22.64%，核心保护区以湖泊为主，占核心区 55% 的面积。由于生态环境脆弱，草地低覆盖度低，草地类型主要以中、低覆盖度草地为主（图 2.23）。保护区内草地涵养较好，沙地、戈壁、盐碱地、裸岩石质地等未利用的地表裸露土地占比较小，盐碱化和岩石裸露是其地表裸露的主要成因。保护区及其周边地区也存在大量的居民点等建设用地，但规模较小、未连成片；核心区、缓冲区、试验区都存在一定数量的未利用土地（表 2.7）。

表 2.7　2015 年色林错自然保护区内土地利用现状

项目		高覆盖度草地	中覆盖度草地	低覆盖度草地	水体	未利用土地	合计
核心区	面积（km²）	722	617	1244	3681	437	6701
	占比（%）	10.77	9.21	18.57	54.93	6.52	100
缓冲区	面积（km²）	2219	3002	3252	666	829	9968
	占比（%）	22.26	30.12	32.62	6.68	8.32	100
试验区	面积（km²）	520	1162	1455	270	316	3723
	占比（%）	13.97	31.21	39.08	7.25	8.49	100
总计	面积（km²）	3461	4781	5951	4617	1582	20392
	占比（%）	16.97	23.45	29.18	22.64	7.76	100

　　从草地覆盖度来看，未来试验区保护与利用的问题比较突出。核心区草地保护成效显著，试验区仍有待进一步保护。色林错核心区以湖泊为主，低覆盖度草地和高覆盖度草地占比较高。缓冲区三类草地占比较接近，高覆盖度草地、中覆盖度草地、低

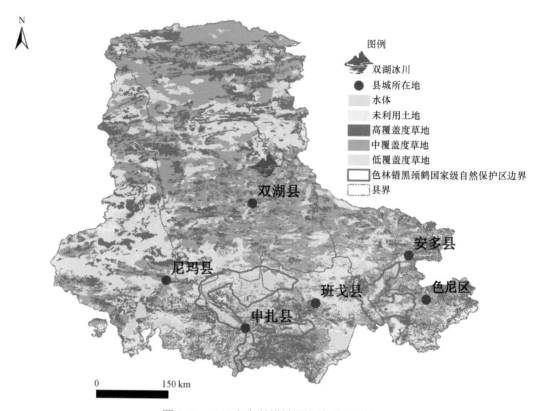

图 2.23　2015 年色林错地区土地利用现状

覆盖度草地占比分别为 22.26%、30.12%、32.62%。试验区草地保护不佳，但试验区土地条件较好，有利于草地生长，但仅有 13.97% 的草地为高覆盖盖度草地，39.08% 的草地为低覆盖盖度草地，需要加大对其草地的保护力度。

由核心区向试验区，高覆盖度草地比例先增大后减小，中覆盖度草地比例增大。另外，湖泊周边土地易沙化、盐碱化，不利于草地生长发育，通过保护区对这些生态敏感脆弱区的保护，促进其草地生长发育，形成了现今低覆盖度草地占比较高的现象，因此湖边的生态环境保护也是将来重要的问题。

2.5.2　保护区内部土地利用分析

利用新统计的居民点数据将村庄分析和土地利用关系分析扩展到全部六个县。色林错黑颈鹤国家级自然保护区内分布着村庄，也有牧民在活动，因此有必要在高精度数据的基础上，结合社会调查对土地利用现状进行分析。受数据限制，结合土地利用调查数据，对申扎县开展初步调查。

申扎县是保护区核心县之一，占保护区核心区的 35.85%、缓冲区的 53.43% 及试验区的 6.38%，几乎整个申扎县都在保护区外 30 km 范围内，是未来国家公园建设与发展涉及的重要县。

研究表明，保护区涉及大量居民点，且具有一定的建设用地规模。申扎县共有村落 105 个，其中有 24 个居民点位于核心区内，缓冲区内有 27 个，试验区内有 8 个，在保护区外 10 km 的范围内也有 25 个，合计占申扎县村落总数的 80%（图 2.24）。因此未来国家公园建设涉及大量的社区发展、农牧民生计等问题。受时间、数据的限制，目前使用 1km 网格土地利用数据，精度较低，在进行国家公园规划时，需要采用精度更高的数据进行分析，满足规划的需求，以对载畜量与草地变化的情况、居民对生态环境的影响展开更加细致的评估。另外，在今后的规划中还需要加入高程要素展开分析。

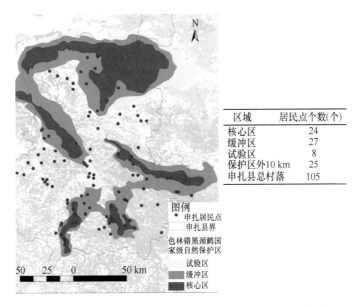

图 2.24　申扎县村落与色林错黑颈鹤国家级自然保护区的关系

2.5.3　保护区周边土地利用分析

保护区与周边发展存在互动关系，因此需要加强对保护区周边土地利用的调查研究。以 10 km、30 km 为缓冲区对色林错黑颈鹤国家级自然保护区展开研究。研究表明，从保护区向外高覆盖度草地占比反而增加，中、低覆盖度草地占比变化不大。从这一点来说，目前保护区外围也具有很好的生态环境，对未来国家公园规划在生态环境保护方面提出了较高的要求（图 2.25、表 2.8）。目前来看，保护区外围 30 km 处约有 7 km^2 城镇用地，沙化、盐碱等未利用土地也略有增加。因此，未来在保护区外围存在建设国家公园相关设施的机会。

表 2.8　色林错黑颈鹤国家级自然保护区周边地区土地利用分析

范围		高覆盖度草地	中覆盖度草地	低覆盖度草地	水体	未利用土地	林地	城镇用地	合计
保护区	面积（km²）	3461	4781	5951	4617	1582	—	—	20392
	占比（%）	16.97	23.45	29.18	22.64	7.76	—	—	100.0
10km 内	面积（km²）	5157	6418	4998	381	1484	—	—	18438
	占比（%）	27.97	34.81	27.11	2.07	8.05	—	—	100.0
10～30km 内	面积（km²）	9363	10325	7857	928	2824	2	7	31306
	占比（%）	29.91	32.98	25.10	2.96	9.02	0.01	0.02	100.0

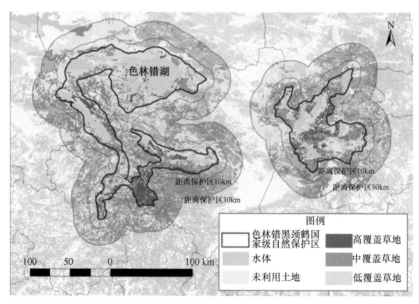

图 2.25　色林错黑颈鹤国家级自然保护区周边地区土地利用现状

第 3 章

色林错区域的自然和人文生态原真性、代表性

3.1 区域生态功能定位

3.1.1 色林错区域主体功能

色林错区域位于藏西北羌塘高原荒漠生态屏障区的南缘，属于限制开发的重要生态功能区，对于西藏建设以"三屏五区"为主体的国家生态安全战略格局具有重要作用。色林错–普若岗日国家公园建设是保障西藏生态安全、保护西藏湖泊流域自然生态系统的需要。青藏高原分布着地球上海拔最高、数量最多、面积最大且以盐湖和咸水湖集中为特色的高原湖泊群（孙鸿烈和郑度，1998），湖泊面积变动在青藏高原流域生态环境演变中的作用举足轻重。色林错集水域位于羌塘高寒草原，是全流域最低的水流汇集中心，拥有众多相互联通的河流与湖泊，构成了一个相对封闭的内陆构造湖群。色林错湖区多年平均降水量为 290.9 mm，年蒸发量为 2167.1 mm。在全球气候变化背景下，受色林错湖源头——唐古拉冰川的消融、冻土解冻释放水，以及藏北地区降水量增加和蒸发量减少等因素的影响（边多等，2010），色林错湖面急剧上涨，2004 年左右，该湖面积超过纳木错，成为目前西藏第一大湖泊（孟恺，2012），也是仅次于青海湖的我国第二大咸水湖。

色林错的地理、气候等环境条件及湖泊生态系统在整个青藏高原地区都具有典型性和代表性，生态环境极其脆弱，色林错湖泊规模的变动已经显著地影响了该区域的生物栖息地环境和区域经济社会发展，并且过度放牧引起的草场退化、生物栖息地萎缩等问题突出。建设色林错–普若岗日国家公园，加强湖区生态功能区分类控制与建设，保障色林错湖泊生态系统的稳定性和生物多样性，科学、合理地发展可承载绿色产业，对于保护西藏乃至全国土地和生态安全、构建国家重要生态安全屏障都具有战略意义。

色林错区域对于我国国土生态安全建设具有重要作用。色林错区域地处藏西北羌塘高原荒漠生态屏障区，保存有较为完整的高原荒漠生态系统，是藏羚羊、黑颈鹤、野牦牛和藏野驴（*Equus kiang*）等珍稀特有物种的天然集中分布地，并保存有象雄王国遗址等具有历史文化价值的自然文化遗迹，但近年来色林错区域土地沙化面积不断扩大，草原鼠害和溶冻滑塌等灾害增多，生物多样性受到威胁，主要被定位为限制开发区域和禁止开发区域。

其中，色林错区域涉及的班戈县、尼玛县、申扎县、双湖县、安多县大部分区域被定位为限制开发区域的农产品主产区和重点生态功能区，色林错黑颈鹤国家级自然保护区属于禁止开发区域，将限制大规模、高强度的工业化及城镇化，主要功能是保护和修复生态环境、提供生态产品（表 3.1）。长期以来，随着色林错区域群众的湖泊保护意识的增强，形成了人湖共生的人地思想，在保护好区内自然环境的同时，也取得了社会经济的持续发展。

表 3.1　色林错区域主体功能定位情况

主体功能区类型	涵盖区域	所在县（区）	区域概况	功能定位
禁止开发区域	色林错黑颈鹤国家级自然保护区	申扎县、尼玛县、班戈县、安多县、色尼区	区域面积 1.89 万 km²，人口 34524 人	严格控制人为因素对自然生态和文化自然遗产原真性、完整性的干扰
限制开发区域（农产品主产区）	羌塘高原南部主产区	申扎县	区域面积 2.21 万 km²，人口 1.92 万人	在合理容量范围内发展畜牧业、天然饮用水产业
	藏东北主产区	安多县	区域面积 6.06 万 km²，人口 3.73 万人	
限制开发区域（重点生态功能区）	藏西北羌塘高原荒漠生态功能区——国家重点生态功能区	班戈县、尼玛县、双湖县	区域面积 5.68 万 km²，人口 7.87 万人	加强草原草甸保护、湿地保护与恢复，保护好高原典型荒漠生态系统，保护好重要的野生动植物繁衍栖息的自然环境

资料来源：《西藏自治区主体功能区规划（2014 年）》。

3.1.2　与国家重点生态功能区和生物多样性保护优先区的关系

色林错区域所涉及的 6 个县（区）属于自然保护区和国家重点生态功能区、国家生物多样性保护优先区的高度重叠区域。国家重点生态功能区边界与所涉及区县的行政边界较吻合，更多地表现出生态、环境、社会、经济等多重因素综合平衡的结果。色林错区域所在 6 县（区）的国家重点生态功能区的总面积为 15.65 万 km²，占西藏自治区的 28.67%，与国家生物多样性保护优先区边界在尼玛县、双湖县、班戈县的边界重叠，重叠率达 40.07%（表 3.2）。

表 3.2　西藏国家生态保护重要区域面积重叠统计特征

不同类型空间重叠区	面积（10⁴km²）	占各类生态保护区域的面积比例（%）			
		色林错自然保护区	国家重点生态功能区	国家生物多样性保护优先区	自治区级以上自然保护地
色林错自然保护区和国家重点生态功能区	0.549	27.04	1.01	1.15	1.33
色林错自然保护区和国家生物多样性保护优先区	0.33	16.26	0.61	0.69	0.80
色林错自然保护区、国家重点生态功能区和国家生物多样性保护优先区	0.15	7.34	0.27	3.14	3.63

青藏高原高寒区是国家生物多样性保护优先区之一，色林错区域处在羌塘—三江源生物多样性保护优先区域，涉及的安多县岗尼乡（约 4000 km²）、帮爱乡（约 7500 km²）、尼玛县全境（约 7.25 万 km²）、双湖县全境（约 11.66 万 km²）都处于该生物多样性保护优先区域内，包括部分优先开展保护的生物多样性保护和监管范围，与生物多样性保护优先区重叠面积为 0.33 万 km²，占色林错保护区总面积的 16.26%。

色林错黑颈鹤国家级自然保护区总面积为 1.89 万 km²，其中核心区面积为 0.79

万 km²，缓冲区面积为 1.124610 万 km²，试验区面积为 0.95 万 km²。色林错自然保护区是为了保护高原高寒草原生态系统及黑颈鹤栖息地而设立的，约占西藏自治区土地面积的 1.65%。生态系统类型以湖泊、草地、荒漠等为主，三种生态系统的总面积分别为 1.43 万 km²、0.46 万 km²、0.153 万 km²。色林错自然保护区与藏北地区其他生态保护重要区域空间重叠关系较强，与国家重点生态功能区、国家生物多样性保护优先区的重叠面积分别占色林错自然保护区总面积的 27.04% 和 16.26%，占西藏自治区的 1.33%。

3.2 主要生态系统景观特征

3.2.1 地质景观

考察区地质景观的一个典型特征是记录了自古生代以来的地质演化历史，又因人类活动干扰微弱，这些记录几乎被完整地保留了下来。

那曲地质演化经历了古生代、早古生代、晚古生代及中新世等重要演化时期（表 3.3），从最初的两个古大陆、原特提斯洋开始，经过一系列断裂，以及晚三叠世至晚白垩世的印支运动、燕山运动，逐渐形成统一的地壳体[①]。之后伴随着喜马拉雅运动和西藏地壳的形成，那曲境内发生了强烈的地壳变形变位、岩浆活动和变质作用。中新世，大规模夷平运动使那曲境内地形趋于平缓；上新世晚期，青藏高原开始快速隆升，夷平面成为山顶面；晚更新世山间盆地、河湖堆积面进一步演化为高原湖盆面，奠定了目前的典型湖盆地形基础。青藏高原的持续抬升使那曲境内的地壳运动依然活跃，断陷作用、地热、地震活动不断发生；同时也使相对完整的地质演化剖面呈现在地表，其中保存记录了青藏高原隆起的全过程化石，是地质学家、古生物学家研究青藏高原隆升历史的证据（图 3.1）。

表 3.3 那曲境内地质演化过程[①]

时期	主要演化特征
古生代	分属北边的南中国古陆和南部的冈瓦纳古陆两个系统，二者之间为原特提斯洋
	羌北—昌都陆块从南中国古陆上分离，导致金沙江断裂带出现并发展成洋盆
	原特提斯洋发展成由多个洋盆组合而成的古特提斯洋，并出现雅鲁藏布江断裂带
晚三叠世	印支运动出现（羌南陆块和北方的羌北陆块、巴颜喀拉陆块结合成为南中国古陆的一部分）
晚白垩世	燕山运动出现（北上的冈底斯—念青唐古拉陆块和南中国古陆结合，古班公湖—怒江关闭），那曲地区成统一体
古近纪	喜马拉雅运动（北上的印度板块和欧亚板块结合，导致南侧的古雅江洋关闭），西藏境内地壳成统一体，那曲境内的地壳变形变位、岩浆活动和变质作用都十分强烈
中新世	大规模的夷平运动使那曲境内地形趋于平缓
上新世晚期	青藏高原开始快速隆升
晚更新世	山间盆地、河湖堆积面最终成为海拔 4700 m 左右的高原湖盆面
现今	断陷作用仍在继续，地热遍地，地震频发

① 资料来源：那曲地区地方志编纂委员会.那曲地区志.北京：中国藏学出版社，2012.

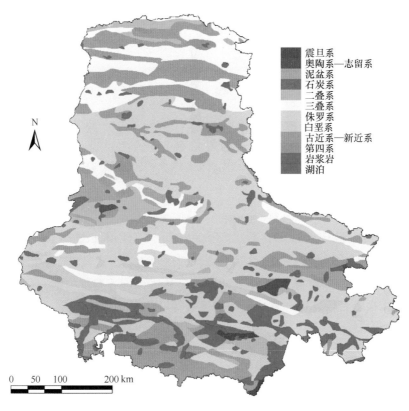

图 3.1　考察区地质图

本次科考发现[①]双湖县多玛乡、班戈县、双湖县措折罗玛镇 3 个古近纪地层组成了高原面上迄今已知的化石数量最多、材料保存最好、物种多样性最高的化石群落，其中大部分化石材料为未知的新类型，包括大量高原甚至亚洲首现的分子，在欧洲、非洲乃至北美洲存在亲缘关系较近的化石或现生类群，说明高原江湖源区在隆升之前曾是一些呈洲际分布的重要生物类群的重要演化区域，这些类群后续的演化及其自西藏向外的迁移扩散，形成了以上地区现代生物多样性的重要基础。

3.2.2　湖泊群

色林错流域面积为 45530 km^2，由众多的河流和湖泊互相连接，组成一个封闭的内陆湖泊群，是西藏最大的内陆湖水系；其中，色林错是该湖泊群中最大的湖，也是目前西藏面积最大的咸水湖。根据此次科考调查，色林错湖面海拔为 4540 m，面积为 2335 km^2。

色林错流域及其周边区域（藏北双湖地区）是青藏高原湖泊分布最密集的地区，连续分布的高原湖泊群是特有的景观特征。在西藏境内面积大于 200 km^2 的湖泊中，色林错区域占 5 个，面积占 31.06%（图 3.2），自然性保存完好，基本保持着原始自然景

---

① 中国科学院青藏高原研究所. 第二次青藏高原综合科学考察研究古生态分队科考报告，2017年。

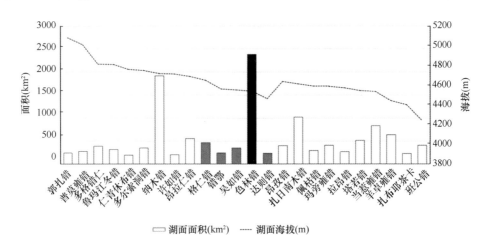

图 3.2 西藏境内面积大于 200 km² 的湖泊及其海拔分布

观与当地居民传统畜牧业生产活动和谐共存的自然状态。

色林错流域湖泊群共有 20 余个湖泊，除色林错外，还有格仁错、吴如错、错鄂、仁错贡玛、雅根错、恰规错、孜桂错、越恰错等，从遥感影像上看，如围绕色林错分布的一系列"卫星"湖泊。这些"卫星"湖泊面积大的可达百平方千米，小的为几十或几平方千米，距离色林错最近的错鄂与班戈错分别位于色林错南部 1km 和东部 8km 处。色林错是青藏高原形成过程中产生的一个构造湖，为大型深水湖，湖心区水深在 30 m 以上。有研究表明，在青藏高原形成、演变的地质历史时期，色林错流域的湖泊群曾是一个完整的大的湖泊，后地表快速抬升，导致气候变干、湖泊退缩，分离成面积大小不等的系列湖泊，像错鄂、班戈错等离色林错较近的湖泊，在更新世晚期曾经都是色林错的潟湖，目前同色林错之间被沙坝分隔。

人类活动影响微弱，环境演变的自然性突出，是色林错及其周边区域湖群景观原真性的主要体现。近十多年湖泊面积迅速扩展，形成与地质历史时期湖泊分离态势相反的逆向演化趋势，迅速提升了色林错区域的关注度。色林错曾是西藏第二大湖，2000 年以来湖面迅速扩张，湖面水位平均每年抬升 0.8 m，湖泊面积总体扩展了 660 km²，超过纳木错，一跃成为西藏第一大咸水湖。本次考察的初步结果显示，色林错近 40 年来的湖水显著淡化、透明度明显降低，反映了近期气候变化对色林错的巨大影响[1]。1976～2014 年色林错湖的北部、东部、西部、南部均发生了明显变化，湖面面积呈现较为显著的持续增加趋势，向北扩展了 22.8 km，向西扩展了 4.1 km，向东扩展了 4.4 km（图 3.3、图 3.4、表 3.4）。其中 3 处明显变化的位置分别是北部的扎加藏布入湖处、东部的波曲藏布入湖处和西部的阿里藏布入湖处，湖区北部变化最明显；2003～2005 年由于水位不断上涨，色林错南部湖区在昌岗地区与雅根错发生了连通，并在雅根错的西南岸派生出一个新的小湖，连通后雅根错随色林错共同扩张。北部湖区整体颜色较浅，说明此处仍有源源不断的冰川融水补给，是可能继续扩展的区域。

---

[1] 中国科学院青藏高原研究所，第二次青藏高原综合科学考察研究古生态分队科考报告，2017年。

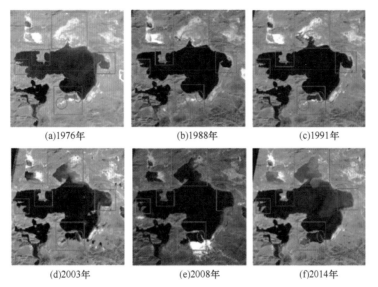

(a)1976年   (b)1988年   (c)1991年

(d)2003年   (e)2008年   (f)2014年

图 3.3 1976 ~ 2014 年色林错遥感影像监测

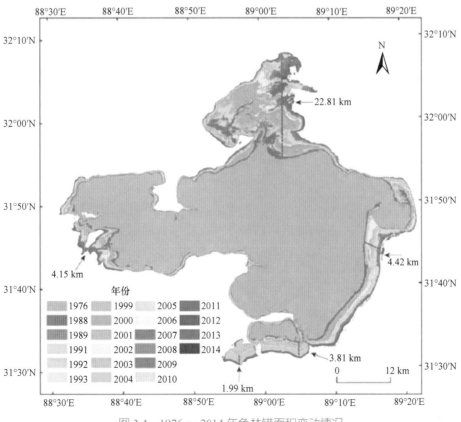

图 3.4 1976 ~ 2014 年色林错面积变动情况

表 3.4　1976 ～ 2014 年色林错各年份面积统计表

年份	面积 (km²)	年份	面积 (km²)	年份	面积 (km²)
1976	1679.911	2001	2014.54	2008	2301.161
1988	1753.616	2002	2063.507	2009	2330.384
1991	1814.634	2003	2122.813	2010	2349.389
1992	1815.849	2004	2153.267	2011	2370.803
1993	1821.047	2005	2244.368	2012	2379.063
1999	1908.646	2006	2254.18	2013	2381.619
2000	1948.622	2007	2275.484	2014	2391.563

湖泊面积增大的主要原因是气温升高导致上游冰川加速融化，也因为该区域人类活动影响极其微弱，故其成为近年来揭示全球气候变暖的关键证据的热点地之一。也正因为如此，突显了色林错区域在青藏高原湖泊群中的科学研究和整体保护的代表性和公益性价值。

3.2.3　冰川群

色林错流域及周边山系，山脊高度一般都在 5000 m 以上，海拔 5600 m 以上的山峰终年有冰雪覆盖，是青藏高原中部重要的冰川发育区，也是色林错湖群的主要水源。

色林错周边的冰川群属于亚大陆 / 亚极地型冰川，是全球中纬度地区发育规模最大的冰川群，其中，位于色林错东北部的普若岗日冰川是全球中低纬度地区最大的冰川，冰原面积为 400 km²。普若岗日冰川是除了南极、北极以外的世界第三大冰川，被誉为世界第三极，也是中低纬度地区最大的冰川（图 3.5）。经 1999 年中美科学家的联合考察，确定该冰川区的雪线为海拔 5620 ～ 5860 m，面积为 423 km²，同时向周围放射出 50 多条长短不等的冰舌，最低处海拔 5350 m，最高处海拔达到 6400 m。整个冰原是由一级级高度不等（相差数十米）的平坦区组成的，其中顶部平坦区面积为 150 km²，每个平坦区又由好几个冰帽组成冰雪物质源区。冰原中部、东部和南部各有一个平坦区，冰面坡度为零。冰川厚度在 400 m 以上。此外，冰川周围奇迹般地分布着绵延起伏的沙漠，以及几十个大大小小的湖泊，这种冰川、沙漠、湖泊并存的奇观世界罕见。无论是为科学家提供科考场所还是作为科普面向大众，普若岗日冰川都有着举世无双的优势。各拉丹冬雪山除主峰各拉丹冬峰以外，海拔 6000 m 以上的山峰有 40 余座，发育冰川 130 条，总面积达 790.4 km²，其中，姜根迪如冰川长 12.8 km，宽 1.6 km，是长江的发源地；各拉丹冬南侧的冰川是西藏最大的内流河——扎加藏布的发源地，也是色林错的主要补给河流。

位于色林错流域周边的唐古拉、各拉丹冬、吉热格帕、甲岗、巴布日等雪山的冰川，是色林错三大补给河流的发源地，这些雪山沿色林错南北平行分布，形成与湖群此消彼长、相互依存的生态系统和景观演变特征。研究显示，近年来色林错地区的冰川面积呈持续退缩状态，2000 年以后的退缩速率明显变大，其中，普若岗日冰川在 1992 ～

图 3.5　普若岗日冰川发育的冰面河与冰面湖[①]

2014 年退缩了 15.29 km²。本次考察研究发现[①]，补给色林错的冰川面积从 20 世纪 70 年代的 442 km² 减少到 2017 年的约 260 km²。2010 年以来，唐古拉冰川平均减薄 0.70 m/a，普若岗日冰川平均减薄 0.22 m/a。20 世纪 70 年代至今，唐古拉地区冰川面积减少了 9.5km²，普若岗日地区冰川面积减少了 26.1 km²，各拉丹冬地区冰川面积减少了 51.1 km²。2017 年和 2005 年相比，冰川变化极为显著，冰川表面发育有众多的冰面河和冰面湖，各拉丹冬峰地区冰川（除个别冰川有跃动现象）在过去 30 年间整体退缩，岗陇加玛冰川呈现加速退缩态势，姜根迪如冰川稳定退缩。遥感影像分析结果显示，1989 ～ 2016 年各拉丹冬峰地区岗陇加玛冰川面积一直处于萎缩状态，其萎缩速率为 0.02 km²/a。

　　从色林错区域南北两侧山体冰川来看，南部冰川因面积小，分布形态较为分散、破碎，无论是退缩比例还是年均退缩速率在各个时段都大于北部冰川。由此可见，色林错区域的湖泊群与冰川群是息息相关的命运共同体，对二者景观系统群的联合保护是对该区域生态系统完整性保护的基础。

3.2.4　珍稀物种群

　　色林错是青藏高原高寒草甸生态系统中珍稀濒危生物物种最多的地区，此次科考记录到大型有蹄类野生动物 8000 余只，以藏羚羊、藏野驴、藏原羚（*Procapra picticaudata*）为主，每百平方千米可达 30 ～ 50 只。共发现和记录鸟类 41 种，有 18 种是需要重点保护的类群[②]。其中，国家一级保护鸟类 2 种，为黑颈鹤和胡兀鹫（*Gypaetus barbatus*）；二级保护鸟类 5 种，分别为高山兀鹫、大鵟（*Buteo hemilasius*）、普通鵟、红隼（*Falco tinnunculus*）、猎隼（*Falco cherrug*）；IUCN 濒危等级 2 种，为黑

① 中国科学院青藏高原研究所，第二次青藏高原综合科学考察研究湖泊冰川分队科考报告，2017年。
② 中国科学院青藏高原研究所，第二次青藏高原综合科学考察研究生物分队科考报告，2017年。

颈鹤与猎隼。此外还有青藏高原特有鸟类6种，分别为渔鸥、棕背雪雀、棕颈雪雀、白腰雪雀、褐翅雪雀、地山雀；主要繁殖地分布于青藏高原的鸟类6种，分别为黑颈鹤、斑头雁、普通秋沙鸭、蒙古沙鸻、棕头鸥、普通燕鸥。申扎县色林错湖区生物多样性较为丰富，特别是有些种类，如高山蛙、温泉蛇是20世纪末的新发现（表3.5）。而鸟类的黑颈鹤、赤麻鸭（*Tadorna ferruginea*）、斑头雁（*Anser indicus*）、鸥类、兽类的藏羚、藏原羚、多种鼠兔、高原兔，不仅是青藏高原特有的种类，而且数量较多。根据科考资料，申扎县已有记录的脊椎动物中，哺乳类10科16属21种，鸟类26科104种，两栖类1科1种，爬行类2科3种，鱼类2科5种。

表 3.5 考察区野生动植物统计表（申扎县）

内容		科数量（科）	种数量（种）	国家重点保护种（种）		区重点保护种（种）	
				I	II	I	II
野生动物	哺乳纲	10	21	3	6	0	1
	鱼纲	2	5	0	0	0	0
	两栖纲	1	1	0	0	0	0
	爬行纲	2	3	0	0	0	0
	鸟纲	26	104	6	10	2	1
野生植物	蕨类植物	1	1	0	0	0	0
	裸子植物	2	3	0	0	0	0
	被子植物	37	293	0	0	0	0

黑颈鹤是色林错区域集濒危性、一级性、本地性（繁殖地）于一体的珍稀种群，是世界上现存15种鹤类中最为珍稀的种类，全世界仅存不到10000只，也是所有鹤类中唯一以高原为主要栖息地的种类（图3.6）。色林错自然保护区是世界上最大的黑颈鹤自然保护区，该保护区是全球黑颈鹤主要的繁殖地，每年仅申扎县湖区繁殖的黑颈鹤数量就在2600只以上。以黑颈鹤为代表的高原湖泊珍稀野生动物种群，是色林错区域自然原生生态系统的重要特征，也是色林错－普若岗日国家公园保护价值的重要体现。保护区除黑颈鹤以外，还生存着大量的棕头鸥、斑头雁、赤麻鸭等珍稀鸟类，目前保护区范围内已认定的鸟类达上百种。

黑颈鹤　　　　　　　　　棕头鸥　　　　　　　　　斑头雁

图 3.6 色林错的珍稀水禽

　　水生动物中，色林错裸鲤是色林错中唯一的一种裂腹鱼类，在长期的高原生活中，已经形成适应高原寒冷干旱生境的生存特征，如亲鱼在河流冰冻融化时上溯到河流中产卵，充分利用适宜繁殖的空间和机会；繁殖季节提前，延长适宜生长季节，提高越冬前稚鱼规格，有利于越冬；仔鱼倾向栖息在水温较高的浅水水域，仔稚具有强杂食性，是对高原水体饵料匮乏和季节性分布不均的饵料条件的适应。此外，因高原地区水生环境相对单一，鱼类天敌较少，加之高原湖泊河流水温低，鱼类生长迟缓，代谢也较为缓慢，因此寿命较长。

　　除了丰富的野生动物资源，该区分布有丰富多彩的垫状植物和高山冰缘植物。这类植物在北极高寒地区也有分布，但在西藏最为丰富，有 11 科 15 属 40 余种。常见的如雪灵芝属、点地梅属、虎耳草属、风毛菊属等。

3.2.5　草地系统

　　色林错区域是西藏重要的高寒草原和草甸分布区域，考察区草地面积为 3031 hm^2。草地的垂直分异显著，海拔 4800 m 以下的山坡、盆地、丘陵和湖成平原，主要存在以紫花针茅草原和羊茅、蒿属植物为优势种的群落；4800 m 以上，主要分布小蒿草、羊茅等组成的高山草甸植被；大致在海拔 5250 m 左右，高山草甸开始向高山冰缘植被过渡。从水平地带性上看，湖泊及河流周边，主要存在藏北嵩草和扁穗草组成的沼泽型草甸；在河湖边缘浅水带，则发育着红线草、黄花水毛茛等组成的水生植被；在一些山地阴坡及冲沟，生长着金露梅组成的高山灌丛群落（图 3.7）。

　　垂直地带性在不同的地区表现各异。羌塘北部主要植被是以青藏薹草、垫状驼绒藜、沙生针茅等植物占优势的荒漠化草原群落。海拔 4750 m 以下的山坡、阶地、干旱湖盆和宽谷，广泛分布着沙生针茅、沙生针茅 + 木亚菊、沙生针茅 + 短花针茅、沙生针茅 + 高原芥、沙生针茅 + 戈壁针茅等植被群落类型，同时还分布有固沙草群落和藏沙蒿群落等；海拔 4750 ～ 5100 m 的山坡分布有宽紫花针茅群落；海拔 5100 m 以上的山坡分布有紫花针茅和青藏薹草组成的群落，阴坡分布有小蒿草；海拔 5200 ～ 5300 m 的低山、丘陵和湖盆则生长着由青藏薹草和青藏薹草 + 垫状驼绒藜等群落、羊茅等组成的高山草甸植被；海拔 5300/5400 m 以上即过渡到高山冰缘植被。山地植被垂直带上的阴坡一般已很少见有高山草甸分布，而是荒漠草原带直接与高山冰缘植被相接。此外，在局部地区还见有小片的西藏沙棘、垫状金露梅和藏北嵩草等群落生长，并有匍匐水柏枝群落分布。羌塘南部海拔 4600 m 以下的滨湖沙地和湖周覆沙山坡发育有喜暖的白草和固沙草群落；在山坡坡麓多碎石的基质上则出现了由藏沙蒿、冻原白蒿、伊朗蒿、小球花蒿等小半灌木组成的草原植物群落；在滨湖山麓还发育有羽柱针茅群落。在海拔 4900/5300 m 以下排水良好的平缓山坡、河流阶地和湖成平原上，以紫花针茅群系为主的高原草原广泛发育，植被发育较好，平均盖度在 30% ～ 40%。在植被组合中，除占有绝对优势的紫花针茅群系以外，海拔 5300 m 以上地带分布着由一些适冰雪的风毛菊、红景天、嵩草、虎耳草、龙胆等属植物组成的稀疏不连续的斑状植被，它们可一直生长至海拔 5700 ～ 5900 m 的永久雪线附近。

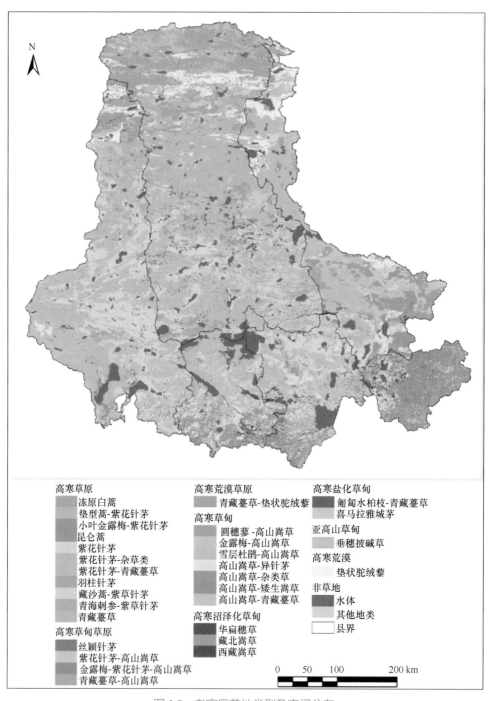

图 3.7 考察区草地类型及空间分布

　　色林错草地生态环境敏感而脆弱，草地生态系统在调节气候、涵养水源、防风固沙和改良土壤等方面承担着重要角色。作为高原野生动物的乐园，色林错草地也维系着西藏自治区人民赖以生存发展的畜牧业生产，承担着传承草原文化的重任。近年来，随着全球气候变暖、干旱及过度放牧，草地生态系统退化严重，植物种群发生变化，生物多样性下降，植被盖度减小，优良牧草数量减少，有毒、有害草种群数量增加，草地生产力降低，草地植物变矮、变劣、变稀，草地植被演替过程加剧。因而，这里正在成为研究高山草原、高山草甸生态保育及人类活动效应的代表性区域。

3.2.6　湿地系统

湿地是色林错区域的主要生态系统及景观类型，包括湖泊、河流、沼泽等，其中湖泊湿地面积为 521.2 km²，约占湿地总面积的 29.3%；河流湿地面积为 937.0 km²，约占湿地总面积的 52.6%；沼泽湿地面积为 231.0 km²，约占湿地总面积的 12.9%。

色林错区域以河湖相沉积、侵蚀地貌为主，主湖色林错湖相台地和湖积平原广泛分布，湖积平原坡上砂砾堤发育，南岸最明显，多达几十条，最长可达 40 km。流域内有扎加藏布、扎根藏布、波曲藏布三条主要河流，分别于色林错北、西、东三面汇入湖泊。扎加藏布是西藏最长的内流河，发源于各拉丹冬、吉热格帕等雪山，是色林错的主要水源，于色林错北岸入湖；扎根藏布发源于格仁错东部的甲岗雪山，于色林错西岸入湖；波曲藏布发源于巴布日雪山，于色林错东岸入湖。三条河流在下游及河口入湖区均形成大片湿地，并与湖群一起形成颇为壮观的河湖湿地群。

色林错沼泽属于藏北沼泽区域，藏北沼泽有淡水沼泽与盐碱沼泽两大基本类型，主要沼泽植物为西藏蒿草、藏北嵩草及高山灌丛（图 3.8）。色林错沼泽是以藏北嵩草为主要植被类型的沼泽，受色林错咸水的影响，湖周围的沼泽地大多含盐量稍高，形成微咸水沼泽；远离湖泊的沼泽发育有淡水沼泽。色林错南岸地势低平，发源于山区的短小河流漫散于此，形成色林错主要沼泽分布区。位于色林错西南的湖泊群为永珠藏布的源头，河流出湖处的色林村附近也有大片沼泽分布。

总体上看，色林错区域为一典型的高原湿地区域，其典型性主要表现在湿地面积大、分布范围广；高原湿地多样性发育较好、地貌及景观类型的代表性强；湿地类型及各要素之间联系紧密，共同构成一个相对完整的高原湿地系统。整个系统的地貌特征、植被类型、动物分布均受湿地类型及其分布格局的影响，冰川融水是湿地的主要

图 3.8　色林错沼泽

水源，河流与湖泊冲积、沉积作用造就了湿地整体的空间格局，也形成了高原特有的动植物生境，为鸟类和高原生物提供了栖息场所。因此，对色林错湿地整体性和多样性的保护，不仅是对青藏高原独有的自然遗产的保护，而且也是对依赖湿地系统生存的民族文化遗产的传承，也对西藏乃至国家生态安全体系的建设和全球生态平衡的维护具有重要意义。

3.2.7　自然生态系统特征

（1）原真性

色林错区域生态系统原真性主要表现在 3 个方面。

1）生态系统基本处于原始状态。西北部为羌塘无人区，东北部为三江源，绝大多数地区为海拔在 4500 m 以上的不适宜人居、人迹罕至区，人类活动的扰动极其微弱。

2）生态系统保持着纯自然的演化过程。冰川与湖泊系统的消长、野生动植物种群的繁盛败落、草地生态系统的退化和现阶段全球气候变化之间保持着最直接的联系。

3）生态系统的自然演化序列历史久远且保存完整。考察区保存着自古生代以来的地质和生态系统变化的完整记录，这些记录中许多还处于未被发掘的状态。

（2）代表性

色林错区域生态系统代表性主要表现在 4 个方面。

1）全球亚大陆／亚极地型冰川发育的代表性地区。拥有中纬度地区规模最大的冰川群和单体规模最大的冰川体。

2）青藏高原地区高寒草甸生态系统珍稀濒危生物物种最多的地区。黑颈鹤是色林错区域集濒危性、一级性、本地性（繁殖地）于一体的珍稀种群，色林错黑颈鹤国家级自然保护区是全球黑颈鹤主要的繁殖地。

3）青藏高原地区高原湖泊分布最密集的地区。湖泊数量多，连续分布，单体湖泊面积最大。

4）青藏高原地区湿地生态系统最典型的区域。湿地类型丰富，地带性景观突出，系统内部联系紧密、自成一体。

（3）公益性

色林错区域生态系统公益性主要表现在 5 个方面。

1）揭示青藏高原地质演变历史最清晰的地区之一。拥有相对完整的解释青藏高原隆起过程的地层剖面，在了解青藏高原地质历史、全球生物圈早期演化，以及青藏高原隆起后第三极地区的气候、水文等自然要素的形成机制等方面具有显著科学价值。

2）色林错区域是全球气候变化的最典型地区之一。地处第三极的中央地带，人类活动干扰微弱，是对气候变化最敏感的地区之一。

3）亚洲水塔的重要组成部分。各拉丹冬雪山是长江的发源地，也是西藏最大的内陆河扎根藏布的发源地，东南部的那曲是怒江上游的主要支流。

4）全国生态安全保障的重要地区。色林错区域生态极度脆弱，一方面对宏观尺度的自然环境变化极其敏感，另一方面也对中微观尺度的人类活动扰动极其敏感，无论是处在初级发展状态的农牧业活动，还是处于较高级发展状态的基础设施、城镇建设，生态遭到扰动后的可逆性很小。

5）西藏民生安全保障的重要地区。色林错区域是西藏主要的高寒草原和草甸分布区，湿地面积最大、类型最丰富，是藏北高原野生动物、农牧民长期赖以生存的重要场所，近年来湿地面积的变化、牧场草地质量的下降和超载使其成为民生安全保障研究的重点关注地区。

3.3　人文状况、特征及成因

3.3.1　人文概况

1. 人文背景

根据从色林错东南岸古湖滨阶地采集的石器判断，早在 2 万～3 万年前（袁宝印等，2007），色林错区域就有原始人类在此繁衍生息，是青藏高原内部人类活动最早的地方，也使该区域成为一个具有丰厚沉积层的文化沃土。在漫长的历史长河中，在藏北高原自然生态条件下，该区域形成了众多深厚而独特的文化现象，其中象雄文化被称为西藏的根基文化。

色林错区域留存有石器文化遗址、象雄文化遗址、藏传佛教文化遗址、红色文化遗址等；有孔雀舞、锅庄舞、果谐、哲噶尔说唱艺术等民间文艺形态；有岩画、壁画、石刻、雕塑等艺术形式；有那仓服饰、绵羊驮盐等独特的民风民俗等。该区域内居民在应对生存挑战、适应生活环境过程中形成了积极乐观、顺应自然、赞美山水、热情奔放、热爱生活的文化性格。

2. 文化遗迹

色林错区域拥有众多石器文化、象雄文化、红色文化，以及其他历史文化遗迹。其中一些遗迹的历史久远，如尼玛县玉本寺距今已有 3000 多年的历史；尼玛县曲措寺主供佛"西热玛森"已有 1300 多年的历史等。许多遗址的历史、文化、科考价值突出，如班戈细石器遗址、当惹琼宗遗址等（表 3.6）。

历史上，古象雄王国有两座最引人注目的城堡，分别为阿里地区的穹隆银城和色林错区域范围内尼玛县当惹雍错湖畔的当惹琼宗，其留存的建筑特色鲜明（图 3.9）。文布南村有 31 间古象雄石屋，具有千余年历史，所有房屋建筑都用岩石或片石砌成，砌墙技术达到很高水平；在当惹琼宗遗址周边的山谷里还发现一些做工精致的农田灌溉设施废墟，这对揭示藏北区域过去的社会生产有重要意义。

表 3.6　色林错区域重要文化遗迹

类别		文化遗迹
石器文化遗迹		那农石器、迪卓石器等，琼宗遗址、班戈细石器遗址、申扎县下过石器及多格则石器遗址、申扎县娘木底史前石器遗址、申扎县雄梅镇尼阿底遗址
象雄文化遗迹	建筑遗址遗迹	申扎县扎贡宗遗址、尼玛县当惹琼宗遗址、尼玛县巴玛宫达遗址、尼玛县巴玛废墟、尼玛县阿叶色达残塔、尼玛县达青废墟、尼玛县岗隆宫达遗址、尼玛县文布村石房子
	岩画	申扎县纳木羊岩画、申扎县洛奔菩岩画、申扎县吉忠岩洞岩画、申扎县噶尔苏洞岩画、申扎县衮若玛丁岩画、申扎县沃色洞岩画
	古墓葬	色尼区江久墓葬群、色尼区衮如墓葬群、色尼区荣龙墓葬群、安多县坚村托布墓葬群、班戈县热钦墓葬群、班戈县亚日墓葬群、申扎县色龙墓葬群、申扎县峨让墓葬群、申扎县那冬墓葬、申扎县江若墓葬群、尼玛县玛波达确墓葬群
	石碑	班戈县多米郎石碑、申扎县那冬石碑、申扎县多仁石碑、申扎县雍噶石碑
	其他	尼玛文布南村中象雄瞭望台遗址、尼玛县文布南村雍仲苯教修行洞、尼玛县文布村石房子内壁画
红色文化遗迹		班戈县革命烈士陵园、色尼区革命烈士陵园
其他历史文化遗迹		拔绒寺遗址、尼玛县加林山岩画、尼玛县荣玛岩画、班戈县其多山洞穴岩画、申扎买巴洞穴岩画、尼玛县里木国王王宫遗址、安多县芒病山墓地、七卡石棺藏、其布隆沟墓群、那曲杜康大殿、班戈古穷寺、尼玛赛康神殿遗址、尼玛白石碑遗址、尼玛县卓尼乡夏桑岩画、尼玛县玉本寺、尼玛县多玛村曲措寺

图 3.9　当惹琼宗遗址及文布南村石屋

3. 民风民俗

色林错区域民风民俗体现在居民服饰、信仰、生产、生活、节庆等方面。色林错区域牧民的服饰文化具有鲜明的地域特色和民族风格。例如，尼玛县那仓服饰不同于藏北其他地区，其层次多样、色彩丰富，具有鲜明的古象雄服饰文化内涵；申扎县巴扎服饰仍保留 20 世纪 40 年代的风格，传统的色彩非常浓厚（图 3.10）。

早在公元前 1 世纪左右，尼玛县就在藏区最早产生了雍仲苯教，一直到公元 7 世纪，雍仲苯教都是整个吐蕃地区的唯一宗教和信仰基础。

色林错区域还有一些独特的生产生活方式，如尼玛县的绵羊驮盐、当惹雍错湖边海拔 4600 m 以上的农田灌溉设施，以及当地手工编织碗套、申扎牧鞋制作技艺等都反

图 3.10　申扎县巴扎服饰与尼玛县那仓部落文化

映了十分独特的生产生活现象。赛马节、藏历新年、宗教庆典等当地较丰富的节庆活动则是访客了解色林错区域民风民俗的重要窗口（表 3.7）。

4. 民间艺术

色林错区域的民间艺术包括文布果谐、班戈谐钦、邻国舞蹈、尼玛孔雀舞等舞蹈艺术；班戈昌鲁、安多县采盐歌，尼玛县剪羊毛歌、尼玛哲噶尔说唱、申扎泥笛、申扎评马诗等音乐说唱艺术；唐卡、泥塑、木雕、石刻等手工艺术，以及跑马射箭、赛马、赛牦牛等竞技艺术等。其中文布果谐、尼玛孔雀舞、尼玛哲噶尔说唱等富有特色。例如，文布果谐是从古老象雄宗教祈祷仪式中逐步演变而成的民间歌舞。尼玛孔雀舞男女对唱、歌舞相融、自娱自乐、风格独特、技巧难度高，保留着独特的个性，表现了当地居民对生活的讴歌和对美好未来的向往。尼玛哲噶尔按照现身说法的形式，叙述表演者看到及遇到的众多喜事，语言通俗易懂，随意性很强，艺术手法表现夸张（图 3.11）。

5. 重要遗产

色林错区域的重要遗产主要包括各级文物及非物质文化遗产。其中文物主要有班戈县其多山洞穴岩画、尼玛县文布寺、安多芒森山墓地等；非物质文化遗产主要有藏族民歌班戈昌鲁、尼玛谐钦、班戈县肝下垂铜镜疗法等（图 3.12）。

其中，其多山洞穴岩画有许多已成经典的图像，其中一幅为狩猎野牦牛图，准确的躯体轮廓和肢体语言将牦牛临死前的痛苦表现得非常到位；尼玛县文布寺是藏北地区年代最久远、保存最完好的苯教寺庙之一，苯教的错钦大殿内有古老陈旧的金汁经书，精彩绝伦的壁画唐卡；班戈昌鲁（侠盗歌）是藏北民歌的基本体裁之一，具有歌腔自由舒展，曲调高亢嘹亮，节奏自由等特征，真切地反映出了旧社会生活情景，具有明显的反封建礼教意义和较强的艺术感染力（表 3.8）。

表 3.7 色林错区域的民俗、信仰、艺术等

类别		具体人文要素名称
民风民俗	服饰	那仓服饰、申扎县巴扎服饰
	信仰	尼玛当惹供奉鲁神仪轨、尼玛县多神灵崇拜和祭祀（象雄文化特色）
	生产	尼玛县荣玛绵羊驮盐、挤奶、打酥油、捻毛线、擀毡、织毡
	生活	吸鼻烟、尼玛吉瓦五村手工编织碗套，文布雍玛，尼玛那仓部落时期的毫陶瓷瓶、木勺、木盆、鼻烟壶、藏斗、木质藏牌、申扎牧鞋
	节庆	尼玛开耕节、恰青赛马节、藏历新年、宗教节庆
宗教场所	色尼区	格鲁派：孝登寺、桑登林尼寺、夏荣布寺、吾托寺、达仁寺、乃聂寺 噶举派：巴荣寺、达那寺、仲俄寺、宁布穷仓寺、土桑强秋林寺、嘎登寺 宁玛派：昂前寺
	安多县	格鲁派：乃母寺、白日寺、多玛寺、宗巴尼寺、唐卡寺、卓古寺、雪穷寺、穷宗那确寺
	班戈县	格鲁派：扎军寺 噶举派：嘎穷寺、嘎登寺、扎嘎"日追寺"、东多寺 宁玛派：多加寺、萨姆寺、果穷寺 苯教：普巴寺
	尼玛县	格鲁派：德庆觉美林 噶举派：当琼寺、门康寺 苯教：文布寺、玉本寺、达果色西寺、曲措寺
	申扎县	格鲁派：拉龙寺、申扎嘛呢寺、强革寺 噶举派：东热寺、夏瓦寺、鲁仓寺 宁玛派：色布寺、空地寺、卡龙寺
	双湖县	买玛拉康、索嘎拉康
民间艺术	歌舞艺术	班戈谐钦、邻国舞蹈、尼玛文布锅庄、文布果谐、尼玛孔雀舞、申扎卓谐、故尔鲁、堆巴谐巴、热巴、达普阿谐
	音乐说唱	剪羊毛歌、尼玛哲噶尔（说唱艺术）、喇嘛嘛尼（说唱）、申扎泥笛、申扎评马诗
	手工艺术	唐卡、泥塑、木雕、石刻
	竞技艺术	跑马射箭、赛马、赛牦牛

图 3.11 尼玛县说唱艺术及班戈县谐钦舞蹈

图 3.12　国家级文物保护单位班戈其多山洞穴岩画

表 3.8　色林错区域的主要文物及非物质文化遗产

重要遗产		非物质文化遗产名称
文化物质遗产	国家级	班戈县其多山洞穴岩画
	自治区级	申扎县买巴洞穴岩画、尼玛县文布寺、那曲烈士陵园、安多芒森山墓地
	县级	色尼区孝登寺、申扎县夏瓦寺、申扎县热德拉康、申扎县东热寺、申扎县强革寺、申扎县吉琼拉康
非物质文化遗产	国家级	藏族民歌（班戈昌鲁）、谐钦（尼玛谐钦）、藏族服饰（安多县服饰）
	自治区级	安多县采盐歌、藏北班戈谜语、藏北班戈谚语、安多县剪羊毛歌、安多县藏族传统绘画写实派、藏北安多谚语、藏北双湖谚语、安多鹰笛艺术、班嘎县岭卓、尼玛文布果谐、安多县眼罩编织技艺、藏北双湖县传统性畜治疗法、班戈县肝下垂铜镜疗法

3.3.2　人文生态系统特征

1. 文化传统原真性较强

色林错区域文化传统的原真性特征体现在历史本真性、习俗本真性、观念纯真性 3 个方面。

1）历史本真性突出。色林错区域文化所反映的历史久远，使 1000 多年前的中象雄文化得到较真实体现。

象雄文化是西藏传统文化中最具有原生性的文化，其对于文化溯源、原生态文化认知具有突出意义。第一，文布村一处石头房子中现仍留存的壁画体现了象雄时期国王、王妃和大臣的形象。班戈县舞蹈谐钦（国家级非物质文化遗产）则早在远古象雄时期牧民生产劳动中自编自演形成，具有一定的历史久远性，且仍在民间广泛流传。班戈民歌昌鲁也反映了旧时的生活情景。第二，象雄王朝所孕育的苯教是藏族原生宗教，在礼仪规范、天文历算、藏医等方面体现了藏族的原生文明，而文布附近的玉本寺是藏区原生宗教苯教最早的寺院，距今已有 3000 多年的历史，较完好地保留着与象雄文化有关的历史遗存，且目前仍在进行象雄宗教信仰仪轨。当惹雍错湖东岸的曲措寺建于公元 444 年，寺院内的主供佛"西热玛森"已有 1300 多年的历史，目前其以藏有大量苯教古籍而著称；文布寺旧庙大殿则拥有几幅苯教寺院中仅存的壁画。

2) 习俗本真性明显。色林错区域习俗传统而古朴，反映了藏北高原独特的生活方式和人地关系。

班戈县周边舞蹈形式古朴，没有乐器伴奏，动作简单、歌词通俗，表现了色林错区域居民朴素的生活方式，原生态特征明显；班戈县的剪羊毛歌真实反映了藏北高原的牧业文化，体现了具有鲜明特色的人地关系；那仓服饰不同于藏北其他地区，具有鲜明的古象雄服饰文化内涵，同时与当地的自然环境、气候条件、生产和生活方式密不可分；旧时的尼玛哲噶尔（说唱艺术）表演者绝大部分是来自当时社会最底层最贫困的乞丐，其颂词是一连串吉祥的祝福，体现了旧时一些居民的生活状态和社会现实；尼玛县的碗套则较原真性体现了象雄时期色林错区域人的生活细节，当地每个人都要特别配置自己的碗，随身自带，因为到别处去别人不会提供碗，为了方便自己携带，所以制作了碗套。海拔4500 m以上的农耕文化为尼玛县当惹雍错湖畔所特有的，该处宽阔的湖面和周围的雪山营造了一片温润的小气候，适于青稞生长，形成了藏北高原农耕文化的奇特景观，文布开耕节便是这种农耕文化的体现。那仓文化绵羊驮盐则反映了藏北牧区一种古老的生存交易劳作方式。

3) 观念纯真性较强。具有相对淳朴、和谐、诚信、友善的民风，塑造了值得弘扬的人际生态文明。

在与严酷自然条件长期斗争中，色林错区域的居民形成了乐观、平和的生活态度；长期朴素的游牧生活使当地居民形成了诚信、友善的性格特征；当地居民"顺应自然、珍惜生命、和睦相处"的思想观念与当前的生态文明思想高度吻合。这些都是对社会主义核心价值观很好的体现，值得弘扬和推广。

2. 文化元素代表性突出

文化元素代表性是指特定文化现象能反映某类文化特征的程度。色林错区域典型的高寒高原特征及典型的高原人地关系决定了该区域人文生态在青藏高原上的代表性。

1) 在象雄文化方面的代表性突出。西藏象雄文化遗存在藏西北地区最为典型，而藏西北区域的象雄文化遗存主要分布在色林错所在区域及阿里区域，如表2.1所示，色林错区域有象雄文化遗址32处，而阿里地区的象雄文化遗址为14处（分别为札达县萨让戊甲城堡、觉墨日让寺，改则县达日岩洞岩画、洁色墓葬群、达根恰那墓葬群、日炯坚墓葬群，噶尔县曲那多墓葬群，普兰县夏尔玛墓葬群，阿里地区察布乡年达隆石碑，改则县洁色石碑，噶尔县曲那多石碑，普兰县甲尼玛石碑、甲登波石碑、夏尔玛石碑等）。因此，色林错所在区域的象雄文化更具有代表性。

历史上，古象雄王国有两座最引人注目的城堡，分别为阿里地区的穹隆银城和色林错区域范围内尼玛县当惹雍错湖畔的当惹琼宗。当惹琼宗留存的建筑特色鲜明，所有建筑都用岩石或片石砌成，砌墙技术达到很高水平；其中文布南村独具特色的石屋是至今能跟象雄文化有直接传承关系的为数不多的文化遗产，而这种石屋在文布南村随处可见。

2）在高寒区游牧文化方面的代表性突出。色林错区域游牧文化的代表性是由其自然环境条件所决定的。色林错区域耕地面积接近零，阿里地区有耕地 2.6 万亩[①]，日喀则市、那曲其他县、山南市的耕地面积分别为 125 万亩、8 万亩、454 万亩。色林错区域平均海拔达 4825 m 以上，年均气温仅为 −2.3℃；而阿里地区、日喀则市、那曲其他县、山南市的平均海拔分别为 4125 m、4000 m、4500 m、3700 m，平均气温分别为 0℃、0℃、−2.1℃、6℃。色林错区域典型的高寒气候特征孕育了有突出代表性的高寒游牧文化。

3）在原生态文化方面的代表性。色林错区域人均土地面积为 2.7 km^2，阿里地区、日喀则市、那曲其他县、山南市的人均土地面积分别为 3.17 km^2、0.24 km^2、0.75 km^2、0.22 km^2。同日喀则市、那曲其他县、山南市等地相比，色林错区域地广人稀，生态原真性强。阿里地区的年均降水量比色林错区域低 160 mm 左右，同阿里地区相比，色林错区域的生态原真性体现在其拥有原生态的野生动物生境，拥有大面积集中连片的无人区，以及拥有大面积的原生态湖泊湿地等。

3.3.3　对国家公园的支撑

1. 色林错区域人文特征符合建设国家公园的基本要求

根据中共中央办公厅、国务院办公厅印发的《建立国家公园体制总体方案》（2017），国家公园体现生态原真性、具有国家代表性、体现社会公益性，要彰显中华文明。而色林错区域文化具有一定的历史本真性、习俗本真性、观念纯真性，在象雄文化、高寒区游牧文化、原生态文化方面有突出的代表性，区内宗教文化活动场所具有重要公共服务功能。象雄文化是中华多民族多元文化的远古起源之一，可彰显中华文明，其对于文化溯源、原生态文化认知具有突出意义；区域典型的高寒游牧文化、原生态文化是中华民族博大精深、丰富多彩文化体系的重要构成部分。总之，色林错区域的人文特征与建设国家公园的要求有一定契合度。

2. 区域文化传统能体现国家公园的生态文明思想内涵

国家公园以生态文明为基础，体现生态文明精神、弘扬生态文明思想。色林错区域居民尊重和崇拜自然、爱护生态、保护生灵的文化传统体现了一种重要的生态文明内涵。当地居民生产、生活等人文活动中也蕴含着一些值得弘扬的生态伦理思想和生态智慧。因此，色林错区域能从生态文明思想观念方面为国家公园建设提供相应支撑。

3. 区域文化保护诉求为国家公园建设提供了动力支撑

色林错区域的重要文物、非物质文化遗产等是重要的人类财富，需要被保护。而

---

① 1亩≈666.67 m^2。

国家公园以保护有价值的自然及人文生态为主要功能，而且国家公园模式是世界上通用的一种生态保护模式，其可通过严格的限制性开发来协调好生态保护同资源利用之间的关系。因此，区域文化保护诉求也为色林错－普若岗日国家公园建设奠定了一定的合理性基础。

第 4 章

色林错区域自然与人文生态价值评估

4.1 评价依据与方法

4.1.1 评价依据

资源类型的划分和评价是国家公园建设的基础工作，直接决定着国家公园建设过程中的功能区划分、资源权属与利益调整、保护与游憩利用等后续工作的展开。世界上国家公园资源的分类主要基于资源本身的不同性质和类型进行划分，如英国、德国、新西兰、日本等，也基于资源脆弱性、资源利用功能及人为干扰程度进行划分，并突出游憩景观资源特点，以及注重游憩活动对自然资源的利用。

不同国家公园资源评价标准各有特色，如美国国家公园资源评价包括全国性意义、适合性和可行性 3 个主要标准。全国性意义必须具有 4 类特征，即某种特殊资源类型的典型特征、自然文化主题的解释说明具有特殊价值或品质特征、可游憩利用及科学研究、完整且破坏较小的资源典型特征；适合性要求某类自然文化主题或游憩资源类型具有不可替代性，适用于现有的国家公园体制；可行性标准要求资源的规模足够大、结构适当，同时土地所有权归属、费用、人员开发需求等因子也需考虑。加拿大国家公园资源评价的 4 个主要标准包括在动植物和地质地形等方面的区域代表性和独特性、生态系统完整性，以及受人类影响较小的特征。德国国家公园资源评价包括区域资源的独特性、自然保护区规范的符合性、受人类影响较小 3 个标准。日本国家公园资源评价将内殊性和典型性、资源要素的突出特征、保护程度的必要性，以及风景道的利用程度作为评价标准，同时也会考虑自然景观的知名度、代表性及自然原始性。

西藏自治区是青藏高原的主体部分，是地球上一个独特的地理单元。其自然条件独特、资源丰富，既有绵延千里、耸立云霄的高山雪峰，相间着巨大的盆地和坦荡开阔的宽古，又有一望无垠的高原、星罗棋布的湖泊，以及水流湍急、陡峭深邃的峡谷。长期以来，青藏高原以其自然历史发育的年轻、丰富多彩的自然景观及其对周围区域的巨大影响，强烈地吸引着外界。此外，西藏自治区同时拥有独特的人文历史环境。因自然环境和社会文化的双重特性，藏族自古以来和外界沟通较少，比较完整地延续了历史传统，保持了自身个性。其民族历史、宗教文化、民俗风情、传统的历史建筑、文化艺术、社会特征及历史遗迹都与世界其他地区显著不同。西藏自治区无论是自然环境还是人文环境都展示出自身独特的魅力，吸引着国内外游客，其必将成为举世罕见的、品位极高的旅游资源。

西藏自治区绝大多数地区处于海拔 4500m 以上的高寒地带，普遍生态环境恶劣，生物生产力低下，高寒灌丛、草原及荒漠被破坏后恢复困难。青藏高原的野生动物也因生态环境恶劣、生殖率低和易受雪灾等自然灾害的影响，以及受人类活动影响衰落之后，恢复缓慢。总之，其自然生态系统抵御人为和自然破坏压力的弹性系数较小，容易受到损害。因而在西藏自治区建立国家公园，要以生态保护为主。

综上，对色林错－普若岗日国家公园的评价将主要从当地游憩资源的世界独特性、原生性及生态系统保护的限制性两个方面进行。

4.1.2　评价方法

在色林错–普若岗日国家公园资源价值评估过程中，把定性评价与定量评价相结合，定性评价主要通过横向比较分析，对色林错–普若岗日国家公园的国家代表性进行评价，确定其核心价值所在。定量评价主要采用生态系统评价模型和社会经济发展模型对公园内资源价值进行定量评价，评价方法和评价技术流程如图 4.1 所示。

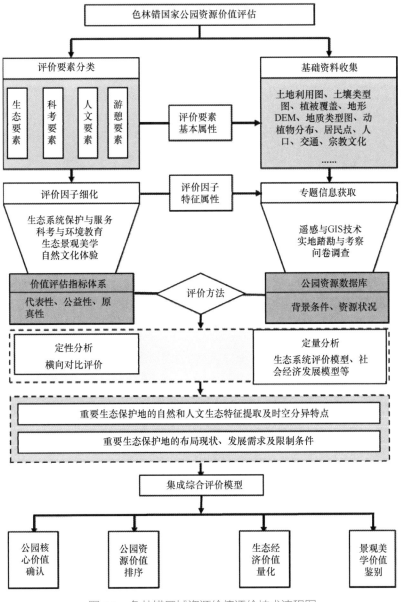

图 4.1　色林错区域资源价值评价技术流程图

4.2 要素分析

4.2.1 生态资源要素

（1）植被

隐域性植被比较发育，滨湖及宽谷砂砾地上经常出现由三角草、青藏薹草组成的河漫滩草甸；滨湖轻盐渍化湿地还见有由赖草、细叶西伯利亚蓼等组成的盐生草甸；在湖滨、河边的过湿地或积水地则广泛发育着由藏北嵩草、扁穗草等组成的沼泽草甸或沼泽；在矿化度较低的淡水湖泊生长着由红线草、黄花水毛茛等组成的水生植物群落。

（2）野生动植物

以申扎县为例，申扎县已有记录的脊椎动物包括哺乳类 10 科 16 属 21 种，鸟类 26 科 104 种，两栖类 1 科 1 种，爬行类 2 科 3 种，鱼类 2 科 5 种。申扎县色林错湖区生物多样性较为丰富，特别是有些种类，如高山蛙、温泉蛇是 20 世纪末的新发现。而鸟类中的黑颈鹤、赤麻鸭、斑头雁、鸥类，兽类中的藏羚、藏原羚、多种鼠兔、高原兔，不仅是青藏高原特有的种类，而且数量较多。例如，每年在申扎县繁殖的黑颈鹤数量在 2600 只以上。国家和自治区一级保护野生动物有黑颈鹤、雪豹（*Uncia uncia*）、藏羚、盘羊（*Ovis ammon*）、藏野驴、藏雪鸡（*Tetraogallus tibetanus*）、胡兀鹫、玉带海雕（*Haliaeetus leucoryphus*）、白尾海雕（*Haliaeetus albicilla*）、秃鹫（*Aegypius monachus*）、喜山兀鹫 11 种，国家和自治区二级重点保护野生动物有棕熊（*Ursus arctos*）、藏狐（*Vulpes ferrilata*）、水獭、荒漠猫、猞猁（*Lynx lynx*）、兔狲（*Felis manul*）、藏原羚、盘羊、岩羊、猎隼、大鵟、红隼、鸢、草原雕、藏雪鸡、雕鸮、纵纹腹小鸮、西藏毛腿沙鸡 18 种。申扎县已有记录的高等（不含苔藓）植物有 40 科 297 种。

4.2.2 科考资源要素

（1）地质

地质构造。该研究区域属于西藏北部的藏北地区构造系，即班公错—东巧—怒江一线以南和雅鲁藏布江以北，其中冈底斯山、念青唐古拉山位于本区域南部，成为北部内陆湖盆和怒江与雅鲁藏布江水系的分水岭，此构造区域在地貌上和在地质构造上表现很不均匀，主要由一些不规则的断块组成，具有陆壳性质和寒武纪硬结的基底，总的特点是南高北低或南翘北陷。

地质演化。色林错公园的地质演化过程经历了古生代、晚三叠世、晚白垩世、古近纪及中新世等 9 个演化时期，由最开始的两个古大陆和其中间隔的原特提斯洋经过一系列断裂和青藏高原地区的印支运动、燕山运动后，该研究地区成为一个统一体，后续的喜马拉雅运动及新世纪时期的青藏高原的继续抬升，形成该研究区现在典型的湖盆区地形。

（2）地层分区

色林错国家公园内地域辽阔，根据区域地质调查成果，境内的地层可分为 3 个地层区和 8 个地层分区。分别是南昆仑—巴颜喀拉地层区（可可西里地层分区、若拉岗日地层分区）；羌塘—三江地层区（北羌塘地层分区、南羌塘地层分区和木嘎岗日地层分区）；冈底斯—念青唐古拉山地层区（班戈—八宿地层分区、措勤—申扎地层分区和拉萨—察隅地层分区）。

（3）典型地貌

色林错区域属于青藏高原核心部位，主要包括羌塘地区和怒江河谷地带的地貌特征及冰川地貌。平均海拔在 4500m 以上，整体地势为北高南低，大致以各拉丹冬雪山至那曲一线为界，为藏北高原湖盆区地貌。除了一些极高山，如昆仑山脉、可可西里山、唐古拉山脉、念青唐古拉山以外，大部分山顶海拔在 5200 ~ 5400m，构成所谓的"高原山顶面"。

色林错国家公园内蓝天、雪山、冰川、草原、湖泊、牛羊、城镇的有机结合，成为最壮观的、天地之大美的第三极高原景观；内陆湖泊星罗棋布，是世界上湖面最高、范围最大、数量最多、色彩变化最为丰富的高原湖泊集聚区，其中色林错是西藏第一大湖泊，也是最大的咸水湖，面积为 2.39 km^2；该区域还有面积最大的陆地冰原，面积为 4.99 万 km^2，并有冰斗—悬冰川 、冰斗—冰川、冰斗—山谷冰川、山谷冰川—坡面冰川、冰帽或平顶冰川等类型最丰富的冰川；区域内保存有最完整的记录了青藏高原隆起全过程的化石（表 4.1）。

（4）环境变化典型地区

《西藏高原环境变化科学评估》显示，该区域环境变化的突出特征是变湿和变暖，过去 50 年，该区气温平均每 10 年增加 0.32℃，由于气候变暖，水循环加强，冰川加剧退化，冰川总面积变小。过去 30 年青藏高原及其相邻地区的冰川面积由 5.3 万 km^2 缩减至 4.5 万 km^2，退缩了 15%，色林错的面积超过了纳木错，成为西藏自治区面积最大的咸水湖。

表 4.1　色林错区域典型地貌要素

科考要素	特征
最为壮观的第三极	冰川、湖泊、草原、高山有机组合
面积最大的陆地冰原	面积为 4.50 万 km^2
地质演化过程最全	区域内保存有记录了青藏高原隆起全过程的化石
最高的县城	双湖县，平均海拔为 5000m
冰川类型最丰富	包括悬冰川、冰斗—悬冰川、冰斗—冰川、冰斗—山谷冰川、山谷冰川—坡面冰川、冰帽或平顶冰川等

资料来源：那曲地区地方志编纂委员会 . 那曲地区志 . 北京：中国藏学出版社，2012 年 .

4.2.3　人文游憩要素

（1）概述

色林错国家公园内人文要素资源非常丰富，包括稀有的人文景观资源、丰富多彩的民俗风情、古老的信仰，以及涵盖舞蹈、音乐、绘画、曲艺等多种形式的艺术活动，还有大量的历史文物遗迹和古老而神圣的宗教文化（表 4.2）。

表 4.2　色林错区域人文资源要素分类

中类	小类	县（区）	特色或形式
典型人文景观资源	恰青赛马节	那曲地区	融体育、艺术、商贸为一体的群众性活动
	荣玛岩画	尼玛县	加林山岩画，有单只或成群的牛、羊、马等
	扎嘎尔琼宗	尼玛县	古象雄国里木国王的王宫遗址
	孝登寺	那曲县①	祈福消灾
民俗	生产民俗	那曲地区	挤奶、打酥油、捻毛线、擀毡、织毯、驮盐等
	社群民俗	那曲地区	以家庭为单位进行活动
	岁时民俗	那曲地区	藏历新年、跑马射箭、宗教节日等
	游艺民俗	那曲地区	说故事、唱民歌、仲谐、故尔鲁、堆巴谐巴等
信仰	各种宗教		苯教、藏传佛教、格鲁、宁玛、噶举派等
艺术	音乐		民间、宫廷、宗教、戏剧等音乐和创造歌曲
	舞蹈		"果谐"、热巴、"达普阿谐"及舞台歌舞等
	曲艺		《格萨尔王传》、折嘎、仲巴、喇嘛嘛尼等
	绘画		唐卡、泥塑、木雕木画、石刻
文物			见表 5-6
遗迹	古遗址	申扎县、安多县	那农石器、迪卓石器等、琼宗遗址、拔绒寺遗址
	古墓葬	安多县、申扎县	芒森山墓地、七卡石棺藏、其布隆沟墓群等
	古建筑	那曲县①	杜康大殿、文布乡文布寺
	石窟寺及石刻	班戈县、安多县	岩画群和岩画
	红色遗迹	班戈县	和平解放西藏办法的协议、革命烈士陵园
宗教	苯教、藏传佛教		玉本寺

资料来源：那曲地区地方志编纂委员会. 那曲地区志. 北京：中国藏学出版社，2012.

（2）重要的文物要素

色林错国家公园区域内主要的文物保护单位如表 4.3 所示。

表 4.3　色林错区域重要文物要素

名称	隶属	级别	批次	公布日期
其多山洞穴岩画	班戈县	自治区级	第三批	1996 年
买巴洞穴岩画	申扎县	自治区级	第三批	1996 年
孝登寺	那曲县①	县级		1992 年
夏瓦寺	申扎县	县级		1997 年
热德拉康	申扎县	县级		1997 年
东热寺	申扎县	县级		1997 年
强革寺	申扎县	县级		1997 年
吉琼拉康	申扎县	县级		1997 年

资料来源：那曲地区地方志编纂委员会. 那曲地区志. 北京：中国藏学出版社，2012.

---

① 2017年起，那曲县改称色尼区。

（3）宗教

区域内重要的宗教有苯教和藏传佛教，其中苯教又称苯波教。早在远古时代青藏高原就盛行着各种各样的原始信仰，被统称为原始苯教的多神教。

4.2.4　自然游憩要素

（1）概述

色林错–普若岗日国家公园自然景观有山峰、冰川、湖泊、溶洞、地热等，著名的山峰主要有桑丹康桑、达尔果雪山、卓格山等。其拥有世界第三极称谓的普若岗日冰原，以及位于长江上游沱沱河源头的各拉丹冬冰塔林。湖泊更是星罗棋布，不仅拥有西藏第一大盐水湖色林错，而且还有天湖之称的纳木错，以及苯教最重要的圣湖当惹雍错等。位于班戈县的娘热空洞是公园区内钟乳、石笋、石柱等岩溶地貌保存完好的溶洞景观。此外，区内地热资源丰富，尼玛县的荣玛温泉及申扎县的达龙藏布泉都是极具特色的地热景观。色林错黑颈鹤国家级自然保护区位于园区内，保护区内珍稀国家级保护野生动物众多，具有极高的观赏价值。

根据《旅游资源分类、调查与评价》（GB/T 18972—2017）将旅游资源划分为"主类""亚类""基本类型"3 个层次，其中主类以要素的基本性状划分为地文景观、水域风光、生物景观、天象与气象景象、遗址遗迹、建筑与设施、旅游商品、人文活动 8 个类，包括亚类 31 个，基本类型 155 个。公园园区内的现有统计旅游资源包括主类 6 个、亚类 35 个、单体 78 个（表 4.4）。

表 4.4　色林错区域主要游憩资源

序号	景区名称	所在县（区）	类型代码	类型名称	海拔（m）	定级
1	怒江源野驴群	安多县	Dca	哺乳动物		3
2	双湖野生动物	尼玛县	Dca	哺乳动物		4
3	安多北山残余石林	安多县	Bed	残余石林		2 或 1
4	青藏铁路景观带	那曲地区 / 拉萨市	Fad/Faa	草原 / 山岳景观		4
5	羌塘国家级自然保护区	那曲地区 / 阿里地区	Fad	草原生态景观		5
6	夏木拉泉水	安多县	Ccc	低温泉	4823	3
7	唐古拉道班	安多县	Hdd	公路道班		2 或 1
8	当惹琼宗城堡遗址	尼玛县	Gbc	古城（堡）垣	4790	2 或 1
9	卓玛谷地	那曲县	Fab	河谷景观		3
10	仁错贡玛	申扎县	Cba	湖泊	4650	2 或 1
11	果芒错	申扎县	Cba	湖泊	4629	2 或 1
12	雅根错	班戈县	Cba	湖泊	4866	2 或 1
13	多格错仁强错	班戈县	Cba	湖泊	4787	2 或 1
14	巴木错	班戈县	Cba	湖泊	4555	2 或 1

续表

序号	景区名称	所在县（区）	类型代码	类型名称	海拔（米）	定级
15	其香错	班戈县	Cba	湖泊	4610	2 或 1
16	班戈错	班戈县	Cba	湖泊	4520	2 或 1
17	振泉错	尼玛县	Cba	湖泊	4784	2 或 1
18	羊湖	尼玛县	Cba	湖泊	4778	2 或 1
19	令戈错	尼玛县	Cba	湖泊	5051	2 或 1
20	错尼	尼玛县	Cba	湖泊	4902	2 或 1
21	涌波错	尼玛县	Cba	湖泊	4875	2 或 1
22	依布茶卡	尼玛县	Cba	湖泊	4557	2 或 1
23	当穷错	尼玛县	Cba	湖泊	4475	3
24	孜桂错	尼玛县	Cba	湖泊	4645	3
25	达则错	尼玛县	Cba	湖泊	4459	3
26	布若错	尼玛县	Cba	湖泊	5158	3
27	昂孜错	尼玛县	Cba	湖泊	4683	3
28	格仁错	申扎 / 尼玛县	Cba	湖泊	4650	3
29	崩错	班戈 / 那曲县	Cba	湖泊	4664	3
30	蓬错	班戈 / 安多县	Cba	湖泊	4522	3
31	错鄂（那曲）	那曲县	Cba	湖泊	4515	3
32	兹格塘错	安多县	Cba	湖泊	4561	3
33	懂错	安多县	Cba	湖泊	4544	3
34	错那	安多县	Cba	湖泊	4588	3
35	吴如错	申扎县	Cba	湖泊	4548	3
36	错鄂（申扎）	申扎县	Cba	湖泊	4561	3
37	多尔索洞错	班戈县	Cba	湖泊	4921	3
38	昂达尔错	班戈县	Cba	湖泊	4861	3
39	向阳湖	班戈县	Cba	湖泊	4870	3
40	多格错仁	班戈县	Cba	湖泊	4814	3
41	错仁约玛	班戈县	Cba	湖泊	4648	3
42	当惹雍错	尼玛县	Cba	湖泊	4528	4
43	色林错	班戈 / 尼玛 / 申扎县	Cba	湖泊	4530	4
44	纳木错	班戈 / 当雄县	Fae	湖泊景观	4718	5
45	申扎黑颈鹤	申扎县孜桂错	Dcb	鸟类	4645	3
46	昂达尔错鸟岛	班戈县	Dcb	鸟类	4861	3
47	西藏色林错墨颈鹤自然保护区	申扎 / 尼玛 / 班戈 / 安多 / 那曲县	Dcb	鸟类	4440 ～ 4650	4
48	嘎弄错鸟岛	安多县	Dcb/Bha	鸟类 / 岛屿	4590	2 或 1
49	跑让古风火台	安多县	Gbf	其他重要事件遗址		2 或 1

续表

序号	景区名称	所在县（区）	类型代码	类型名称	海拔（米）	定级
50	那曲赛马场	那曲县	Hcj	其他休闲场所		3
51	扎加藏布桥	尼玛县	Hda	桥梁	4594	2 或 1
52	唐古拉山雪山	安多县	Faa	山岳景观	5500～6000	4
53	孜桂错石棺墓	尼玛县	Gdc	石棺墓	4673	3
54	那曲温泉	那曲县	Cca	温泉	4519	3
55	绒马泉华	尼玛 / 双湖	Cca/Ccb	温泉、泉华	4900	3
56	普若岗日冰帽	班戈、尼玛县	Bba	现代冰帽	6000～8000	5
57	木孜塔格	尼玛县	Baa	雪山	6973	4
58	藏色岗日	尼玛县	Baa	雪山	6508	4
59	甲岗	申扎县	Baa	雪山	6444	3
60	布诺岗日北	尼玛县	Baa	雪山	6178	3
61	木嘎各波日	尼玛县	Baa	雪山	6224	3
62	木嘎各波	尼玛县	Baa	雪山	6289	3
63	藏色岗日北	尼玛县	Baa	雪山	6339	3
64	布诺岗日	尼玛县	Baa	雪山	6436	3
65	木嘎岗日	尼玛县	Baa	雪山	6208	3
66	达尔果雪山	申扎县	Baa	雪山		2 或 1
67	若拉岗日	班戈县	Baa	雪山	6138	2 或 1
68	美日切岗日	班戈县	Baa	雪山	6242	2 或 1
69	岗扎日	班戈县	Baa	雪山	6305	2 或 1
70	色乌岗日	尼玛县	Baa	雪山	6100	2 或 1
71	耸峙岭	尼玛县	Baa	雪山	6371	2 或 1
72	麦巴洞穴岩画点	申扎县	Gcb	岩画、壁画		3
73	其多山洞穴岩画点	班戈县	Gcb	岩画、壁画		3
74	唐古拉山口	安多县 / 青海省	Bac	主要山口	5231	4
75	巴毛穷宗火山	尼玛县	Bea/Beb	锥状火山、桌状方山	5398～5000	4
76	木孜塔格南桌状方山	尼玛县	Beb	桌状方山	5300	2 或 1
77	向阳湖南火山	班戈县	Beb	桌状方山		3
78	涌波错火山	尼玛县	Beb	桌状方山		3
79	羊湖独尖峰	尼玛县	Beb/bec	桌状方山 / 熔岩流	4877	2 或 1

注：2017 年起，那曲县改称色尼区。

资料来源：北京清华同衡规划设计研究院有限公司 . 西藏自治区旅游资源调查与研究 . 北京：清华大学出版社，2008.

（2）主要水景要素

　　该区内湖泊等面状水体共有 6765 个，其总面积为 18663 km²。主要湖泊分布在南部，包括纳木错、当惹雍错、色林错、多格错仁、美日切错、巴错等，湖面海拔均在

4500 m 以上,其中纳木错最大,海拔 4718 m,面积为 1929 km²,是西藏四大"圣湖"之一;美日切错湖面海拔 5400 m;色林错湖面海拔 4530 m,面积 1640 km²,是西藏第二大湖;当惹雍错湖面海拔 4535 m,面积 835 km²,为西藏第四大湖(表 4.5、表 4.6)。

表 4.5 色林错区域主要河流

序号	河流名称	干流全长(km)	流域面积(km²)	落差(m)
1	怒江	615	52426	1600
2	索曲	276	18685	1570
3	姐曲	151	5930	1660
4	那曲	208	8123	790
5	次曲	91	1199	560
6	夏曲	219	8590	1200
7	扎加藏布	409	14850	850
8	扎根藏布	355	16675	870
9	波曲藏布	84	986	540
10	麦地藏布	255	9828	890
11	易贡藏布	143	5766	2120
12	波仓藏布	281	9590	1040

资料来源:那曲地区地方志编纂委员会.那曲地区志.北京:中国藏学出版社,2012.

表 4.6 色林错区域大于 100 km² 的湖泊

湖泊名称	所在县(区)	湖面海拔(m)	湖面积(km²)	湖水水质类型
纳木错	班戈县、当雄县	4718	1959	微咸
色林错	班戈县、申扎县、尼玛县	4530	1640	咸
当惹雍错	尼玛县	4535	853	咸
格仁错	申扎县	4650	466	微咸
昂仁错	尼玛县	4683	406	咸
多格错仁	安多县、双湖县	4814	394	咸
吴如错	申扎县、尼玛县	4552	351	淡
多尔索洞错	安多县	4749	350	盐
错鄂	申扎县	4562	244	咸
达则错	尼玛县	4461	243	咸
多格错仁强错	安多县	4788	189	咸
兹格塘错	安多县	4560	184	盐
巴木错	班戈县	4555	180	咸
错那	安多县	4596	174	淡
其香错	双湖县	4660	160	盐
崩错	色尼区、班戈县	4664	140	咸
赤布张错	安多县	4930	130	咸
蓬错	安多县、班戈县	4523	126	咸
懂错	安多县	4544	117	咸
仁错贡玛	申扎县、班戈县	4650	102	咸
依布茶卡	尼玛县	4557	100	咸

资料来源:那曲地区地方志编纂委员会.那曲地区志.北京:中国藏学出版社,2012.

4.3　集成评估

4.3.1　生态系统保护价值

1. 生态保护核心价值评估

全球特有种黑颈鹤的最大栖息地。公园区内拥有全球最大的黑颈鹤自然保护区——色林错黑颈鹤国家级自然保护区。色林错黑颈鹤国家级自然保护区在高原高寒草原生态系统中是珍稀濒危生物物种最多的地区，包括国家一级保护动物黑颈鹤、雪豹、藏羚、盘羊、藏野驴、藏雪鸡、玉带海雕、白尾海雕等，国家二级保护动物棕熊、猞猁、兔狲、藏原羚、猎隼、秃鹫、红隼等。区内还生长着许多珍稀、濒危植物物种，如西藏沙棘、掌叶大黄、马尿泡、合头菊等。黑颈鹤是世界上现存 15 种鹤类中最珍稀的种类，全世界仅存不到 10000 只，主要在青藏高原繁殖，在云贵高原过冬，是世界上 15 种鹤类中唯一在高原上繁殖和越冬的鹤类。色林错国家级自然保护区是世界上黑颈鹤主要的繁殖地，同时也是其他珍稀水禽棕头鸥、斑头雁、赤麻鸭等的栖息地、繁殖地，保护价值巨大。

生态极度脆弱，生态战略地位重大。藏北高原孕育着长江、怒江、澜沧江等主要河流，被誉为"中华水塔"。青藏高原腹地下垫面变化直接影响大气环流，进而影响东亚季风气候，被认为是响应全球气候变化的"敏感区"和东亚气候"启动区"。受气候波动和放牧干扰的双重影响，藏北高原的整体生态环境呈严峻退化态势（徐瑶，2014）。草地退化将导致土地沙化、水土流失、甚至可能促使藏北地区演变为潜在的沙尘暴源地之一，危及我国江河源区的生态环境安全，乃至整个东亚地区的生态环境。鉴于藏北地区草地生态系统的脆弱性和重要性，在全国主体功能区规划中藏北地区被列为国家禁止开发和国家生态安全战略重点建设的区域之一。

公园区内冰川、冻土、湖泊、湿地及相伴而生的高寒生态系统决定了青藏高原生态与环境对气候变化的极度敏感性和对人类活动影响的高度脆弱性。这些以不同形态广布于青藏高原之上的水环境要素是气候环境影响下的产物，与气候变化有直接的联系，冰川的进退、冻土的萎扩、湖泊的消长、湿地的生灭均在宏观尺度上受气候变化的控制。另外，这些水环境要素的波动又影响着高寒生态系统变化，生态系统的变化又会导致青藏高原下垫面的改变，下垫面的改变又会影响青藏高原水量和能量循环过程的变化，进而又影响气候的变化。大气 - 生态 - 水文相互作用是青藏高原生态与环境形成和演变的自然特征。由于高寒生态系统极易受到外部扰动而变化，在人类活动影响下，生态系统变化速度快的特性及其恢复缓慢的特性将会导致青藏高原能量和水量循环自然过程的改变，从而加速青藏高原生态与环境的变化进程。

青藏高原生态与环境变化的最大特点就是其退化过程对外界扰动（气候和人为）的敏感性及其恢复（进化过程）的缓慢性，即青藏高原生态与环境（冰川、冻土、湖泊、湿地和生态系统）在气候变化或人类活动的影响下，可以根据影响的程度迅速地由一个状态退化到另一个状态,但是这种变化的逆过程(恢复到原来状态)却需要很长时间。

2. 生态系统服务功能及经济价值评估

生态系统服务功能及经济价值评估是将生态系统变化的原因和变化对人类福祉产生的影响,以及生态系统的管理与政策对策等方面的科学研究成果用于满足决策者的信息需求的一个社会过程。它不仅属于科学研究的范畴,而且还需要社会对其做出价值判断。公园区内主要生态系统类型是草地生态系统及湿地生态系统。因而,该区针对生态系统服务功能及经济价值评估将主要围绕草地生态系统服务价值评估及湖泊生态系统服务价值评估进行。

(1) 草地生态系统服务功能及经济价值

1) 草地生态系统服务功能及变化。藏北高寒草地生态系统不仅在保护高原冻土、涵养水源、保持水土、保护生物多样性、减缓温室气体排放、调节大气环境等方面为人类提供了重要的生态服务功能,而且是支撑高原特色畜牧业发展、维系牧民生活和传承草原文化的重要物质基础,在生态屏障安全、畜牧业经济发展和藏区社会稳定中具有重要的战略地位(刘兴元和冯琦胜,2012)。然而,受全球气候变暖和人类活动的影响,草地生态系统内初级产品消耗过度,导致草地大面积退化,生态服务功能减弱,不仅严重影响了藏北高原的畜牧业生产和牧民生活,而且直接威胁区域生态安全及东亚地区的水资源安全。

当生态环境受到外部扰动(气候变化、人类活动)时,生态系统内部在外部扰动压力下会作出相应的反应,反应的强弱体现了生态系统对外部扰动的敏感程度。在宏观上,生态系统对压力反应的程度主要表现为土地退化。因此,用退化土地覆盖率作为生态环境对外部扰动的敏感性指标,可在一定程度上反映区域生态环境对扰动的敏感性。

研究区草地类型主要有高寒草原、高寒荒漠、高寒荒漠草原和高寒草甸4种类型。近年来,由于过度放牧的干扰,高寒草地的退化不断加剧,已成为青藏高原腹地草地退化最集中和最严重的地区,且每年仍以5%的速度在发展。随着草地退化程度的加剧,藏北那曲地区不同草地类型的水源涵养、土壤保持、养分循环、废物处理、沙尘滞留、固定 CO_2、释放 O_2、削减 SO_2 和家畜生产等生态服务功能显著下降。与未退化草地相比,从轻度退化到严重退化,高寒草原、高寒荒漠、高寒荒漠草原和高寒草甸的生态服务功能平均下降了29.7% ~ 69.4%、21.0% ~ 67.2%、24.0% ~ 69.1% 和31.0% ~ 68.7%。高寒草原和高寒草甸是藏北那曲地区主要的草地类型,分布面积最大,二者占草地总面积的80.4%,提供了91.0%的生态服务价值。

2) 草地生态系统经济价值评估。生态系统经济价值评估首先需要对生态系统功能有所了解,其本质是生态系统与生态过程所形成及所维持的人类赖以生存的自然环境条件与效应。藏北草地生态系统服务分类参考千年生态系统评估的生态系统服务分类体系,分为支持服务、供给服务、调节服务和文化服务。此次对研究区草地生态系统价值评估拟从以下几个方面进行,食物生产、净化空气、气候调节、水分调节、控制侵蚀、废物处理等,其中食物生产属于供给服务,其他属于调节服务。文化服务主要表现在旅游价值上，将在景观游憩价值评估中论述。而支持服务是其他所有的生态系统服务的基础，其价值已通过其他三类服务得以体现，因此不做重复评估。生态系统价值评估所用的指标及社会经济数据主要来源于前人文献，以及 2018 年 7 月第二次青藏高原综合科学考察获取的数据。具体数据见表 4.7。

表 4.7　色林错 – 普若岗日国家公园生态系统服务价值评估数据

指标	含义	草地类型	数值	数据来源
R_s	牧草利用率		50%	
E_s	1 个羊单位的鲜草日食量		4 kg/d	
Y	鲜草单产	高寒草甸	2915 kg/hm^2	陈春阳等，2012
		高寒草原	767 kg/hm^2	
		高寒荒漠	255 kg/hm^2	
NPP	地上部分净初级生产力，以干草产量表示	高寒草甸	821.5 kg/hm^2	李忠魁和拉西，2009
		高寒草原	301 kg/hm^2	
		高寒荒漠	187 kg/hm^2	
M	地下和地上净初级生产力之比		2.31	
S	每千克干草叶一年吸收 SO_2 的量		10^{-3} kg	
d	牧草生长期		100d	
λ	牲畜排泄物归还草地的比率		30%	
w_N	一个羊单位粪便中 N 含量		6.2 kg	
$w_{P_2O_5}$	一个羊单位粪便中 P_2O_5 含量		2.8 kg	
W	羊总量（那曲地区）		4532100 头	《西藏统计年鉴》
P_s	一个羊单位的平均市场价		900 元 / 羊	2018 年第二次青藏高原综合科学考察
P_{CO_2}	CO_2 削减成本		168.85 元 /t	
P_{SO_2}	SO_2 削减成本		500 元 /t	
P_w	化肥平均价格		2549 元 /t	

a. 供给服务价值评估

草地生态系统通过光合作用合成有机物，为畜牧业发展提供基础生产资料。畜牧业主要为人类提供牲畜产品，因此食物生产可以通过畜牧业产品来反映其经济价值。食物生产价值评估根据"以草定畜"的原则，利用理论载畜量乘以目前市场牲畜价格，计算公式为

$$V_s = Q_s \times P_s = \frac{\sum A_i \times Y_i \times R_s}{E_s \times 365} \times P_s \tag{4-1}$$

式中，V_s 为食物生产价值；Q_s 为草地载畜量；P_s 为当前市场牲畜的价格，以平均 1 个羊单位的价值表示；A_i 为 i 种草地类型可利用面积；Y_i 为 i 种草地类型鲜草单产量；R_s 为牧草利用率；E_s 为 1 个羊单位的鲜草日食量。

b. 空气质量调节

草地生态系统从大气中吸收化学物质，因而可以对空气质量产生多方面的影响。草地生态系统通过吸收 SO_2 对空气质量进行调节，避免了人类为治理 SO_2 污染而进行额外支付。对这部分生态经济效益的评估通过下式来计算：

$$V_r = NPP \times S \times d \times P_{SO_2} \tag{4-2}$$

式中，V_r 为草地生态系统的空气质量调节价值；NPP 为地上部分的净初级生产力，以各类草地生态系统类型干草产量测定数据作为地上部分净生产力；S 为草地单位重量单位时间吸收 SO_2 的量；d 为牧草生长期长度；P_{SO_2} 为 SO_2 的治理成本，以每削减 1t SO_2 的成本表示。

c. 气候调节

草地生态系统既对局地气候产生影响，也对全球的气候产生影响。本书主要通过计算草地吸收 CO_2 的价值来衡量其调节气候的价值。其价值主要通过以下公式进行计算：

$$V_c = Q \times P_{CO_2} = (1+M) \times NPP \times R \times P_{CO_2} \tag{4-3}$$

式中，V_c 为草地生态系统的气候调节价值；Q 为草地生态系统固定 CO_2 的总量；P_{CO_2} 为 CO_2 削减成本；M 为地下、地上净初级生产力比值；NPP 为地上部分的净初级生产力；R 为形成单位干物质吸收 CO_2 的量，根据植物光合作用公式估算，牧草每形成 1g 干物质，吸收 1.62g CO_2，因此 $R = 1.62$。

d. 水分调节

根据 Costanza 等的研究，草原被开垦为农田后，径流量会显著增加，土壤中可利用水分减少，从而使植被的净初级生产力降低，导致载畜量降低约 10%，直接使畜牧业的产值降低 10%。因此，草地生态系统水分的价值可用理论载畜量市场价值的 10% 来估算。

e. 控制侵蚀

相较于裸地，草地可以固持土壤、提高土壤抗冲击能力，对控制土壤侵蚀、减少水土流失、维护生态环境有重要作用。根据 Costanza 等的研究结果，在草地植被破坏的情况下，10 cm 深的土壤会流失，会直接导致降低 50% 的产草量，因此草地生态系统控制侵蚀价值可用理论载畜量市场价值的 50% 替代。

f. 废物处理

草地生态系统通过自然风化和微生物分解等方式降解生物的排泄物，将养分归还环境，减少为增加土壤肥力而人为施肥的成本。有机物分解归还养分总量的计算公式如下：

$$V_w = G \times P_w = \lambda \cdot \sum_{i=1}^{2} W \cdot w_i \times P_w \tag{4-4}$$

式中，V_w 为草原生态系统的废弃物降解及养分归还的服务价值；G 为有机物分解归还的养分总量；λ 为牲畜排泄物归还草地的比率；i 为营养物类型（N 和 P_2O_5）；W 为牲畜数量；w_i 为牲畜个体粪便中所含营养物质的量；P_w 为化肥平均价格。

按照所选方法，计算那曲六区（县）不同草地类型生态系统服务价值（表 4.8）。

那曲六区（县）主要草地资源包括高寒草甸、高寒草原、高寒荒漠，其面积分别是 $4.5 \times 10^4 \, km^2$、$19.57 \times 10^4 \, km^2$、$0.91 \times 10^4 \, km^2$。结果显示那曲六区（县）草地生态系统服务价值总量为 230.99 亿元（不包括废物处理），其中高寒草甸的生态系统服务价值最高，为 117.04 亿元；其次为草原，为 111.87 亿元；荒漠最小，为 2.08 亿元。

表 4.8　色林错 – 普若岗日区域涉及六区（县）草地生态系统服务价值

服务类型	价值（亿元）			总价值（亿元）
	高寒草甸	高寒草原	高寒荒漠	
供给服务价值	46.12	40.51	0.74	87.37
空气质量调节	3.02	2.95	0.06	6.03
气候调节	54.41	53.01	1.04	108.46
水分调节	2.25	2.56	0.04	4.85
控制侵蚀	11.24	12.84	0.20	24.28
废物处理	—	—	—	0.12
总计	117.04	111.87	2.08	231.11

3. 湖泊生态系统服务功能

（1）湖泊生态变化

青藏高原地区是地球上湖泊海拔最高、数量最多、面积最大的高原湖群区，也是我国湖泊分布密度最大的两大稠密湖群区之一。广袤的藏北高原四周高山环绕，内部宽谷湖盆与起伏和缓的山岭相互交织，成为我国内陆湖泊最集中的区域，有我国"湖泊之乡"的称号。湖泊不仅真实地记录了周围环境演化和人类活动的特征，而且湖泊的演化又深深影响着人类环境和经济活动，因而湖泊变化是研究全球环境变化和区域经济可持续发展的重要课题。

1976 ~ 2010 年，色林错的面积超过了纳木错，成为西藏自治区面积最大的咸水湖。色林错南岸和西岸多由高大的山脉阻挡，且有很多现代冰川发育，高山上的冰雪融水沿着地形汇入色林错，给湖泊带来了丰富的水源补给，这也是近年来色林错湖泊面积不断增大的主要原因。

（2）湖泊生态系统服务功能

青藏高原湖泊湖体储热量高于平原地区许多大型湖泊，湖泊储热量越大，水温越趋稳定，且由于青藏高原湖泊地形大多比较封闭，更能促进湖 – 陆风的发展，因此高原湖泊对湖滨地区气候的调节作用比平原湖泊更明显。

参考生态系统评估的生态系统服务分类体系，即支持服务、供给服务、调节服务和文化服务。湖泊生态系统的供给服务功能包括供水功能、提供水产品；调节服务功能包括大气调节功能、输沙功能和水质净化功能；支持服务功能包括蓄水功能及土壤保持功能；文化服务功能主要指旅游功能（贾军梅等，2015）。

4.3.2　科学知识普及价值

　　色林错–普若岗日国家公园拟规划区依托其丰富的自然和人文景观资源，可以为生物学、生态学、地质学和古生物学的机理研究提供有利条件，为野生动植物的保护研究提供良好区域。同时为科普教育提供了丰富的地质地貌资源，可帮助大众了解板块运动、地壳隆升、地质构造与地表形态、外力作用对地貌的影响。拟规划区主要植被景观是草原，草原是植物王国，孕育了多种草原植物资源；草原为动物提供了食物，在草原上生存的野生动物包括兽类、鸟类、爬行类和两栖类。该地区有我国最大的黑颈鹤国家级自然保护区。作为最丰富、生动的生态教育教材，色林错–普若岗日国家公园将成为公众认识物种、了解自然和受到生态教育的重要场所。

1. 地文景观科考价值

（1）藏北高原湖盆区

　　色林错–普若岗日国家公园拟规划区属于藏北高原湖盆区，是青藏高原内海拔最高、高原形态最典型的地域。区内主要由低山缓丘与湖盆宽谷组成，起伏和缓，平均海拔 4800 ~ 5000 m。那曲境内地质演化过程极具有代表性，从晚三叠世至晚白垩世，该区先后经历青藏高原的印支运动和燕山运动，至此那曲地区地壳成为统一体。之后的喜马拉雅运动使得西藏境内的地壳成为统一体。这些构造运动导致那曲境内的地壳变形变位、岩浆活动和变质作用十分强烈。在中新世，大规模夷平运动使那曲境内地形区域平缓。在上新世晚期，青藏高原开始快速隆升，夷平面成为山顶面，之后晚更新世山间盆地河湖面成为高原面。时至今日，那曲境内的地壳仍未安宁，断陷作用仍在继续。该区相对全面的地质演化运动为地质学家、古生物学家及专业爱好者提供了非常有价值的科考场所。

（2）普若岗日冰川

　　普若岗日冰川是除了南极、北极以外，世界第三大冰川，被誉为世界第三极，也是中低纬度地区最大的冰川。经 1999 年中美科学家的联合考察，确定该冰川区的雪线海拔为 5620 ~ 5860 m，面积为 423 km^2，同时向周围放射溢出 50 多条长短不等的冰舌，最低处海拔 5350 m，最高处海拔达到 6400 m。整个冰原是由一级一级高度不等（相差数十米）的平坦区组成的，其中顶部平坦区面积为 150 km^2，每个平坦区又由好几个冰帽组成冰雪物质源区。在冰原中部、东部和南部各有一个平坦区，冰面坡度为零。勘察表明冰川厚度应在 400 m 以上。此外，冰川周围奇迹般地分布着绵延起伏的沙漠，以及几十个大大小小的湖泊，这种冰川、沙漠、湖泊并存的奇观世界罕见。无论是为科学家提供科考场所，还是作为科普对象面向大众，普若岗日冰川都有着举世无双的优势。

2. 生物多样性科普价值

　　该区分布着多种高原特有动物，如黑颈鹤、藏羚、藏原羚、藏野驴、野牦牛、西藏沙蜥（*Phrynocephalus theobaldi*）、藏雪鸡、雪鸽、角百灵、多种雪雀等。高原珍贵的黑颈鹤是国家一级重点保护野生动物，为全球易危物种。黑颈鹤是鹤科中唯一的高原种类，主要分布在我国青藏高原和云贵高原。其中黑颈鹤国家级自然保护区位于西藏自治区西北部，以色林错为中心，行政上属于那曲地区的申扎、尼玛、班戈、安多等县所管辖。除此之外，区内属于国家一级重点保护野生动物的有野牦牛、藏羚羊、藏野驴等，属于国家二级重点保护野生动物的有藏原羚、藏雪鸡等。

该区特有且丰富的生物多样性是开展动植物科普教育的优质素材，也是进行珍稀濒危动物保护教育的理想场所。

3. 气候变化科普价值

青藏高原素有"世界屋脊"之称，不仅是全球气候变化的重要组成部分，而且对亚洲季风有重要的影响。湖泊作为陆地水圈的组成部分，参与自然界的水分循环，对气候波动极为敏感，是揭示全球气候变化与区域响应的重要信息载体，是气候环境的记录器。青藏高原上分布着大量高山湖泊，湖泊水位和面积是气候变化和变异的指示器，内陆湖表现更明显。

藏北高原平均气温线性升温率为 0.52℃ /10a，远高于整个青藏高原的年平均气温 0.44℃ /10a 的变幅。1966 ～ 2010 年平均温度升高了 2.66℃。年平均降水量的变化波动比较大，总体上呈现出轻微增加的趋势。年平均相对湿度整体呈上升趋势，但增长幅度较低，年气候倾向率为 0.66℃ /10a。与温度、降水不同，藏北高原年平均蒸发量变化总体上表现为下降趋势，其气候倾向率为 –64.4mm/10a。

杜鹃等（2014）利用遥感数据及地面气象数据研究了 1966 ～ 2011 年色林错流域的冰川、湖泊面积变化及其对气候变化的响应。结果认为流域冰川面积呈不断减少的趋势，流域湖泊面积呈不断扩大的趋势，非冰川补给湖泊在整个研究时段内以较为一致的速率扩张，而冰川补给湖泊的扩张速率远远大于非冰川补给湖泊。气温的升高与冷季降水的减少是流域内冰川退缩的主要原因，也是冰川补给湖泊面积加快扩张的主要原因。根据前面的要素分析，色林错的面积受气候变化的影响而不断变大，其已经成为西藏自治区最大的咸水湖，色林错无疑成为气候变化影响下环境变化的生动的天然课堂和教材。

4.3.3　生态景观美学价值

色林错 – 普若岗日国家公园作为青藏高原的核心地带，其独特的地质构造造就了复杂多变的地理环境，地貌类型多样，丘陵、高山与盆地相间分布，相对高差超过 1900m，在多种因素的共同作用下，形成了世界上最壮观的、最震撼的、大美的第三极自然生态景观。大多数区域仍然保持着未经人类触动的、纯天然的原始景物，对全世界的旅游者具有巨大的吸引力。其生态美学价值主要从两个层面进行评价：一是自然生态景观美学价值的共性特征；二是代表性景点的美学价值。

1. 生态景观形态之"大美"

我国传统山水美学把自然景观的形态美学特征概括为雄、奇、险、秀、幽、奥、旷、野这八种类型，色林错－普若岗日国家公园自然生态景观的形态美学主要由天象、地象、水象的单体形态，以及天象、地象、水象的空间围合形态与奇幻莫测的空间变化构成。色林错－普若岗日国家公园的自然生态景观形态之"大美"主要体现在：雄、险、旷、野等几种典型的美学特征方面。

（1）"雄壮"之美

从绝对高度上看，色林错－普若岗日国家公园内南部的念青唐古拉山绵延千余千米，在申扎县内的海拔超过 5900m，最高峰甲岗山为 6448m，在地貌分类上属于极高山体，其相对高差为 1900 多米，终年积雪，在藏北高原上骤然凸起，雪峰林立，具有拔地通天之势，给人以气势磅礴、高大雄浑、奇险于一体的"天地大美"之感。错鄂鸟岛如图 4.2 所示。

图 4.2　错鄂鸟岛

位于双湖县的普若岗日冰川是除了南极、北极以外的世界第三大冰川，被誉为世界第三极，也是中低纬度地区最大的冰川（图 4.3）。巨大的冰川傲然矗立在荒原，绵延起伏的沙漠从天际一直延伸到冰川脚下，一个个湖泊如同宝石般镶嵌在冰川周围——这就是世界上罕见的冰川、沙漠与湖泊并存的世界第三极"天地大美"的自然奇观（图 4.2 和图 4.3）。

（2）"旷"之美

藏北高原地形坦荡，视域开阔宽广，行驶在广阔的草原上，极目远望，给人以空旷洪荒的审美感受。如临辽阔无际的湖泊，则给人以"衔远山，吞长江，浩浩汤汤，横无际涯；朝晖夕阴，气象万千"的心旷神怡的审美体验（图 4.4 和图 4.5）。

图 4.3　普若岗日景色一

图 4.4　普若岗日景色二

（3）生态"野趣"之美

色林错 – 普若岗日国家公园是最大的黑颈鹤国家级自然保护区，保护区内大多数自然生态景观未受人类破坏或干扰，黑颈鹤、藏羚羊等野生动物随处可见，其山、水、湖等仍处于原真状态，给人一种远离尘嚣的"野趣"之美或神秘之感。对于都市人，色林错"野逸"的自然景观具有强大的吸引力。错鄂岛斑头雁群如图 4.6 所示，双湖藏羚羊群如图 4.7 所示。

（4）流云飘雾的动态美

藏北高原的云形状多样，变化莫测，流云飘雾所构成的动态景观是最壮观的大美景观（图 4.8）。其形状各异，有浮云、朵云、条云、鱼鳞云等，云在风驱动下，云动山移，雪峰隐现，构成"山在虚无缥缈间"的朦胧之美。云作为动态表象，聚散不一，"轻而

图 4.5 进入双湖公路沿线

图 4.6 错鄂岛斑头雁群

图 4.7　双湖藏羚羊群

图 4.8　色林错湖面上空的蓝天白云

为烟，重而为雾。浮而为霭，聚而为气"。云的空间形态也随季节而变化，"春云如白鹤，其体闲逸和而舒畅也。夏云如奇峰，其势阴郁浓淡叆叇而无定也。秋云如轻浪飘零，或若兜罗之状廓静而清明；冬云澄墨惨翳，示其玄溟之色昏寒而深重"。所有这些景象，于凝神默照之中，皆具有审美价值。戈芒错暴雨连接湖面的景观如图 4.9 所示。

2. 错鄂鸟岛美学价值评价

错鄂鸟岛位于申扎县色林错周围，方圆 14000 多平方千米的湿地是为保护黑颈鹤而建的保护区。错鄂鸟岛的景观构成要素主要为水体、山体、天象、候鸟等（图 4.10），其美学价值主要体现在以下几个方面。

(1) 色彩的灵动之美

错鄂鸟岛与色林错相比，相对小巧玲珑，由于大量候鸟季节性地栖息于此，为原本色彩丰富的自然景观要素注入了生命的颜色。从自然景观要素色彩的空间变化看，水平方向表现为：从近处灰色的湖水渐变为远处深蓝色的湖水和土黄色的山体。垂直方向表现为：景观要素从水体到山体，再到天景，色彩也从深蓝色演变为土黄色，再到蔚蓝色（图 4.11 和图 4.12）。栖息于此的五颜六色的候鸟时而舞动翅膀飞翔，呈现出一幅移动的水墨山水画卷，使同质化的、静态的自然色彩之美成为有生机的灵动之美，让游客领略到异质的审美感受。

(2) 听觉美

错鄂鸟岛，每年夏秋两季，数以万计的黑颈鹤栖息于此，此外，还有 80 多种鸟类

图 4.9　戈芒错暴雨连接湖面景观

图 4.10　错鄂鸟岛鸟群

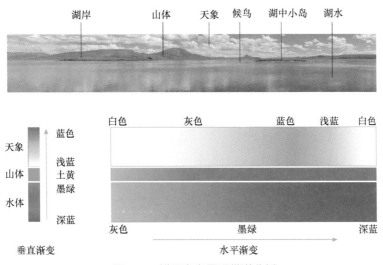

图 4.11　错鄂鸟岛景观带谱分析

定居于此（图 4.13）。黑颈鹤体态优美，性情温文尔雅，举止端庄典雅，鸣声悠扬悦耳。每当黑颈鹤集聚于此时，恰是草原由春入夏时，是万物萌发生机的最好时节，黑颈鹤的鸣声给人一种安逸、祥瑞之感，人们把它奉为幸福吉祥使者，唤作仙鸟（图 4.14）。游客置身于此，观赏着五彩斑斓的美景，听着万鸟齐鸣，呼吸着带有草香的空气，此地通过对游客的视觉、听觉、嗅觉等感官的综合刺激，使游客完全融入立体的山水景观格局之中，仿佛在欣赏一部精彩的乐章演奏，体会到人景感应的审美体验。此外，

图 4.12　错鄂鸟岛湖面色彩

图 4.13　错鄂鸟岛上空掠过的飞鸟

图 4.14　湖边觅食的黑颈鹤

还有耸入云霄的孤鸟长鸣，除了给人鲜活的节奏美感以外，还能唤起人们在广袤的藏北高原上的空旷感的审美体验。

3. 色林错美学价值评价

色林错长 77.7 km，最大宽 45.5 km，平均宽约 20.95 km，面积为 2391 km²，从空间尺度来看，色林错的美学价值既体现在大尺度的宏观空间形态和空间组合上，也体现在微观尺度的单体形态和组合形态上；从时间尺度来看，色林错的美学价值主要体现在，在不同时间、季节、光度、天气等的影响下，色林错呈现出五彩斑斓的色彩变化之美（图 4.15 和图 4.16）。

（1）色彩变化之美

在众多湖泊中，最美的莫过于色林错了。夏季，蓝蓝的天空、远处白皑皑的雪山、绿油油的草原与色林错绛紫的湖水构成了一幅壮观的从天象到地象的色彩垂直带谱图。漫步湖边，仿佛置身于无尽的色彩王国之中，天地相连，交相辉映，既绚丽又典雅，既震撼又宁静。色林错像一颗蓝色的玛瑙镶嵌在藏北高原上，在阳光的照耀下熠熠生辉。

从时间尺度审视，一天之中，由于阳光照射角度、光度的变化，色林错在早晨、中午、傍晚呈现出有规律的色彩变化。一年之中，季节更替引起的阳光作用的变化，使色林错呈现春、夏、秋、冬不同的彩色带谱。此外，藏北高原变幻莫测的天象景观更为色林错

图 4.15　色林错南岸全景图

图 4.16　色林错景观美学分析

的色彩之美增添了无穷的魅力。蓝天白云、雨过天晴的彩虹、晨光霞蔚、冬日的银装素裹、夜间的日月星辰等天象景观也为色林错编织出了第三极最为绚丽的天景彩带。

（2）"旷"之美

从宏观的空间尺度看，色林错视域开阔宽广，如临湖远眺，即有"奔来眼底，披襟岸帻，喜茫茫空阔无边"的平旷之景；如登高远眺色林错，给人以"衔远山，吞长江，浩浩汤汤，横无际涯；朝晖夕阳，气象万千"的高旷景致（王柯平，2015）。

（3）雄险之美

从微观的空间尺度看，色林错在与周围山体、草原的围合过程中，形成了形态多样的、小尺度上的空间组合特征，局部区域呈现出悬崖峭壁的雄险之美。

4.3.4　民族文化体验价值

色林错–普若岗日国家公园是青藏高原内部人类活动最早的区域，在漫长的历史长河中，积淀了深厚的地域文化，尤其以古老的象雄文化为代表。象雄文化是西藏人民的传统文化，也被称为西藏的根基文化。

1. 文化的厚重美

尼玛县作为象雄文化的遗址所在地，象雄文化传承完整。文布南村是象雄时期中象雄的核心区域，文布南村拥有 31 间古象雄石屋，具有千余年历史，属于象雄时期风格的石头建筑，是迄今为止在世界上发现的唯一保存完好的象雄时期的古石屋。象雄那仓部落文化的那仓服饰、那仓折嘎、居住、饮食等都是那仓部落象雄时期的典型代表。中象雄琼宗遗址、中象雄瞭望台遗址、中象雄古城堡寨遗址等都城遗址，让人回想起象雄王朝曾经的辉煌与荣耀。象雄大圆满雍仲苯教修行洞为苯教的发源地，延续着古老而神秘的宗教文化，这里是解开藏地文化密码之所在。

象雄时期的古村落、那仓部落文化、象雄国都城遗址和雍仲苯教修行洞构成了象雄文化完整的展示体系，具有被申报世界文化遗产的潜质。

2. 民间歌舞文化的韵律美

西藏作为最早的人类活动区域，在漫长的生产生活过程中积累了内容丰富、底蕴深厚、韵律优美的民间歌舞等非物质文化遗产。谐钦、昌鲁、文布果谐、孔雀舞等一大批国家级和自治区级非物质文化遗产是其典型代表。

尼玛县的孔雀舞源自象雄时期，历史悠久，该舞种舞姿优美、风格独特、技巧高难，不断地像孔雀一样舞动，表现了文布人民对幸福生活的讴歌和对美好未来的憧憬。随着历史发展和社会变迁，文布孔雀舞依然保留着独特个性和传唱方式，成为藏北草原象雄时期十分珍贵的文化遗产。文布锅庄舞是从古老的原始宗教祈祷仪式中逐步演变而来的一种民间歌舞，演变后包含固定的对个形式和舞蹈步伐，流传至今。舞者均围成一个圆圈，男半圈，女半圈，载歌载舞。男的唱一段，男女一起跳；女的唱一段，男女一起跳，具有极强的参与体验感。

作为国家级非物质文化遗产代表的谐钦、昌鲁，历史悠久，歌腔自由舒展，曲调高亢、嘹亮，节奏自由、悠长，游客置身于此，可以体验到当地藏族人民的日常生活和对美好生活的向往。

3. 民俗风情美

草原与湖泊交错分布的藏北大草原孕育了丰富多彩的民族风情，尼玛县的赛马节是最著名、最具有代表性的，于每年 7、8 月草原最美的时候举行，为期 10 天左右，人们牵着爱马、带着帐篷，身着艳丽的节日服饰，不约而同地来到乡镇或县城里准备共度美好的赛马盛会。在广阔的草原上，一座座五颜六色的帐篷如鲜花般绽放着，热情洋溢的牧民们围着火堆跳起锅庄，寂静的草原仿佛一夜间变成了欢乐的海洋。在这欢乐而和谐的时刻人们的脸上洋溢着笑容，踏着激情的舞步，唱着悠扬的牧歌，人们席地围圈而坐，看赛马，赏歌舞，喝奶茶，饮青稞酒，其乐融融，令人心旷神怡，赛马节这一年一度的盛大节日，从内容到形式都给人一种"美是生活"的深切体验。

4. 自然与文化的有机交融美

在藏北高原，人们经常会瞩目以自然山水为时空背景，以宗教神话为内核的神山、圣湖景观。色林错－普若岗日国家公园范围内的神山圣湖景观尤以尼玛县的达果雪山－当惹雍错为代表。

达果雪山和当惹雍错一同被苯教徒奉为神的圣地，达果雪山是古象雄部落的神山之一，也是藏区四大雪山之一。四面有七座山峰拱卫于主峰周围，被称为"勇士七军"，此外，达果雪山的周围还有八座雪山，称为"切顿若杰"，统称为达果七峰八岭。据说，这几座山为古象雄诸神的聚集处，也是象雄地区 360 座山峰的主脉。达果和当惹雍错都是象雄语，被奉为神山圣湖，当地人相信其法力灵验，将上部的冈底斯山脉和玛旁雍错、中部的达果雪山和当惹雍错、下部的念青唐古拉山和纳木错并列为西藏的三大神山圣湖。

关于藏族人心中的达果雪山和当惹雍错，达果雪山不仅是一座美丽的、静态的山，还是古象雄诸神居住、可以与藏族人进行心灵对话的动态的神山。当惹雍错也不仅是一片蔚蓝的静态的水体，还是融入了宗教文化信仰、可以与人类交流的圣湖，在这里，山水与宗教有机交融，变成了有灵性的、可以与人类进行心灵对话的山水。游客会进入高层次的物我合一的动态审美体验境界。

4.3.5 中国国家公园典型性的横向比较

对目前国内已有或已规划的国家公园——普达措国家公园、三江源国家公园、大熊猫国家公园、东北虎豹国家公园、钱江源国家公园进行多方位的横向比较。色林错－普若岗日国家公园在核心价值、主要地貌、生态系统、代表景观、民族文化方面都极具有地区特色和代表性。具体内容见表 4.9。

表 4.9　中国现有及已规划的国家公园典型性比较

国家公园	地理位置	核心价值	主要地貌	生态系统	代表景观	民族文化
色林错－普若岗日	西藏	黑颈鹤 世界第三极普若岗日冰川 苯教	高原湖盆	高寒草原与高寒草甸、河流湖泊	色林错、普若岗日冰川、广袤草原	藏族 苯教发源地
普达措	云南	"三江并流"（金沙江、澜沧江和怒江）	横断山脉、高山峡谷区、迪庆高原	高山、亚高山针叶林生态系统、高山－亚高山草甸生态系统和高山湖－沼泽生态系统	碧塔海、属都湖、五花草甸、"杜鹃醉鱼"	藏族
三江源	青海	"中华水塔"（长江、黄河、澜沧江三条江河的发源地）	高原和高山峡谷	高寒草甸与高寒草原、森林灌丛、湿地、荒漠	冰川、湖泊、草原、荒漠	藏族
大熊猫	四川	大熊猫	山大峰高、河谷深切、高低悬殊	森林生态系统	高山、峡谷、流水、森林	藏族、最大羌族聚居区
东北虎豹	吉林、黑龙江交界	东北虎、东北豹	中山低山、低山丘陵	温带针阔混交林	老爷岭、千年红豆杉、林下花海	汉族
钱江源	浙江	森林	山岭	亚热带常绿阔叶林	七叶莲花塘、大峡谷景区	汉族

4.3.6　核心价值评判

　　色林错－普若岗日国家公园是世界上面积最大的黑颈鹤自然保护区，是珍稀濒危生物物种最多的地区，普若岗日冰川是除了南极、北极以外的世界第三大冰川，被誉为世界第三极。严酷的自然环境却孕育了具有羌塘草原游牧文化特质的象雄文化和藏地本土宗教（苯教），它们是解开西藏文化的密码。

4.4　限制性因素评估

4.4.1　生态脆弱性

　　色林错公园大部分地区海拔在 4500 m 以上，年均温度为 –2.8 ～ 1.7℃，降水多在 200 mm 以下，干旱特征明显，土壤发育历史短，成土母质以冰碛物、残积—坡积物为主，土壤普遍具有粗骨性强、抗蚀能力弱的特点，土壤中微生物种类相对较少，植被以高寒草甸、草原为主，结构单一导致其形成了生态系统结构简单、抗干扰能力弱和易受全球环境变化影响的特点，导致研究区冻融侵蚀和土地沙化严重，整个生境脆弱，整个区域生态系统表现出对外力作用的不稳定性和敏感性，微小的环境变化就可引起生态系统结构与功能的改变，其改变不仅会引起高原热力、动力过程的变化，进而还会对区域生态环境和周边地区生态安全构成威胁。以申扎县为例，该县草地退化沙化现象严重，全县草场平均每年以 2% 的速度退化，部分地方退化速度达到 5%，草场退化面积达到 2093.12 万亩，占全县草场总面积的 67.13%，其中，轻度退化草场面积为 1179.42 万亩，占草场退化总面积的 56.35%；中度退化草场面积为 723.31 万亩，占草场退化总面积的 34.55%；重度退化草场面积为 190.39 万亩，占草场退化总面积的 9.1%。

高原生态系统的脆弱性对色林错－普若岗日国家公园资源价值利用的方式、利用强度、游憩活动空间布局具有巨大的制约作用。本书中其他团队已经针对研究区生态系统的脆弱性开展了相关研究。在后续研究中我们也将从区域生态问题出发，找出导致这些生态问题出现的根本原因及其影响因素，筛选区内生态脆弱性的主要影响因子，如地形、气候、植被、人类干扰等，并采用加权赋值法进行评价，即根据脆弱评价因子对生态系统脆弱性的贡献确定其权重，进而计算脆弱度的空间分布及相应等级划分，为色林错公园的建设提供科学依据。

4.4.2 通达性低

色林错公园区域面积大，在内游玩或者进行科考主要依靠当地公路网络。通过分析可知该区域公路总长度为 43060 km，其中省道 1070 km，县乡公路 41988.5 km。主要道路分布在南部地区，在园区的中部及北部仅有较少分布（空间分布和里程信息如图 4.17 和表 4.10 所示）。已有公路平均等级不到四级，属于等级外公路范围，这些公路的抗灾能力弱，失养严重，大部分为季节性通车，县乡道路情况更差。例如，到古象雄王国遗址、当惹雍错、达果雪山仅有路况极差的泥石路相通，沿线缺少基本的服务设施，如宾馆、厕所、加油站等，景点之间距离很远，尽管色林错、错鄂鸟岛与班戈县、尼玛县、申扎县有省道相连，但路途遥远，均需要 3～4 小时路程。

总体上说，研究区公路网存在的问题可以概括为"一差、两难、三低、四不足"："一差"是指公路网的行车条件差，"两难"是指公路建设难、争取项目难，"三低"是指公路密度低、通达深度低、技术等级低，"四不足"是指公路建设资金不足、自身发展能力不足、养护重视不足、公路建设保障能力不足。突出问题是：一是密度、通达深度低，二是技术等级低、通行能力低，三是抗灾能力弱、服务水平低。

4.4.3 社会经济基础薄弱

该区域自然地理环境独特，并且受传统游牧生产方式的限制，是我国人口最少和最分散的区域，主要涉及 6 个县（区），2000 年统计总人口才 19.48 万。分析居民点分布（图 4.18），得知研究区内共有县级居民点 6 个，乡镇居民点 183 个，村庄 977 个，放牧点 3037 个，其他聚集点约 4200 个，区域内县城驻地以下乡政府驻地及行政村（或自然村）人口都很少，难以形成完善的城镇体系。

该区域社会经济发展水平较低，居民收入水平与全国平均水平相比明显偏低，通过对比 2012 年以来那曲地区农牧民年均收入与全国农村农民年均收入可以看出，尽管 2012～2017 年该区农牧民年均收入呈稳步递增趋势，但与全国平均水平相比，每年都偏低 30% 左右，说明该区域增加群众收入和脱贫致富的压力仍比较大（图 4.19）。

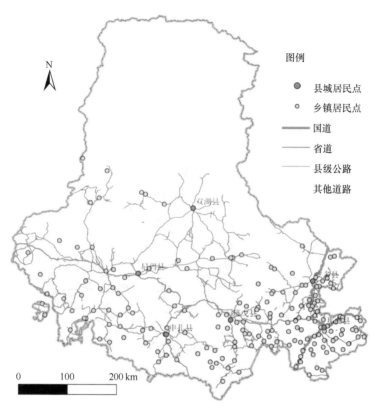

图 4.17　色林错 – 普若岗日国家公园道路网络分布图

表 4.10　色林错 – 普若岗日国家公园各县公路信息统计

行政单元	面积（km²）	道路类别	公路长度（km）
色尼区	16294.52	国道	263.38
		省道	180.03
		其他公路	483.83
班戈县	28529.47	国道	0
		省道	579.82
		其他公路	1299.88
申扎县	25705.24	国道	0
		省道	549.37
		其他公路	1070.32
尼玛县	73669.83	国道	0
		省道	448.65
		其他公路	2996.23
安多县	44465.87	国道	181.14
		省道	121.25
		其他公路	1129.72
双湖县	116123.94	国道	0
		省道	490.28
		其他公路	2004.30

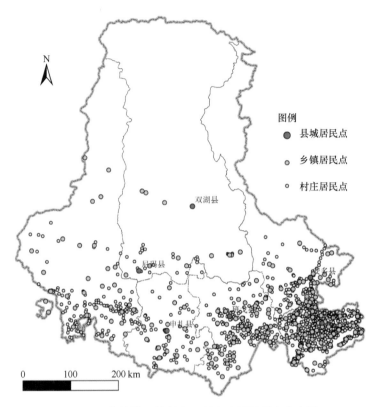

图 4.18　色林错–普若岗日国家公园居民点分布图

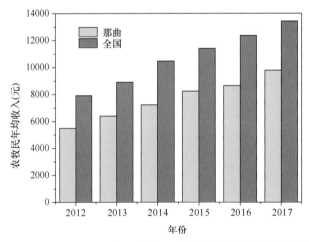

图 4.19　2012～2017 年那曲地区农牧民年均收入和全国对比

　　偏低的经济水平导致相应的旅游配套设施严重不足，没有服务支撑能力。由统计表（表 4.11）可知，那曲地区 6 个区（县）共有酒店宾馆不到 120 家，主要集中在那曲镇、申扎县、尼玛县、班戈县等地，尽管近年来宾馆床位数量有较大提高，但仍难以满足日益增长的旅游业需求，且大多面临少电缺水、无上下水、条件简陋等问题。

表 4.11　那曲地区各区（县）宾馆餐饮行业统计

区（县）	酒店（家）	房间（个）	床位（个）	餐饮店（家）
班戈县	5	225	450	198
色尼区	37	2155	5732	622
尼玛县	31	273	850	42
申扎县	3	74	150	20
双湖县	5		295	24
安多县	38	584	1358	403
合计	119	3311	8835	1309

能源、通信等基础设施十分落后。缺能少电问题十分严重，如班戈县没有水电站和变电站，仅有县城在建的 110kV 变电站，各乡镇分别只建设 35kV 变电站一座，尚不能满足日常工作和生活的用电问题（《班戈县"十三五"规划纲要》）；尼玛县仅有一座建于 2008 年的 1260kW 的小型水电站；乡镇、村修建了总装机 800kW 的小型光伏电站和 577 套户用照明系统，尚不能满足日常工作和生活的用电问题，2015 年电力人口覆盖率仅为 35%（《尼玛县"十三五"规划纲要》）。各县基本上没有垃圾和污水处理设施。县城污水经简易处理被排入布波仓藏布；乡镇及牧民定居点暂无污水管网及污水处理设施，以地面散排为主（《尼玛县"十三五"规划纲要》）。

4.4.4　适游期短

已有研究结果表明：可以根据当地逐月日照时数、平均风速、平均气温、平均相对湿度等气象数据资料计算温湿指数、风效指数及不舒适指数表，如表 4.12 所示，以定量评价该区域适合游憩的时间长短。

表 4.12　人体生理气候评价的三种指数分级

温湿指数		风效指数		不舒适指数（S）	
范围	感觉程度	范围	感觉程度	范围	舒适程度
<4.4	极冷	<−1400	外露皮肤冻伤	$S>9.00$	极不舒适
4.4～7.2	寒冷	−1400～−1200	极冷	$6.95<S≤9.00$	不舒适
7.2～12.8	偏冷	−1200～−1000	很冷	$4.55<S≤6.95$	较舒适
12.8～15.6	清冷	−1000～−800	冷	$S≤4.55$	舒适
15.6～18.3	凉	−800～−600	较冷		
18.3～21.1	舒适	−600～−300	凉		
21.1～23.9	暖	−300～−200	舒适		

基于那曲气象站 1954～2016 年的气象数据计算逐月多年平均温湿指数、风效指数和不舒适指数，由图 4.20～图 4.22 可以看出，研究区域每个月平均温湿指数都小于

12.8，全年给游客的感觉都是偏冷，相比之下，每年 5 ～ 9 月的温湿指数相对较高，其余月份均处于极冷等级；由研究区的风效指数可以看出，每年 6 ～ 9 月的风效指数较高，但仍低于 –600 的临界值，游客感觉较冷，全年有 7 个月为很冷或极冷或出露皮肤冻伤月份；计算研究区域的不舒适指数后可以看出，该区全年各个月份的不舒适指数均大于 9.00，为极不舒适等级，其中 6 ～ 9 月的指数相对较小，以 7 月和 8 月最低，综合温湿指数和风效指数也可以看出 7 月和 8 月相对较为温暖，为国家公园的旅游窗口期。

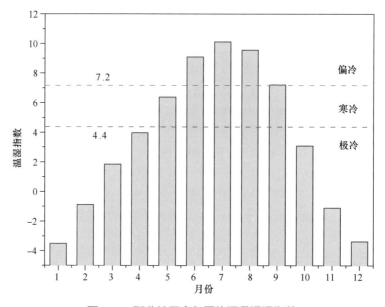

图 4.20　那曲地区多年平均逐月温湿指数

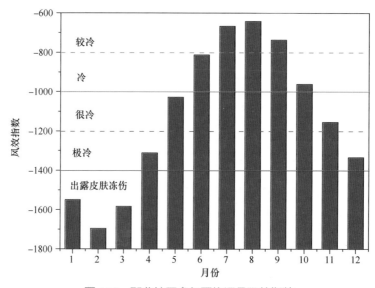

图 4.21　那曲地区多年平均逐月风效指数

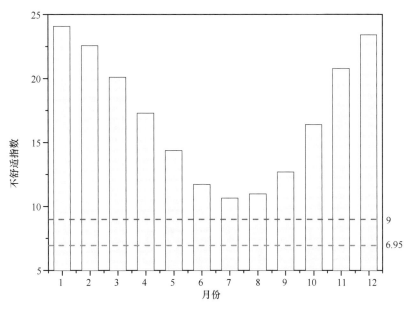

图 4.22　那曲地区多年平均逐月不舒适指数

4.4.5　高原反应

从低海拔地区进入高原地区，由于高原大气压低、空气稀薄、氧气含量少，加之寒冷干燥，在不同的海拔，人体会出现一系列不同程度的症状，称为高原反应，包括头昏、头痛、口干、气促、心慌、胸闷、恶心、呕吐、乏力等。

大气压和大气氧分压随海拔的升高而减小，随着海拔的上升，空气稀少，空气中氧含量随之减少，人们的高原反应风险指数也会增大。相关研究认为百米海拔每变动一个单位，2800 m 以下时，高原反应风险指数增大或减小 0.08%；2800～3200 m 时，高原反应风险指数增大或减小 0.33%；3200～3600 m 时，高原反应风险指数增大或减小 1.19%；3600～4400 m 时，高原反应风险指数增大或减小 0.43%；4400～4800 m 时，高原反应风险指数增大或减小 4.35%（查瑞波等，2016）。分析该国家公园内有海拔数据的 66 个自然游憩景点，发现分布在海拔 4600 m 以下的占 26.15%，分布在海拔 4600～5000 m 的占 41.53%，分布在海拔 5000～6000 m 的有 10.76%，分布在海拔 6000～7000 m 的有 21.53%。几乎所有景观都在高海拔地区，游客的高原反应风险指数都较大。

4.5　公园潜在价值的动态预判

4.5.1　技术进步

1. 生态修复技术的应用和推广将有助于国家公园生态价值积累

色林错 – 普若岗日国家公园植被类型主要是高原草甸与高原草原。适度放牧有利于高寒草地生态系统多样性和生态功能的维持，过度放牧改变"植被 - 土壤 - 大气"界面之间的能量流动和水分调节，引起高寒草地退化。过度放牧使高寒草地生态系统土壤－植被－微生物－种子库各生态因子的协同性失衡，导致系统结构紊乱、功能衰退，自我修复能力逐步丧失。赵新全等（2017）针对不同等级的退化高寒草地，研发出综合配套技术。轻度退化高寒草地采用以减轻放牧压力为主的近自然恢复技术；中度和重度退化高寒草地采用以免耕补播和有害生物防控为主的半自然恢复技术；极度退化高寒草地采用以植被重建为主的人工恢复技术。这些技术有效地促进了三江源区生态功能恢复，为该区草地生态系统生态修复技术提供了价值极高的技术借鉴。

生态修复技术的应用和推广提升了国家公园生态文明建设水平，以申扎县为例，该县大力推广人工种草基地、奶制品加工销售基地、特色养殖基地和饲草料加工基地建设，以及发展农牧业特色产品交易市场、农畜产品综合交易市场升级改造项目、重点乡镇农畜产品交易市场。"十三五"期间，全县退牧还草 1560 万亩，其中禁牧围栏 350 万亩，休牧围栏 1150 万亩，补播 60 万亩；建设接羔育幼围栏草场、防灾抗灾围栏草场 350 万亩；治理鼠害草地 6400 万亩，治理毒草地 3100 万亩；有计划地发展了人工种草与天然草地改良等适合畜牧业发展的人工种草类型，牧民房前屋后人工种草 1.28 万亩，户均达到 3 亩；转变了传统饲养模式，推广"四季舍饲"或"冷季舍饲，暖季放牧"的现代家庭牧场示范场建设，重点开展了牲畜短期育肥，提高了牲畜出栏率。

2. 交通条件的改善将有利于色林错 - 普若岗日国家公园价值的发挥

"十三五"期间，研究区各区（县）制定了交通发展规划，如申扎县规划的干线公路建设目标为，国道 G562 南木林至申扎县公路，四级沥青混凝土路面，里程 206 km。县域主网公路方面建设乡镇柏油路 6 条，使马跃乡、下过乡、恰乡、巴扎乡、买巴乡、塔尔玛乡 6 个乡通柏油路；实现下过乡至马跃乡，巴扎乡至恰乡、塔尔玛乡的乡乡通公路，为四级砂石路。在乡村公路方面，建设转场、牧场、矿点和通村公路，也为四级砂石路。尼玛县则规划全县通车里程 6107 km，其中省道 689 km，县道 557 km，乡道 1279 km，村道 2631 km，专用公路 951 km。四级砂石路 2983 km，简易公路 113 km。另外，还规划在此地区新建一个养护路段和一个路政监控站，以及包括卓瓦乡在内的 7 个客运站（表 4.13）。

除公路交通规划之外，根据西藏自治区的交通运输"十三五"发展规划，"十三五"还将合理规划区内机场布局，推进支线机场建设，完善区内航线网络，支持加大西藏航空公司运力规模，鼓励航空公司在区内机场设基地，加快通用航空和应急救援能力建设。将加快国道公路高等级化，形成互联互通的区内和进出藏大通道，全面实施农村公路精准扶贫攻坚工程，加快边防公路及边境地区交通基础设施建设进程，构建"多点链接、沿边贯通"的边防公路网络，这些措施都将有效提高研究区内交通网络的完善。交通条件的改善将大大消除交通瓶颈，有利于观赏游憩价值的发挥。

表 4.13　那曲地区尼玛县"十三五"建设规划项目

序号	项目名称	建设规模（m²）	总投资（万元）
1	尼玛县养护段	750	195
2	路政监控站	35	9.1
3	卓瓦乡客运站	300	78
4	来多乡客运站	300	78
5	中仓乡客运站	300	78
6	达果乡客运站	300	78
7	军仓乡客运站	300	78
8	吉瓦乡客运站	300	78
9	荣玛乡客运站	300	78
合计		2885	750.1

3. 新技术的成功研发将大大增强高原游憩的舒适性

除了交通以外，随着科学技术的发展，全域信息化管理将为造访者提供全域的游憩服务，方便造访者游憩，高原供氧酒店的不断投入运营和高原专用的供氧越野车的研发问世将极大地提升高原游憩活动的舒适性，有利于科普教育价值和观光游憩价值的发挥。

4.5.2　社会经济发展

1. 旅游业发展基本情况

（1）研究区旅游业的发展前景和需求

随着社会经济的发展，人们收入的增加，物质生活水平的提高，人们对生态旅游的需求大幅度提高。生态旅游是"为了解当地的文化与自然历史知识有目的地到自然区域的旅游"，这种游憩活动的开展尽量在不改变生态系统完整的前提下，创造经济发展机会、让自然资源的保护在经济上使当地居民受益，并使自然资源得到可持续发展（石璇等，2007）。公园内丰富的珍稀野生动物、高寒草原、原始自然景观、荒漠地质类型等都将成为核心吸引物。随着国民素质逐渐提高，其对异域文化的需求将大幅度提升。色林错–普若岗日国家公园内悠久的历史、久远的藏传文化和雍仲苯教、丰富多彩的民俗风情，都吸引人们来公园参观，通过旅游、科考了解这个地区的地壳运动及其演化、青藏高原隆升过程和隆升机理，以及其美丽的自然风光。

（2）研究区旅游发展和设施建设规划

旅游业日益成为促进当地经济发展的主要动力，以申扎县为例，该县 2017 年财政收入为 2284 万元，仅旅游收入就达到了 260 余万元。2013 ～ 2017 年双湖县旅游业收入增加了 17.26 倍，其中直接收入增加了 1.37 倍，间接收入增加了 40 倍以上，见表 4.14，说明旅游业占当地经济收入的比重越来越大，旅游业的发展也带动了就业和相关基础设施的改善，也促进了当地产业发展思路的调整，从而有利于提升色林错–普若岗日国家公园的人文价值。

表 4.14　2013 ～ 2017 年双湖县旅游业统计情况

指标	2013 年	2014 年	2015 年	2016 年	2017 年
全县旅游收入（万元）	26.62	27.3	31.85	180	486
直接收入（万元）	15.99	16.38	14.7	13.8	37.83
间接收入（万元）	10.66	10.91	17.15	166.2	448.17
接待人数（人）	533	546	490	6000	16200
区内游客数量（人）	122	117	124	460	3058
国内游客数量（人）	411	429	366	5540	13142
旅游就业人数（人）	15	19	18	60	30
直接就业人数（人）	10	6	8	30	10
间接就业人数（人）	5	13	10	30	20
本地人口数量（人）	15	19	18	60	30
本地藏族人口数量（人）	15	19	18	60	30

为了改善当地的旅游基础设施，色林错–普若岗日国家公园地区各县根据当地实际条件制定了未来的发展规划，如申扎县"十三五"时期计划依托国家和地方投资 1.8 亿元提升现有的旅游设施水平，项目涉及 14 个新建或改扩建旅游项目（表 4.15），包括解决城区的供水、供暖和垃圾处理等问题，建设宾馆、游客休息区、旅游步行街、医疗卫生服务站等。所有旅游设施建设将采取统一设计，统一标识，使旅游区充满浓郁的地方特色、生态特色和文化特色。

表 4-15　申扎县"十三五"时期旅游基础设施规划项目库

项目名称	建设性质	项目所在地
色林错生态旅游景区总体开发建设	新建	位于申扎县、尼玛县、双湖县三县交界处，藏北旅游大环线（G317）旁
错鄂鸟岛绕岛旅游开发建设	新建	G317 旁，紧靠色林错
藏羚羊栖息地旅游观光基地建设	新建	申扎县买巴乡
申扎湿地风景区开发建设	新建	申扎县县城
非物质文化遗产保护基地建设	新建	申扎县县城或巴扎乡
温泉休闲旅游开发项目	新建及改扩建	申扎镇 5 村
旅游资源网络平台及基础设施建设	新建	申扎县县城
申扎县色林错周边文化资源开发项目	新建	申扎县
买巴乡旅游景点开发项目		申扎县买巴乡
买巴乡牧家生活体验区	新建	申扎县买巴乡
湿地、天然湖泊、野生动物观赏区	新建	申扎县为中心，50km 为半径
民俗风情街	新建	
打造小北线精品旅游线路及那仓文化体验中心	新建	申扎县县城
错鄂鸟岛景区旅游业开发	新建	雄梅镇 8 村
申扎县那仓部落文化旅游公共服务设施建设项目	新建	申扎县申扎镇 3 村
申扎县特色小城镇旅游公共服务设施建设项目		申扎县县城

尼玛县计划投资 1.16 亿元用于改善与旅游等相关的基础设施（表 4.16），包括景区游步道、停车场、污水处理设施，修建停号塔、移动塔、信号塔、旅游厕所、化粪池、垃圾转运、变电设备、供氧设施等。此外，为旅游配套的公共服务设施也是该县未来建设的重点，包括游客接待中心、商品展销中心、文化旅游活动广场、停车场、服务部、解说系统、标识牌、停靠点等；还包括旅游厕所、公共洗浴中心、公共照明设施、自行车营地和骑行者维修补给点、旅馆、自驾宿营点、植被修复、敞篷搭建地、营地野炊点。

表 4.16　尼玛县旅游设施建设项目规划

项目类型	项目名称
保护设施	重要景点保护
景点建设	观景台
服务设施	游客接待中心、商品展销中心、服务部、旅游厕所、自行车营地、汽车维修点、自驾宿营点、洞穴酒店、禅修场所、洗浴中心
基础设施	游步道、污水处理设施、给水设施、化粪池、垃圾转运站、变电设备、照明设施、供氧设施、信号塔
互联网 + 应用	景区 APP 开发维护
规划编制	总体规划、节点规划、旅游公共服务体系规划

除硬件设施建设之外，当地还开展了针对性的旅游宣传工作。一是引入内地的投资方，制作电影、纪录片等宣传资料。与影视公司合作，创造体现极限地区人文地理风貌的纪录片。二是举办相关的旅游宣传观光活动，传达积极向上的人生态度和亲近自然的生活理念，呼吁公众关注冰川生态保护、牧区学龄儿童健康等公共话题。三是结合地区特色文化产业发展规划，计划设计制作双湖旅游品牌，统一标准、统一口径、统一标识，并考虑在拉萨机场、拉萨火车站、青藏公路拉萨入口、川藏公路拉萨入口及纳木错景区入口等地制作或租赁大型宣传牌，宣传当地旅游。

针对当前人们旅游层次逐渐提高，以及人们对特种旅游的需求将不断增加的趋势，当地开始集中力量打造特色旅游产品。例如，双湖县提出了"高原牧区原生态生活体验游"。该旅游产品以团队游为主，以体验高原牧区百姓的真实生活为内容，以冰川、野生动物和牧区百姓的真实生活为载体，打造行程日期为 3 天和 5 天的两个旅游产品，进而带动旅游区各乡镇及沿线牧区百姓的经济发展。旅游路线将充分利用当前已经碾压形成的道路，不修新路，不破坏生态。目标客户为高端旅游爱好者，产品定位为高端受限旅游。通过收取环保押金的方式，要求游客将在旅游期间形成的所有垃圾全部带出，可以在实现旅游体验的同时兼顾生态保护。

随着色林错 – 普若岗日国家公园地区旅游设施的不断完善，以及旅游业发展限制因素的逐渐消除，当地旅游服务水平将不断提高，从而为游客提供良好的旅游体验，提升公园的人文价值和生态服务功能。

2. 社会发展和城乡设施建设

除大力发展旅游业之外，色林错 – 普若岗日国家公园涉及的各区（县）也针对城乡设施建设进行了科学规划，以提升社会发展和人民生活水平。主要包括以下内容。

1）城乡设施建设。加强城镇交通、能源、水利等市政基础设施和公共服务设施建设，提升城镇综合承载能力。城镇基础设施重点建设项目有县城供氧工程、市政道路建设、供水管道及入户工程、新建排水管道及配套工程、新建垃圾填埋场及相关设施等。乡镇建设方面包括建设牧民安居工程、对牧区危房和游牧民夏季草场定居点进行改造，整治农村人居环境综合，修建农村垃圾储存场地和排水系统，推广应用新能源，整洁村容村貌，修缮基础设施，美化绿化环境，完善配套设施。供销合作社项目包括扶持当地牧民的经济合作组织。新农村社会化综合和服务中心方面包括设立新农村社会化综合和服务站等。

2）城镇能源基础设施建设。"十三五"期间加快完善城镇电网，探索推进城镇分布式能源建设，建设安全可靠、技术先进、管理规范的新型配电网络体系，加快推进城镇清洁能源供应设施建设，安装太阳能路灯。实施城镇取暖替代工程，提高城镇能源供应保障水平。推进县城供暖设施建设，建成县城集中供暖设施和供暖管网。在合适的地区开发水电站，解决工程区缺电地区的用电需求。开展乡镇光伏电站增效扩容工程等。

3）城乡水利基础设施建设。加强城镇饮用水水源地建设和保护，科学规划城镇水厂布局，确保居民生活用水安全。完善城镇给排水管网布局，实现县城所在城镇安全供水全覆盖，提高城镇生活污水、垃圾无害化处理水平；加快城镇防洪设施建设，提高城镇防洪能力，新建县城排水管网，完善城镇排水与暴雨外洪内涝防治体系。乡村安全饮水工程方面，采用打井、管道引水等方式保障牧区群众安全饮水。

社会发展水平的提高和城乡设施的改善一方面将缩小研究区与内地的差距，使外地游客的生活更加便利；另一方面也将促使当地人民追求更高层次的生活质量，尤其是增强人们的生态环境意识，兼顾社会经济发展和保护生态环境质量，从而提升色林错－普若岗日国家公园的自然与人文价值。

4.5.3 对外开放

随着"一带一路"倡议的逐步实施，该区域特有的濒危物种，如藏羚羊、野牦牛、藏野驴、黑颈鹤和丰富的野生动植物资源，以及独特的荒漠自然景观，如高寒草甸、高寒草原、高寒荒漠、高山灌丛等，组成了高寒生态系统；原生态的人文景观，独特的民族文化，部分相对封闭的环境保存的原生态生活，以及藏北地区人们多信仰的藏传佛教，将会吸引更多的国际友人来此观光游憩，色林错－普若岗日国家公园的建设将成为彰显藏区新形象的主要载体。

第 5 章

色林错 – 普若岗日国家
公园合理容量测定

容量的概念表明任何自然资源的使用都是有限度的。《建立国家公园体制总体方案》提出，国家公园体制试点区要探索容量管理机制。从学术渊源看，环境容量的概念最早出现于 1838 年，随后被应用于人口研究、环境保护、土地利用、移民等领域。20 世纪 30 年代中期，美国国家公园管理局在对国家公园的承载力或饱和点进行研究时，提出了游憩环境容量的概念，其被一些学者界定为，一个游憩地区在一定时间内，维持一定水准给旅游者使用，且不破坏环境和影响游客体验的利用强度。这一概念界定具有以下特征：一是以功能定位（即以游憩为主）为前提；二是以人类活动为切入点；三是强调可持续性。

我们将国家公园容量定义为，一定时间内，在不影响重要自然生态系统的完整性和原真性保护的前提下，开展国家公园承载的科研、教育与游憩等公益活动，以及促进当地社区发展等非公益活动。这既考虑了我国国家公园建设坚持的"生态保护第一"和"全民公益性"理念和功能，也考虑了我国国家公园内大量居民生存和发展的客观需求。国家公园容量是一个多因素约束下动态变化的概念，除了自然生态系统这一因素以外，当地社会文化接受程度、地方管理能力也是重要的制约因素；它并不是一成不变的，而是会随自然条件、人类行为、管理能力、科技进步而发生变动。

5.1　合理容量测定的技术框架

国家公园的合理容量受当地自然生态本底、公园功能和非公园功能间的平衡、设施保障能力、社会接收能力等多种因素的影响。

根据合理容量的影响因素，建立其评估技术框架（图 5.1）。首先，通过文献调研、实地考察和理论分析，识别影响区域生态系统本底脆弱性的关键因素，并建立脆弱性评估指标体系，开展脆弱性单因素评估，在此基础上，通过单因素空间叠加，评估各栅格单元生态系统综合脆弱性，评估结果作为需要加强保护和可适度开展旅游、科研、教育等公益活动的区域划分的依据。其次，开展区域内国家公园功能和非国家公园功能平衡分析，包括生态系统原真性和完整性保护，文化遗产保护，游憩、科研、教育等公益性活动等国家公园功能需求，以及居民生活、畜牧业及其他产业等非国家公园功能需求，研究公园功能和非公园功能平衡原则和方法。再次，结合自然和人文景观价值评估结果，研究确定拟建国家公园区域游憩、科研、教育等公益功能的空间布局。最后，分别从自然生态环境本底容量、基础设施服务保障能力，以及地方民众接受意愿等方面，建立容量测算指标体系，测算游憩等公益功能布局区各方面容量，综合分析各项指标测算的容量，评估拟建国家公园区域合理公益活动容量。

5.1.1　生态系统脆弱性分析

生态系统脆弱性是指在特定区域条件下，生态环境受外力干扰所表现出的敏感反应和自我恢复能力，是生态系统的固有属性，具有区域性和客观性，是系统内部演替、

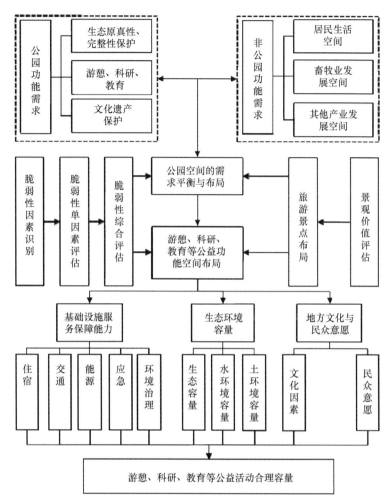

图 5.1　国家公园合理容量测定的总体技术框架

自然因素和人类活动共同作用的结果。对区域生态脆弱性进行评价，不仅对保护区域生态环境具有重要意义，而且对区域资源合理利用及区域可持续发展等也有重要的理论和现实意义。开展生态系统脆弱性评估的目的是为色林错 – 普若岗日国家公园四至范围确定、功能分区、旅游布局提供支撑，同时也为分区域旅游和畜牧业环境容量测算提供基础依据和数据支撑。

　　生态系统脆弱性评估遵循"因素识别—指标构建—单因子评估—综合评估"的基本思路，在结合第二次青藏高原综合科学考察和已有研究的基础上，识别色林错 – 普若岗日国家公园建设区内的生态系统脆弱性因素，通过构建科学的生态系统脆弱性评估指标体系和评估方法，对不同生态系统脆弱性单因子进行评估，在此基础上，通过空间叠加开展色林错 – 普若岗日国家公园建设区域生态系统综合脆弱性评估，识别不同级别的脆弱区类型，为色林错 – 普若岗日国家公园建设试点区旅游和畜牧业环境容量评估提供基础依据和数据支撑。

(1) 生态系统脆弱性因素识别

由于区域自然条件因子和人为条件因子的差异性，不同区域生态脆弱性的影响因素会有所不同，评估指标和方法的选择也会视具体实际情况而定。生态系统脆弱性因素的识别是建立符合区域特征的评估指标体系的重要基础。根据已有研究和野外实地考察，目前色林错区域的脆弱性因素主要包括以下几个方面。

1) 海拔、坡度、气候：高寒缺氧，降水稀缺，生态极其脆弱；

2) 生物多样性：该区域是我国生物多样性最丰富的地区之一，是重要野生动植物的栖息地和迁徙通道，对人类活动脆弱和敏感；

3) 重要生态系统：冰川、河流、湖泊、湿地、灌丛、苔原，具有极重要的生态服务功能，一旦被破坏便难以恢复；

4) 草地沙化：受人类活动加剧、生态失衡等的影响，草地沙化趋势严重；

5) 冻融侵蚀：冻融交替频繁，冻融侵蚀可能性大；

6) 水土流失：人类活动造成的植被破坏，可能会加剧水土流失；

7) 风蚀：干旱多风的气候条件使区域生态系统容易被风蚀而退化；

8) 生境退化：已退化的生境更容易遭受人类活动破坏而进一步退化。

(2) 生态系统脆弱性评价指标体系

生态系统脆弱性单因子评估分为限定因子评估和分级因子评估。限定因子评估一方面重点考虑海拔、坡度和气候因子，这些因子超过一定阈值后，并且生态系统受破坏后便难以恢复，因此各因子已超过阈值的区域应作为生态环境脆弱区，并对其实施严格保护；另一方面考虑重要生态系统分布，以及珍稀动植物栖息地、迁徙通道等，这些因子在维持区域生态服务功能和生物多样性中具有重要作用，生态系统受破坏后将导致严重的生态服务功能退化和生物多样性丧失，因此也应将其作为脆弱区对其实施严格保护。生态敏感性－生态恢复力－生态压力度概念模型常被用于区域生态环境脆弱性评估（图5.2）。考虑到生态敏感性是评估模型中的核心部分，同时反映生态压力的众多指标，如畜牧业数据，目前仍难以获取其栅格化数据。因此，研究暂以5个生态敏感性因子作为分级因子，以评估区域生态环境的脆弱性：冻融侵蚀敏感性、水土流失敏感性、土地沙化敏感性、土壤风蚀敏感性及生态环境敏感性。在生态系统脆弱性单因子评估的基础上，通过空间叠加，实现对色林错－普若岗日国家公园建设试点区域生态系统脆弱性综合评估，将生态脆弱区划分为3个等级，即低度脆弱区、中度脆弱区和高度脆弱区。

(3) 生态系统脆弱性单因子评价方法

在单因子评价过程中，把土壤侵蚀（水土流失、冻融侵蚀、土壤风蚀）、土地沙化、生态环境作为评价的一级指标，具体分级标准主要参考国家环保局颁发的《生态功能区暂行规程》《生态保护红线划定技术指南》国家有关生态功能区划工作生态敏感性指标体系分级标准及相关研究。将单因子划分为5个等级，即不敏感、轻度敏感、中度敏感、高度敏感和极度敏感，并分别赋值为1、3、5、7、9。从单因子分析中得出的生态环境敏感性只反映了某一因子的作用程度，没有将生态环境敏感性的区域变异综合

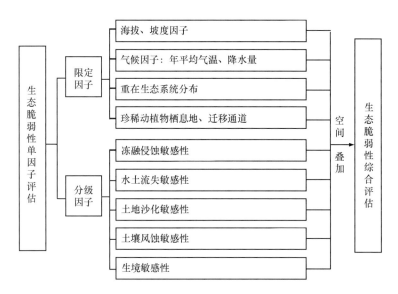

图 5.2　色林错区域生态系统脆弱性评估指标与技术框架

地反映出来。必须在对各项因子分别赋值的基础上，再通过以下方法来计算综合生态
环境敏感性指数：

$$\mathrm{SS}_j = \sum_{i=0}^{n} W_i C_i \tag{5-1}$$

式中，SS_j 为 j 种生态环境问题的生态环境敏感性指数；C_i 为 i 因子敏感性等级值；n
为因子数；W_i 为 i 因子敏感性权重。根据上式，基于 ArcGIS 中的空间叠加分析功能，
得到色林错不同生态问题的综合敏感值图。根据综合敏感值，按表 5.1 中的标准划分生
态环境敏感性等级。

表 5.1　色林错区域生态环境敏感性评价分级表

敏感性等级	不敏感	轻度敏感	中度敏感	高度敏感	极度敏感
SS_j	1～2	2～4	4～6	6～8	>8

　　1）限定因子评价。限定因子主要是针对高度脆弱区而言的，主要考虑海拔、坡度
等地形因子，重要生态系统类型分布区，以及野生动植物栖息地、缓冲区及野生动物
的迁徙通道。重要生态系统包括灌丛、苔原、沼泽、湖泊、河流、冰川等，这些生态
系统在人类活动影响下极易退化，因此建议直接将它们划入生态环境脆弱区，对其实
施严格的保护。野生动植物栖息地、缓冲区域及迁徙廊道是保护区域野生动物的关键区，
因此也应直接将其划入生态环境脆弱区，实施严格保护。具体要求见表 5.2。

表 5.2　色林错 – 普若岗日国家公园生态系统脆弱性限定因子评价体系

类型	生态系统类型	野生动植物栖息地、缓冲区域及迁徙廊道	海拔 (m)	坡度 (°)
高度脆弱区	灌丛、苔原、沼泽、湖泊、 河流、冰川及永久积雪	黑颈鹤、雪豹、藏羚、藏野驴、胡兀鹫、玉带海雕、白尾海雕、 白肩雕等重点保护野生动物的栖息地、迁徙通道	>5000	>15

2）冻融侵蚀敏感性。根据通用水土流失方程的基本原理，选择地形起伏度、年均降水量、植被覆盖度、气温年较差、坡度及土壤类型因子，对冻融侵蚀敏感性进行评价。具体评价指标、分区及权重系数见表 5.3。

表 5.3　色林错－普若岗日国家公园冻融侵蚀敏感性评价指标体系

指标	不敏感	轻度敏感	中度敏感	高度敏感	极度敏感	权重
年均降水量（mm）	≤ 100	100～200	200～300	300～400	>400	0.20
气温年较差（℃）	0～10	10～13.5	13.5～14.0	14.0～15.0	> 15.0	0.20
坡度（°）	0～5	5～10	10～25	25～35	> 35	0.15
地形起伏度（m）	≤ 20	20～50	50～100	100～300	> 300	0.15
植被覆盖度（%）	80～100	60～80	40～60	20～40	0～20	0.15
土壤类型	棕壤、深棕壤、灰化土、岩石、石质土、粗骨土	寒钙土、暗寒钙土、淡寒钙土	沼泽土、潜育沼泽土	亚高山（高山）草原土、亚高山（高山）草甸草原土、高山草原土、草毡土	草原风沙土、盐碱化土、高山荒漠化土壤、高山寒漠化土壤、寒冻土	0.15

3）水土流失敏感性。根据通用水土流失方程的基本原理，本书选择降雨侵蚀力、土壤可蚀性、坡度、地形起伏度及植被覆盖因子，对色林错－普若岗日国家公园区域由降水导致的水土流失敏感性进行评价，具体评价指标、分区及权重系数见表 5.4。

表 5.4　色林错－普若岗日国家公园水土流失敏感性评价指标体系

指标	不敏感	轻度敏感	中度敏感	高度敏感	极度敏感	权重
降雨侵蚀力（R 值）	≤ 25	25～100	100～400	400～600	> 600	0.25
土壤可蚀性（K 值）	0	0～0.020	0.020～0.025	0.025～0.030	> 0.030	0.25
坡度（°）	0～5	5～10	10～25	25～35	> 35	0.15
地形起伏度（m）	≤ 20	20～50	50～100	100～300	> 300	0.15
植被覆盖	水体、人工表面、冰川及永久积雪、裸岩	有林地、灌木林地、草甸、草原	稀疏草地	沙漠／沙地	裸土、旱地、盐碱地	0.20

4）土地沙化敏感性。根据《生态功能区划暂行规程》的要求，结合研究区的实际情况，选取干燥度指数、≥ 6 m/s 起沙风天数、土壤质地、植被覆盖度等评价指标。具体评价指标、分区及权重系数见表 5.5。

表 5.5　色林错－普若岗日国家公园土地沙化敏感性评价指标体系

指标	不敏感	轻度敏感	中度敏感	高度敏感	极度敏感	权重
干燥度指数	≤ 1.0	1.0～1.5	1.5～4.0	4.0～16.0	> 16.0	0.35
≥6m/s 起沙风天数（天）	≤ 10	10～20	20～40	40～60	> 60	0.25
土壤质地	基岩	黏质	砾质	壤质	沙质	0.20
植被覆盖度（%）	80～100	60～80	40～60	20～40	0～20	0.20

5）土壤风蚀敏感性。土壤风蚀敏感性的评价指标主要有降雨侵蚀力、土壤可蚀性、地形起伏度、植被覆盖度、风场强度和干燥度指数等。具体评价指标、分区及权重系数见表 5.6。

表 5.6　色林错 – 普若岗日国家公园土壤风蚀敏感性评价指标体系

指标	不敏感	轻度敏感	中度敏感	高度敏感	极度敏感	权重
降雨侵蚀力（R 值）	≤ 25	25 ~ 100	100 ~ 400	400 ~ 600	> 600	0.10
土壤可蚀性（K 值）	0	0 ~ 0.020	0.020 ~ 0.025	0.025 ~ 0.030	> 0.030	0.15
风场强度（m³/s³）	≤ 100	100 ~ 300	300 ~ 500	500 ~ 700	>700	0.25
地形起伏度（m）	≤ 20	20 ~ 50	50 ~ 100	100 ~ 300	> 300	0.10
干燥度指数	≤ 1.0	1.0 ~ 1.5	1.5 ~ 4.0	4.0 ~ 16.0	> 16.0	0.20
植被覆盖度（%）	80 ~ 100	60 ~ 80	40 ~ 60	20 ~ 40	0 ~ 20	0.20

6）生态环境敏感性。生态环境敏感性评价以生物多样性保护的敏感性为主。结合研究区实际情况，选择植被覆盖度、单位面积植被生物量作为评价指标。具体评价指标、分区及权重系数见表 5.7。

表 5.7　色林错 – 普若岗日国家公园生态环境敏感性评价指标体系

类型	不敏感	轻度敏感	中度敏感	高度敏感	极度敏感	权重
单位面积植被生物量（t/hm²）	>80	30 ~ 80	15 ~ 30	5 ~ 15	<5	0.50
植被覆盖度（%）	80 ~ 100	60 ~ 80	40 ~ 60	20 ~ 40	0 ~ 20	0.50

（4）生态系统脆弱性综合评价方法

针对色林错 – 普若岗日国家公园生态环境现状，本书基于生态敏感性 - 生态恢复力 - 生态压力概念模型（刘正佳等，2011），从水土流失、冻融侵蚀、土壤风蚀、土地沙化、生态环境 5 个方面，且各占相同权重，选取地形起伏度、降雨侵蚀力、土壤可蚀性、坡度、植被覆盖、植被覆盖度、年均降水量、气温年较差、干燥度指数、≥ 6m/s 起沙风天数、风场强度、土壤类型、土壤质地、单位面积植被生物量 14 个评价指标，使用层次分析法与主成分分析法相结合的手段，建立了色林错 – 普若岗日国家公园试点建设区生态脆弱性评价指标体系，通过计算生态脆弱性指数（EEVI）对研究区生态环境进行定量分析与评价：

$$\text{EEVI} = \sum_{i=1}^{n} W_i X_i \tag{5-2}$$

式中，EEVI 为生态脆弱性指数；n 为评价指标的个数；W_i 为各评价指标的权重；X_i 为各评价指标分级赋值结果。EEVI 介于 0 ~ 9，值越高，说明生态脆弱性程度越高。脆弱程度分为低度脆弱（EEVI ≤ 4.6）、中度脆弱（4.6 < EEVI < 5.8）、高度脆弱（≥ 5.8）。

（5）主要参数、数据来源与需求

本书所用数据主要包括生态环境要素数据（生态系统分类、生物量、归一化植被指数等）、气候数据（降水量、气温、风速、蒸发量等）、土壤数据（土壤类型、土壤质地、土壤侵蚀）、调研及社会经济统计数据、其他数据（行政区划、DEM 等）。具体说明见表 5.8。

表 5.8　主要参数、数据列表及来源说明

参数	目前数据来源	是否需要更新数据
海拔、坡度、地形起伏度	DEM（30m），美国地质勘探局（United States Geological Survey，USGS）数据共享平台	不需要
年均降水量、月均降水量、气温年较差、起沙风天数、干燥度	中国气象局科学数据共享服务平台西藏22个站点，国家气象局提供的6个县7个站点数据	需要更多气象站点数据
黑颈鹤、雪豹、藏羚、藏野驴、胡兀鹫、玉带海雕、白尾海雕、白肩雕等野生动物的栖息地、迁徙通道	暂以色林错、羌塘国家级自然保护区范围代替	结合第二次青藏高原综合科学考察，识别各种栖息地、迁徙廊道
植被类型；冰川、河流、湖泊、湿地、灌丛等生态系统分布	全国生态环境变化（2010～2015年）调查评估项目（30m；90m）	不需要
地上生物量	全国生态环境变化（2010～2015年）调查评估项目（250m）	不需要
归一化植被指数（NDVI）	全国生态环境变化（2000～2010年）遥感调查评估项目（30m）	需要补充2011～2016年NDVI数据
植被覆盖度	NDVI（250m）（2000～2010年）	需要补充2011～2016年NDVI数据
土壤类型	中国1：100万土壤类型数据	需要分辨率更高的数据
土壤质地	中国土壤质地空间分布数据（1000m）	需要分辨率更高的数据
土壤有机质含量	暂缺	需要补充

5.1.2　公园空间的总体需求平衡

1. 公园功能需求

《建立国家公园体制总体方案》指出："国家公园的首要功能是重要自然生态系统的原真性、完整性保护，同时兼具科研、教育、游憩等综合功能。"同时考虑到该区域拥有重要的文化遗产，对这些文化遗产的保护也应该作为国家公园的重要功能之一。

（1）生态系统原真性和完整性保护

生态系统完整性是指生态系统在特定地理区域的最优化状态，在这种状态下，生态系统具备区域自然生态环境所应包含的全部本土生物多样性和生态学进程，其结构和功能没有受到人类活动胁迫的损害，本地物种处于能够持续繁衍的种群水平（Ortega et al.，2004）[1]。生态系统原真性主要指生态系统处于一种未受或少受人类活动干扰的原始或荒野状态。

通过建立指标体系，评估拟建国家公园区域生态系统原真性和完整性，识别原真性和完整性高的区域，并将其划入国家公园范围内予以保护，是实现国家公园保护生态系统原真性和完整性首要功能的基础工作。

生态系统的完整性常常可以从生物完整性、物理完整性和化学完整性3个方面进行评估（黄宝荣等，2016）[2]。陆域生态系统和水域生态系统完整性评估往往需要用不

---

[1] Ortega M，Velasco J，Guerrero C. An ecological integrity index for littoral wetlands in agricultural catchments of semiarid mediterranean regions. Environmental Management，2004，33（3）：412-430.

[2] 黄宝荣，欧阳志云，郑华. 生态系统完整性内涵及评价方法研究综述. 应用生态学报，2016，11（17）：2196-2202.

同的评估指数和指标（表 5.9）。这些指标或参数数据的获取建立在大量的动植物群落监测、物理性状观测，以及化学组成分析的基础上，是未来科学考察需要重点开展的工作。实际上生物完整性对物理和化学完整性有指示作用，因此建议在青藏科考中重点调查评估生物完整性。

目前，由于缺乏翔实的生物、物理和化学方面的数据支撑，只能通过替代性指标（如生态系统服务功能、生态重要性）或方法（根据已有自然保护区范围确定）或实地考察主观判断（生态学和生物学专家的主观评估）识别区域完整性和原真性高的生态系统的大致分布区域，需要在第二次青藏高原综合科学考察后进一步提高评估的准确性。

生态系统原真性实际上与生态系统完整性息息相关，生态系统原真性高的区域往往也具有较高的生态系统完整性。生态系统原真性可以通过人类活动强度来评估，如通过人口密度、路网密度、建设用地面积比例、放牧强度等指标评估。

（2）重要文化遗产保护

象雄文化、苯教等具有重要的保护价值，一些文化遗址可以纳入国家公园进行保护。同时，一些传统牧业活动也可作为文化遗产的一部分加以保护。

表 5.9　生态系统完整性评价指标体系（黄宝荣等，2016）

生态系统类型	评估领域	评估指数	指标和参数
陆域生态系统	生物完整性	鸟类群落指数	种类丰富度；本地种丰富度；外来种、耐受种、敏感种、杂食种、食种子种、地面觅食种、林冠觅食种、树皮觅食种、窝寄生种、开阔地营巢种、林地地面营巢种、林冠营巢种、灌丛营巢种、洞穴营巢种等种类的数量和总数量
		陆地生物完整性指数	无脊椎动物总科数；双翅目科数；螨蜱目类群丰富度；捕食种、食腐质种、地面居住种类群丰富度；弹尾目昆虫相对丰富度；杂食步甲科类群丰富度
	生态系统功能	生产力指数	生物量；光合效率；叶面积指数
		生态系统演替	植被覆盖类型
		营养物质保持力	土壤质量指数；叶面营养状况
		有机物质分解率	有机质腐烂速度；土壤有机层深度
水域生态系统	生物完整性	鱼类群落生物完整性指数	种类丰富度；鲈鱼科、太阳鱼科、亚口鱼科及敏感种的种类数量和特性；蓝绿鳞鳃太阳鱼、杂食鱼、食虫鲤鱼、食鱼鱼、病鱼、有瘤鱼、鱼翅受损鱼、骨骼异常鱼、杂交种等个体比例；样品中个体数目
		附着生物完整性指数	种类丰富度；硅藻属、藻青菌、优势硅藻、嗜酸硅藻、富营养型硅藻和能动型硅藻的相对丰富度；生物量叶绿素含量碱性磷酸盐活性
		EPT 物种丰富度指数	蜉蝣目、石蝇目、毛翅目、摇蚊科丰富度指数
	物理完整性	物理生境指数	溪流中水滩出现频率；夏季、冬季水面草寇类型和覆盖度；河床底层稳定性；底质质地；溪流横断面形态（沉积和剥蚀）；堤岸稳定性；滨岸带宽度
	化学完整性	水质指数	生化需氧量，溶解氧，总大肠杆菌，总氮，总磷，pH，电导率，碱度，硬度，有机氯浓度，各有机污染物质浓度，各重金属浓度，叶绿素 a 含量

（3）游憩、科研、教育功能

在国家公园内适当开展游憩活动，既能满足公众需求，体现全民公益性，也能为公园自身持续发展提供资金支持。通过科学合理的布局和规划，游憩活动有助于通过小面积开发促进大面积保护。

游憩和自然教育等功能，特别是自驾游，需尽可能布局在生态脆弱性程度低、生态重要程度一般的区域，但也不排斥在一些景观价值高、但生态重要性程度也高的地区开展一些对生态、生物多样性影响较低的徒步游活动。

科研活动可以布局在生态脆弱性高、重要性高的区域，但需制定严格的规范，确保科研活动不会对生态系统和生物多样性造成破坏。

2. 非公园功能需求

（1）居民生活空间需求

拟建国家公园区域仍有数万原住民，保障原住民的居住权利应作为国家公园重要的非公园功能需求之一。

（2）牧业空间需求

畜牧生计活动是藏族物质和精神文化的基础。维持一定规模的畜牧业是当地社会经济层面重要的需求之一。但考虑到当地生态系统和生物多样性的重要保护价值，建议限制和清退商业化牧业的发展。在旅游业尚不能替代畜牧业作为当地居民主要生计来源之前，应维持自给和生计型牧业发展。

3. 不同功能需求的平衡

（1）平衡原则

1）人与自然和谐共存原则。平衡公园功能和非公园功能需要遵循的基本原则是人与自然和谐共存。例如，在原住民与自然长期共存的区域，原住民已经成为当地自然生态系统的一部分，研究显示一些活动，如传统牧业反倒有助于当地生物多样性的保护，因此不应把原住民及其生产活动完全排除在国家公园范围之外，关键在于通过引导规范，促进人与自然的和谐共存。

2）保护性开发原则。区域旅游、科研、教育等公益性开发活动应遵循保护性开发原则，即一切公益性开发活动应从有利于区域生态系统原真性和完整性保护的角度出发。例如，通过旅游开发，将人类活动集中在较小的范围内，通过小部分开发实现大部分保护。

（2）各种功能优先序

第一优先序：生态系统原真性和完整性保护、重要文化遗产保护；第二优先序：游憩、科研、教育等功能，以及原住民居住权；第三优先序：畜牧业发展。

（3）平衡方法

首先，优先将生态系统完整性和原真性高、生态环境脆弱和文化遗产保护价值高的区域划入实施最严格保护的功能区，这一区域应占整个国家公园区域的大部分；其次，在剩下的区域中，结合区域的景观、科研和科普价值的空间分布特征，基于生态化、集约化原则，规划布局游憩、科研、教育等国家公园功能，同时确保原住民的居住权；最后，在自然条件相对优越的区域划定畜牧业发展区，为畜牧业发展预留一定的空间。

5.1.3　旅游空间和生态环境容量

一方面，区域各类野生动物对人类干扰敏感，高寒生态系统也容易受人类踩踏、交通工具碾压而被破坏，因此对一定时间内单位面积的游客和交通工具数量，即区域旅游等公益活动的空间容量做严格的限制。另一方面，区域众多湖泊、河流、湿地是众多鸟类和鱼类的重要栖息地，以及众多野生动物的水源地、繁殖地，同时发挥着水源涵养等重要生态服务功能，应将区域湖泊、河流、湿地生态系统不退化作为生态安全屏障建设的重要任务，因此，水资源和水环境容量应该作为区域公益活动合理容量的重要限制性因素。

1. 空间容量

假设某游览空间面积为 $X_i(\mathrm{m}^2)$，在不影响游览质量的情况下，平均每位游客占用面积为 $Y_i(\mathrm{m}^2/\text{人})$，日周转率为 Z_i。则该游览日空间容量为

$$C_i = \frac{X_i}{Y_i} \times Z_i \tag{5-3}$$

旅游区日空间总容量等于各分区日空间容量之和。即

$$C = \sum C_i \tag{5-4}$$

2. 水资源容量和水环境容量

水资源容量是综合考虑生态需水量和环境需水量条件的容量。水环境容量是水体在不发生富营养化和水体有机污染，满足水质要求情况下的容量。

已有研究表明，西藏地区属于我国重要的水源涵养和生物多样性保护功能区，其水资源开发利用率不应超过10%～20%，否则其生态服务功能会受到明显影响（李斌等，2016）。对于湖泊、湿地及其为珍稀野生动物提供的生境，应该实行更严格的采水限制，具体允许的水资源开采率需要进一步研究确定，目前可确定为5%。因此，水资源可开采量可按下式计算：

$$\mathrm{TWS} = W_\mathrm{T} \times 5\% - W_\mathrm{SC} \tag{5-5}$$

式中，TWS 为旅游可供水量；W_T 为地区水资源总量；W_SC 为当地社会经济发展用水量。

5.1.4　基础设施服务保障能力

1. 交通可达性

交通可达性是某地对外沟通程度和便捷度的综合反映，常用最短旅行时间、加权

平均旅行时间及日常可达性等指标来衡量，其中，加权平均旅行时间在反映区域交通可达性中运用得较为广泛和成熟，计算公式为

$$A_i = \sum_{j=1}^{n} \left(T_{ij} \times M_j \right) / \sum_{j=1}^{n} M_j \tag{5-6}$$

式中，A_i 为旅游资源 i 的交通可达性；T_{ij} 为节点 j 到旅游资源 i 的最短距离，采用时间衡量；M_j 为节点 j 的质量，可以是节点 j 为旅游资源 i 贡献的旅游者数量或者旅游收入。A_i 越小，说明旅游资源的可达性越高。

由于那曲地区以陆路运输为主，区域内旅游资源的综合交通可达性计算公式为

$$A = A_{ir} \times w_{ir} + A_{ih} \times w_{ih} \tag{5-7}$$

式中，A 为旅游资源 i 的综合交通可达性；A_{ir} 为铁路交通可达性；A_{ih} 为公路交通可达性；w_{ir}、w_{ih} 为铁路、公路的可达性权重，可以取各自客运中转量占总客运中转量的比重。同理，可以把节点到整个区域内任意旅游资源的最短时间定义为全域性分析，把全域性分析所得到的平均值看作每个区域的可达性值。

2. 能源需求与能源保障能力

根据已有研究，旅游业的能源消耗主要来自旅游交通、住宿业和旅游活动 3 个方面（吴普和岳帅，2013）。

其中，旅游交通能源消耗是旅游业能源消耗的重要组成部分，占主导地位。从全球来看，其占旅游业总能耗的 94%。旅游交通能耗的计算公式为

$$TE = \sum_{i=1}^{n} P_i \times D_i \times \beta_i \tag{5-8}$$

式中，TE 为旅游交通能源消耗；P_i 为乘坐 i 类交通工具（飞机、火车、汽车等）的旅游者人数；D_i 为乘坐 i 类交通工具（飞机、火车、汽车等）的出游距离（km）；β_i 为乘坐 i 类交通工具（飞机、火车、汽车等）的能源消耗因子（MJ/pkm）。

住宿业能源消耗主要来自水、气、电的消耗，通过将酒店年消耗的水、气、电按照一定转换系数转换，就可以将其转换为酒店年能源消耗量。旅游活动按动机和内容一般可分为观光、商务、会展、度假、休闲、宗教、生态旅游等，旅游者从事不同的旅游活动，每天的能源消耗量有所差异。

3. 水资源需求

旅游活动用水量包括旅游生活用水量和旅游生产用水量。其中，旅游生活用水量包括旅游者用水量和旅游从业人员用水量；旅游生产用水量包括旅游酒店用水量和旅游景区用水量。

$$TWCL_1 = N_1 \times D_1 \times S_1 \tag{5-9}$$

式中，$TWCL_1$ 为旅游者用水量；N_1 为每年的过夜旅游者人数；D_1 为旅游者平均逗留时间；S_1 为每位旅游者的用水标准。

$$TWCL_2 = N_2 \times D_2 \times S_2 \tag{5-10}$$

式中，$TWCL_2$ 为旅游从业人员用水量；N_2 为旅游从业人员人数；D_2 为旅游从业人员年工作时间；S_2 为旅游从业人员用水标准。

根据已有研究（秦远好，2006）和《南京市城市节约用水规划 2006—2020》，过夜旅游者的用水量为：四、五星级酒店的用水量在 1.2 t/（人·d）以上，三星级酒店为 1.05 t/（人·d），三星级以下酒店为 0.36t/（人·d），一般住宿设施为 0.357 t/（人·d）。旅游从业人员用水标准采用《城市居民生活用水量标准》（GB/T 50031—2002）中第六区 B 类用水户的水量标准，为 0.158 t/（人·d）。

$$TWC_{PH} = N_3 \times S_3 \times D_1 \tag{5-11}$$

式中，TWC_{PH} 为旅游酒店用水；N_3 为各级酒店每年接待的旅游者数量；S_3 为旅游酒店的用水（包括洗涤、绿化、游泳池及消防用水等）标准。

旅游酒店的洗涤、绿化、游泳池及消防用水按每个住宿游客每天 0.3t 的标准。

4. 生活垃圾排放现状和趋势

生活垃圾生产量可以根据《生活垃圾生产量计算及预测方法》（CJ/T 106—2016）中的采样法进行计算。采样点应设在生活垃圾产生源处，并根据调查区域的服务人口数量确定最少采样点数。50 人以下、50 ～ 100 人、100 ～ 200 人及 200 人以上分别设置的采样点数至少为 8 个、16 个、20 个和 30 个。采样间隔时间宜不少于 7 天。调查区域的生活垃圾产生源功能区可分为居住区、企事业区、商业区、交通场区、清扫保洁区等。

采样点生活垃圾日产生量统计包括称重法和容重法两种。对便于直接称重的生活垃圾采用称重法：

$$y_m = \sum_{n=1}^{N} y_{mn} / N \tag{5-12}$$

式中，y_m 为第 m 个采样点生活垃圾日产生量（kg/d）；y_{mn} 为第 m 个采样点第 n 次采样现场称重的生活垃圾产生量（kg/d）；N 为第 m 个采样点的采样频率。

对于不便直接称重的生活垃圾，采用容重法计算：

$$y_m = \sum_{n=1}^{N} \rho_{mn} V_{mn} / N \tag{5-13}$$

式中，ρ_{mn} 为第 m 个采样点第 n 次采样的生活垃圾容重（kg/m³）；V_{mn} 为第 m 个采样点第 n 次采样的生活垃圾体积（m³/d）。

将所有采样点的生活垃圾日产生量及采样点服务的人口数量、人次数或面积按照功能区进行汇总，参考《生活垃圾生产量计算及预测方法》（CJ/T 106—2016）中的附录 B 计算各功能区采样点的生活垃圾日产生量和其汇总的人口数量、人次数或面积的比值，得到各功能区的人均生活垃圾日产生量和其汇总的人口数量、人次数或面积的比值，即得到各功能区的人均生活垃圾日产生量等指标。参考《生活垃圾生产量及计算预测方法》（CJ/T 106—2016）附录 C 计算调查区域内各功能区生活垃圾日产生量。

汇总各功能区的生活垃圾日产生量，可以得到调查区域的生活垃圾日产生量。

对未来的生活垃圾产生量可以通过增长率预测法进行预测，将基准年生活垃圾年产生量作为预测基数，预测生活垃圾年产生量的公式为

$$Y = Y_0 \times (1+r)^t \qquad (5\text{-}14)$$

式中，Y_0 为基准年生活垃圾年产生量（kg）；r 为生活垃圾年产生量的年均增长率（%）；t 为预测年限。

5.1.5 社会接受能力

当地社区民众的意愿和认同感是影响国家公园合理容量的重要因素。从国家公园功能看，无论是科研、环境教育还是游憩活动，都可能在一定程度上影响和冲击社区居民原来的生活方式、风俗习惯；从非国家公园功能看，当地居民的畜牧业发展、建筑物建设等可能会受到国家公园相关空间管制、标准等的影响，甚至可能需要搬迁。这些都可能引起居民的反感和抵制情绪。无论在国内还是在国外，这方面都有相应的例子。以法国为例，由于忽视地方利益和基层社区参与，20 世纪 60 年代以来国家公园建设导致各方矛盾极度尖锐，迫不得已又于 2006 年启动新一轮改革，尽管多数国家公园建设已取得了明显进展，但一些国家公园（如瓦娜色国家公园）由于历史原因，改革仍然阻力重重。

鉴于目前尚处于国家公园建设的可行性论证阶段，本次研究的目的是判断现阶段社会接受能力是否构成建设国家公园及开展相应公益活动（重点是游憩）的障碍。为此，本研究采用基于社会调查学的分析方法获取当地居民对国家公园和旅游发展的认可程度。问卷的设计参考了国内外相关研究的设计方法，并根据当地实际情况进行了调整，调查问卷的重点在于 3 个方面：一是当地居民对开展国家公园建设及旅游活动的了解程度；二是地方民众参与国家公园建设和旅游活动的意愿；三是地方居民对国家公园建设和旅游活动存在的顾虑。作为预调查，对当地 3 个乡镇的居民进行了随机调查，问卷回收了 40 份。但总体样本量偏少，将来需进一步扩大调查样本量，增强数据的可靠性。

5.2 生态系统脆弱性分析

5.2.1 限制性因子

1. 海拔

鉴于青藏高原雪线高度在 4000 ～ 6000 m，藏北地区雪线高度超过 5000 m，且在海拔高于 5000 m 的情况下开展旅游开发活动对生态和游客的压力较大，因此将海拔 5000 m 以上作为生态脆弱区的限制因子。本书基于 30 m 的 DEM 数据，将海拔 5000 m 以上的区域以 500 m 间隔进一步分级，具体见图 5.3。

色林错 – 普若岗日国家公园海拔超过 5000 m 的地区占整个建设区的 41.4%，总面积为 125619 km^2。其中 5000 ～ 5500 m 是限制区内主要海拔范围，面积比例达 38.9%，

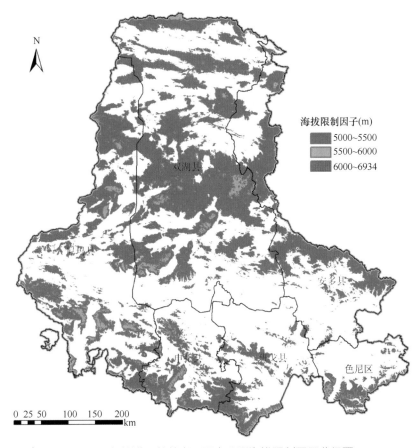

图 5.3　色林错 – 普若岗日国家公园海拔限制因子分级图

占整个海拔限制区的 94%；海拔超过 6000 m 的区域面积比例仅占 0.1%，主要分布在双湖县的普若岗日冰川、尼玛县的达果雪山、申扎县的杰岗冰川，以及班戈县的念青唐古拉雪山。5500 ～ 6000 m 的区域面积为 7272 km²，主要位于尼玛县和双湖县的中部、尼玛县的南部，以及申扎县的南部区域（表 5.10）。

表 5.10　色林错 – 普若岗日国家公园海拔限制因子

海拔分级（m）	面积（km²）	比例（%）
5000 ～ 5500	118081	38.9
5500 ～ 6000	7272	2.4
6000 ～ 6934	266	0.1
合计	125619	41.4

2. 坡度

坡度在大于 25° 的情况下容易发生滑坡，开垦后容易造成水土流失，《城市用地竖

155

向规划规范（CJJ 83—2016）》明确规定，城市各类建设用地最大坡度不超过 25°，影响工程建设、地下管线铺设等；考虑到该区域的生态敏感性，供游客游憩的区域坡度应小于 15°，供旅游区服务设施、科研、教育设施建设的坡度应该小于 3°；综合来看，坡度大于 15° 也应作为生态脆弱性分区的限制性因子（图 5.4）。

3. 重要生态系统分布

色林错－普若岗日国家公园建设区内主要植被类型是草地和草甸，缺少森林、灌丛等生态系统的分布，2015 年生态系统类型面积统计显示，森林和灌丛生态系统面积比例之和仅为 1.18%，属于稀缺生态系统类型，也是脆弱性较高的生态系统类型；区内分布着以沼泽、湖泊、河流为主的湿地生态系统，以冰川及永久积雪为辅的冰雪生态系统，构成了独一无二的中华水塔，因此上述稀缺的灌丛生态系统，以及独一无二的湿地和冰雪生态系统都属于脆弱的生态系统类型，应予以严格保护。本书基于色林错－普若岗日国家公园建设区域 2015 年的生态系统分类结果，筛选出上述 3 种重要的生态系统类型，作为高度脆弱区的限制性因子。具体空间分布和统计结果见图 5.5 和表 5.11。

色林错－普若岗日国家公园建设区内重要的生态系统类型包括冰川及永久积雪、河流、湖泊、湿地和灌丛，面积共计 31696 km²，占建设区总面积的 10.44%。其中河流、湖泊、湿地为主要生态系统类型，占建设区总面积的 8.64%；其次是灌丛生态系统，面积比例为 1.18%，主要分布在尼玛县的中部、北部，以及双湖县的北部地区；冰川及

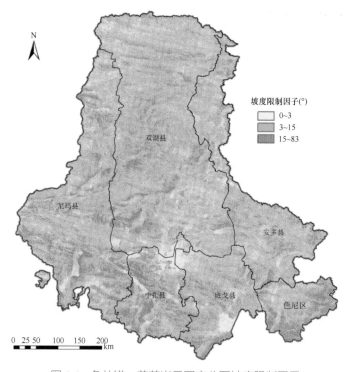

图 5.4　色林错－普若岗日国家公园坡度限制因子

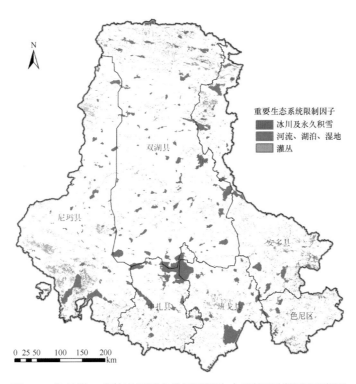

图 5.5　色林错 – 普若岗日国家公园重要生态系统限制因子示意图

2017 年起，那曲县改称色尼区

表 5.11　色林错 – 普若岗日国家公园重要生态系统限制因子

生态系统类型	面积（km²）	比例（%）
冰川及永久积雪	1876	0.62
河流、湖泊、湿地	26230	8.64
灌丛	3590	1.18
合计	31696	10.44

永久积雪面积为 1876 km²，是面积比例最小的重要生态系统类型，主要分布在双湖县、色尼区境内。

4. 野生动植物栖息地

色林错 – 普若岗日国家公园潜在建设区生物多样性丰富，是黑颈鹤、雪豹、藏羚羊、野牦牛、藏野驴等珍稀野生动物的重要栖息地。这些栖息地容易受人类活动的干扰而被破坏，因此建议直接划入生态环境脆弱区对其实施严格保护。目前，由于缺乏高精度的生物多样性及珍稀野生动物栖息地数据，研究暂以区域内两个国家级自然保护区分布范围代替需要重点保护的野生动物栖息地（表 5.12 和图 5.6），待科考进一步深化后再做进一步调整优化。

表 5.12　色林错 – 普若岗日国家公园国家级自然保护区面积比重

自然保护区	面积（万 km²）	面积比例（%）
羌塘国家级自然保护区	14.52	47.84
色林错黑颈鹤国家级自然保护区	12.54	8.36
合计	17.06	56.20

图 5.6　两个国家级自然保护区分布范围

　　羌塘国家级自然保护区主要保护对象为国家重点保护野生动物藏羚、野牦牛、雪豹、藏野驴、藏原羚等物种及其栖息分布的高寒荒漠生态系统。色林错黑颈鹤国家级自然保护区主要保护对象是国家 I 级重点保护野生动物和被列入《濒危野生动植物物种国际贸易公约》（CITES）附录 I 所列物种名单中的黑颈鹤及其繁殖栖息的湿地生态系统。

5.2.2　分级因子

1. 冻融侵蚀敏感性

　　根据通用水土流失方程的基本原理，选择地形起伏度因子、年均降水量、植被覆盖度、气温年较差、坡度及土壤类型因子，对色林错 – 普若岗日国家公园区域的冻融侵蚀性进行评价（图 5.7～图 5.10）。

植被覆盖度是衡量地表植被覆盖的一个重要指标，在土地沙漠化评价、水土流失监测和冻融侵蚀评价模型中都将植被覆盖度作为重要输入参数。本节采用像元二分模型，根据 2000～2010 年 NDVI 年均值获得植被覆盖度（VC）指标。

$$VC = (NDVI - NDVI_s)/(NDVI_v - NDVI_s) \tag{5-15}$$

式中，VC 为植被覆盖度因子（%）；NDVI 为归一化植被指数；$NDVI_s$ 为完全是裸土或无植被覆盖区域的 NDVI 值；$NDVI_v$ 则代表完全被植被所覆盖的区域的 NDVI 值，即纯植被像元的 NDVI 值。年最大 NDVI 可以较好地反映该年度植被长势最好季节的地表的

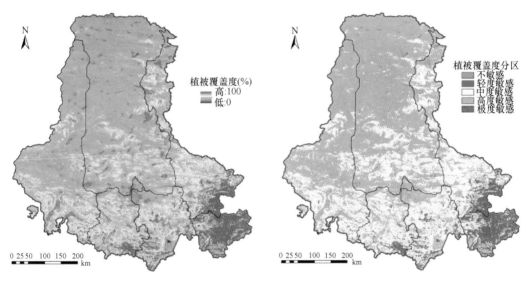

图 5.7　色林错 – 普若岗日国家公园植被覆盖度因子分区

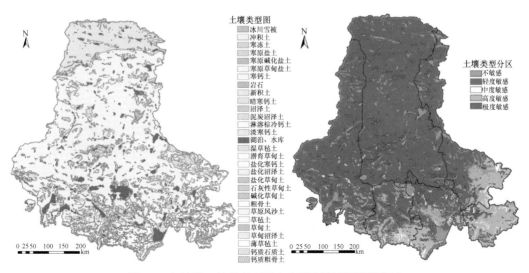

图 5.8　色林错 – 普若岗日国家公园土壤类型因子分区

159

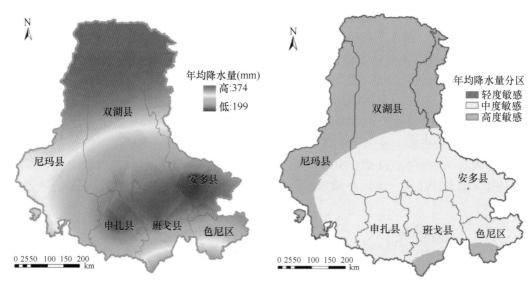

图 5.9　色林错 – 普若岗日国家公园年均降水量因子分区

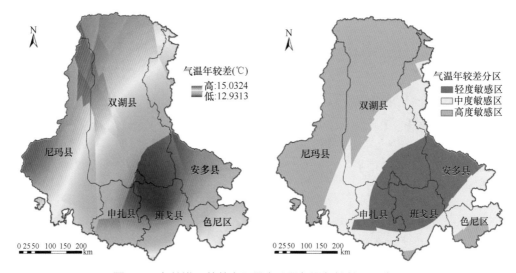

图 5.10　色林错 – 普若岗日国家公园气温年较差因子分区

植被覆盖程度。在实际计算中，取 NDVI 最大值代替 $NDVI_v$ 和最小值代替 $NDVI_s$。

综合 6 个评价因子和因子权重，基于 ArcGIS 软件平台，采用栅格计算器，计算色林错 – 普若岗日国家公园冻融侵蚀敏感性分区。根据敏感性分区标准，获得色林错 – 普若岗日国家公园冻融侵蚀敏感性单因子分区（表 5.13 和图 5.11）。由此可以看出，色林错 – 普若岗日国家公园建设区主要属于轻度敏感区和中度敏感区，二者的面积比例占 69.26%，中度敏感区主要位于尼玛县和双湖县境内；不敏感区域占近 1/3，面积比例达 29.35%，主要分布于色林错 – 普若岗日国家公园建设区南部地区，在班戈县、安多县分布最为广泛；高度敏感区面积比例仅为 1.39%，主要分布于尼玛县西部及双湖县中部；不存在极度敏感区。

表 5.13　色林错 – 普若岗日国家公园冻融侵蚀敏感性分区统计

分区	面积 (km²)	比例 (%)
不敏感区	89080	29.35
轻度敏感区	141344	46.56
中度敏感区	68908	22.70
高度敏感区	4220	1.39
极度敏感区	0	0
合计	303552	100

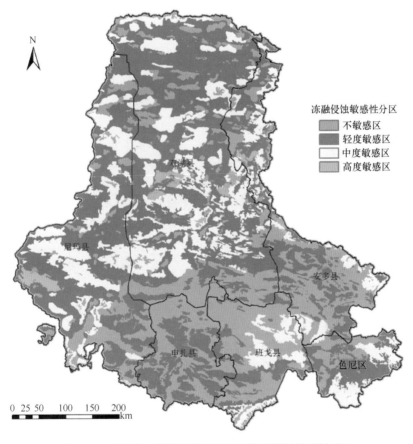

图 5.11　色林错 – 普若岗日国家公园冻融侵蚀敏感性分区

2. 水土流失敏感性

根据通用水土流失方程的基本原理，本节选择降雨侵蚀力、土壤可蚀性、坡度、地形起伏度及植被覆盖因子，对色林错 – 普若岗日国家公园区域由降水导致的土壤侵蚀性进行评价。

降雨侵蚀力是土壤侵蚀的主要推动因素，展现了降雨对土壤产生的潜在侵蚀能力的大小。雨水冲刷地表径流及对土壤的搬运导致水土流失，因此降水侵蚀力的计算对土壤侵蚀定量评估的意义也显得尤为重要。最早提出降雨侵蚀力概念的是 Wischmeier，本节采用 Wischmeier 的月尺度计算降雨侵蚀力 R（Wischmeier and Smith，1958），其计算公式为

$$R = \sum_{i=1}^{12} 1.735 \times 10^{\left[\left(1.5 \times \lg \frac{P_i^2}{P}\right) - 0.8188\right]} \tag{5-16}$$

式中，R 为降雨侵蚀力 [MJ·mm/(hm^2·h)]；P_i 为月平均降水量（mm）；P 为年平均降水量（mm）。

在获得降雨侵蚀力的基础上，进一步根据生态环境敏感性分区，将降雨侵蚀力分区分为轻度敏感区、中度敏感区和高度敏感区，具体见图 5.12。

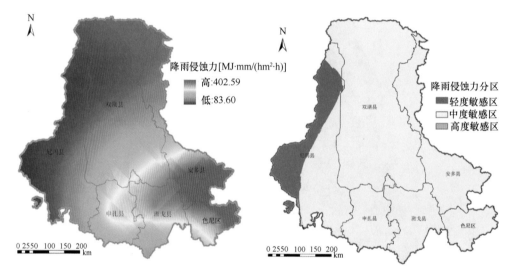

图 5.12　色林错－普若岗日国家公园降雨侵蚀力及其敏感性分区

土壤可蚀性因子用于反映土壤对侵蚀的敏感性，或土壤被降雨侵蚀力分离、流水冲刷和搬运难易程度。目前我国确定大多数土壤类型的可侵蚀性因子仍需借助于土壤可蚀性与土壤质地参数建立的关系。本节采用 William 和 Arnold（1997）建立的土壤可蚀性与土壤机械组成和有机碳含量的计算公式：

$$K = 0.1317 \left\{ 0.2 + 0.3 \exp\left[-0.0256 \times \text{SAN} \times (1 - \text{SIL}/100)\right] \right\} \left(\frac{\text{SIL}}{\text{CLA} + \text{SIL}}\right)^{0.3}$$

$$\left[1.0 - \frac{0.25C}{C + \exp(3.72 - 2.95C)}\right] \left\{1.0 - \frac{0.7 \times (1 - \text{SAN}/100)}{(1 - \text{SAN}/100) + \exp\left[-5.51 + 22.9 \times (1 - \text{SAN}/100)\right]}\right\}$$

$$\tag{5-17}$$

式中，K 为土壤可蚀性 [t·hm^2·h/(MJ·hm^2·mm)]；SAN、SIL、CLA 和 C 为砂粒（0.05～2 mm）、粉粒（0.002～0.05 mm）、黏粒（< 0.002 mm）和有机碳含量（%）；0.1317 为美制单位转换为国际单位的系数。

在获得土壤可蚀性因子的基础上，进一步根据生态环境敏感性分区，将土壤可蚀性分区分为不敏感区、中度敏感区、高度敏感区和极度敏感区，具体见图 5.13。

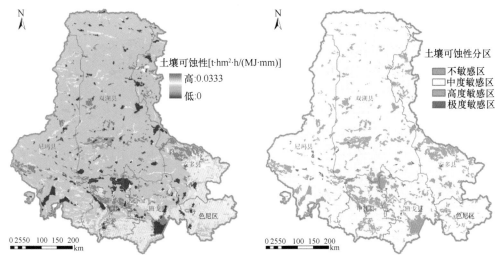

图 5.13　色林错 – 普若岗日国家公园土壤可蚀性及其敏感性分区

土壤侵蚀是多因素共同作用的结果，主要分为自然因素（地形地貌、土壤类型、植被覆盖、降水量等）和人为因素两大类。研究表明，在诸多因素中，对土壤侵蚀的作用尤为突出的是地形因子，而地形起伏度和坡度因子是影响土壤侵蚀的两个重要影响因子。

地形起伏度又称地表起伏度，是区域海拔和地表切割程度的综合表征。本节基于 30 m×30 m 的数字高程模型（DEM），利用窗口分析和数理统计等方法，定量计算了色林错 – 普若岗日国家公园建设地区的地形起伏度，为科学评价生态环境脆弱性奠定了基础（图 5.14）。

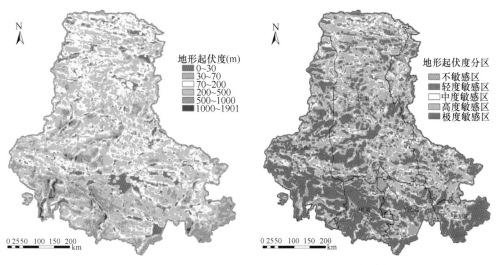

图 5.14　色林错 – 普若岗日国家公园地形起伏度及其敏感性分区

$$RDLS = H_{max} - H_{min} \tag{5-18}$$

基于 30 m×30 m 的数字高程模型，采用坡面分析的方法，计算色林错－普若岗日国家公园建设区域内坡度的大小，并根据敏感性分区标准，获得色林错－普若岗日国家公园坡度分区（图 5.15）。

基于 2015 年的生态系统分类数据，根据敏感性分区标准，获得色林错－普若岗日国家公园植被覆盖分区（图 5.16）。

综合 5 个评价因子和因子的权重，基于 ArcGIS 软件平台，采用栅格计算器，计算色林错－普若岗日国家公园水土流失敏感性分区。根据敏感性分区标准，获得色林错－普若岗日国家公园水土流失敏感性单因子分区（图 5.17、表 5.14）。由此可以看出，色林错－普若岗日国家公园建设区主要属于中度敏感区，面积比例为83.00%，不敏感区仅占 1.85%，主要位于湖泊、永久性冰川分布区；高度敏感区仅占 1.37%，主要位于双湖县南部、申扎县北部，以及尼玛县中部与双湖县交界地区；不存在极度敏感区。

3. 风蚀敏感性

土壤风蚀敏感性评价指标主要有降雨侵蚀力、土壤可蚀性、地形起伏度、植被覆盖度、风场强度和干燥度指数等。

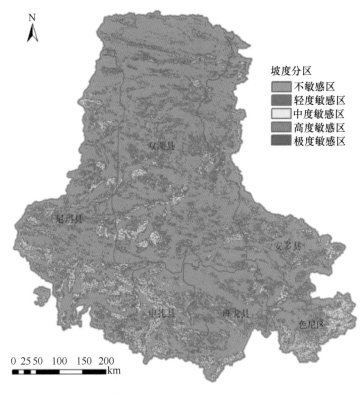

图 5.15　色林错－普若岗日国家公园坡度分区

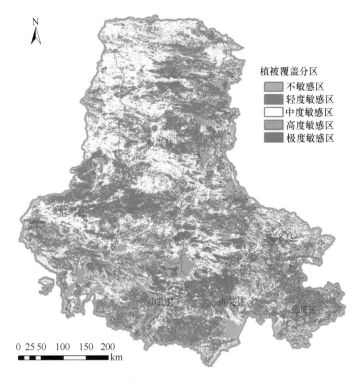

图 5.16　色林错 – 普若岗日国家公园植被覆盖分区

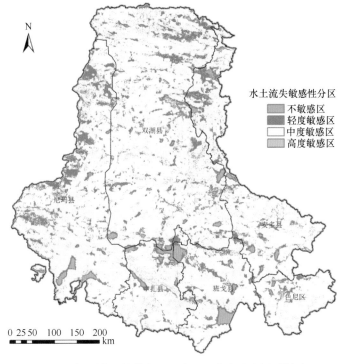

图 5.17　色林错 – 普若岗日国家公园水土流失敏感性分区

表 5.14　色林错–普若岗日国家公园水土流失敏感性分区统计

分区	面积（km²）	比例（%）
不敏感区	5624.95	1.85
轻度敏感区	41830.68	13.78
中度敏感区	251939.33	83.00
高度敏感区	4157.03	1.37
极度敏感区	0	0
合计	303552	100

　　综合 6 个评价因子和因子的权重，基于 ArcGIS 软件平台，采用栅格计算器，计算色林错–普若岗日国家公园土壤风蚀敏感性分区。根据敏感性分区标准，获得色林错–普若岗日国家公园土壤风蚀敏感性单因子分区（图 5.18、表 5.15）。由此可以看出，色林错–普若岗日国家公园建设区主要属于不敏感区和轻度敏感区，二者的面积比例之和占 98.28%；中度敏感区和高度敏感区二者比例仅为 1.72%，主要位于双湖县和尼玛县北部、双湖县南部，以及班戈县北部与双湖县南部交界地区，安多县和色尼区不存在中度敏感区和高度敏感区；不存在极度敏感区。

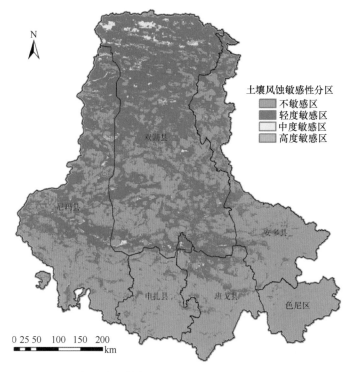

图 5.18　色林错–普若岗日国家公园土壤风蚀敏感性分区

表 5.15　色林错 – 普若岗日国家公园土壤风蚀敏感性分区统计

分区	面积（km²）	比例（%）
不敏感区	171687	56.56
轻度敏感区	126645	41.72
中度敏感区	4523	1.49
高度敏感区	697	0.23
极度敏感区	0	0
合计	303552	100

4. 沙化敏感性

影响土地沙化的因素有很多，根据《生态功能区划暂行规程》要求，并结合研究区实际情况，选取干燥度指数、起沙风天数、土壤质地、植被覆盖度等评价指标。

干燥度指数是表征一个地区干湿程度的指标，反映某地、某时水分的收入和支出状况，通常定义为年蒸发能力和年降水量的比值（图 5.19）。

$$r = E_0 / P \tag{5-19}$$

式中，r 为干燥度指数；E_0 为区域年蒸发量（mm）；P 为区域年降水量（mm）。色林错 – 普若岗国家公园干燥度指数因子分区如图 5.19 所示。

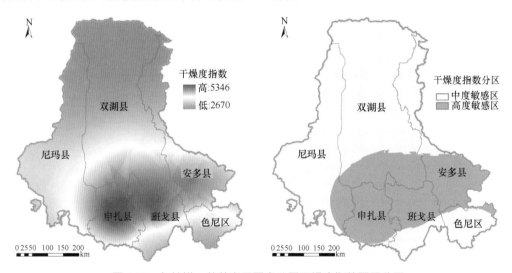

图 5.19　色林错 – 普若岗日国家公园干燥度指数因子分区

综合 4 个评价因子和因子权重，基于 ArcGIS 软件平台，采用栅格计算器，计算色林错 – 普若岗日国家公园土地沙化敏感性分区。根据敏感性分区标准，获得色林错 – 普若岗日国家公园土地沙化敏感性单因子分区（图 5.20、表 5.16）。由此可以看出，色林错 – 普若岗日国家公园建设区主要属于不敏感区，面积比例为 71.59%；中度敏感区面积比例为 18.92%，主要分布在尼玛县、双湖县、班戈县及申扎县境内，围绕色林错周边分布广泛；高度敏感区面积占 9.49%，主要分布在双湖县北部和南部，以及尼玛县中部区域；无轻度敏感区和极度敏感区。

土地沙化敏感性分区
■ 不敏感区
□ 中度敏感区
■ 高度敏感区

图 5.20　色林错-普若岗日国家公园土地沙化敏感性分区

表 5.16　色林错-普若岗日国家公园土地沙化敏感性分区统计

分区	面积（km²）	比例（%）
不敏感区	217308.55	71.59
轻度敏感区	0.00	0.00
中度敏感区	57431.15	18.92
高度敏感区	28812.30	9.49
极度敏感区	0	0
合计	303552	100

5. 生境敏感性

　　生境敏感性评价以生物多样性保护的敏感性为主。结合研究区实际情况，将植被覆盖度、单位面积植被生物量作为评价指标（图 5.21）。

　　根据敏感性分区标准，获得色林错-普若岗日国家公园生境敏感性单因子分区（图 5.22、表 5.17）。由此可以看出，色林错-普若岗日国家公园建设区主要属于中度敏感区和高度敏感区，二者的面积比例为 79.46%，其中中度敏感区主要分布在色林错国家建设区南部地区，而高度敏感区面积比例达 49.41%，主要分布在色林错-普若岗日国家公园建设区的北部；不敏感区仅占 4.50%，主要分布在色尼区中东部，以及安多县的东部地区；极度敏感区面积比例为 0.34%，主要分布在双湖县北部班戈县南部地区。

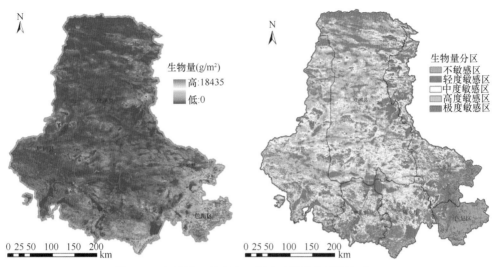

图 5.21　色林错 - 普若岗日国家公园生物量因子分区

图 5.22　色林错 - 普若岗日国家公园生态环境敏感性分区

5.2.3　生态系统脆弱性综合评价

　　生态系统脆弱性综合评价采用 SRP 概念模型，在生态环境敏感性分级因子评价的基础上，进一步根据限制性因子界定生态系统脆弱性分区。

表 5.17　色林错-普若岗日国家公园生态环境敏感性分区统计

分区	面积（km²）	比例（%）
不敏感区	13647.60	4.50
轻度敏感区	47646.98	15.70
中度敏感区	91214.53	30.05
高度敏感区	150000.14	49.41
极度敏感区	1042.76	0.34
合计	303552	100

1. 空间格局

　　色林错-普若岗日国家公园建设区生态系统脆弱性评估结果显示（图 5.23、表 5.18），高度脆弱区占 57.60%，主要分布在色林错-普若岗日国家公园的西部和北部地区；中度脆弱区占 35.02%，呈现出在羌塘国家级自然保护区南北分布的典型特征；低度脆弱区仅占 7.38%，主要分布在色林错东部地区。人类活动和旅游开发活动主要在低度脆弱区开展，严格限制在高度脆弱区发展，控制在中度脆弱区发展。

　　从不同脆弱区的县域空间分布来看，尼玛县的低度脆弱区面积最小，仅 1189 km²，而安多县的低度脆弱区面积最大，达 6508 km²，双湖县低度脆弱面积仅次于安多县，

图 5.23　色林错-普若岗日国家公园生态系统脆弱性分区

表 5.18　色林错 – 普若岗日国家公园生态系统脆弱性分区统计

项目		低度脆弱区	中度脆弱区	高度脆弱区	合计
研究区	面积（km²）	22417	106302	174833	303552
	比例（%）	7.38	35.02	57.60	100
尼玛县	面积（km²）	1189	29120	42880	73189
	比例（%）	1.62	39.79	58.59	100
双湖县	面积（km²）	4489	42672	69435	116596
	比例（%）	3.85	36.60	59.55	100
申扎县	面积（km²）	1457	7910	16298	25665
	比例（%）	5.68	30.82	63.50	100
班戈县	面积（km²）	4469	10474	13510	28453
	比例（%）	15.71	36.81	47.48	100
安多县	面积（km²）	6508	12305	24653	43466
	比例（%）	14.97	28.31	56.72	100
色尼区	面积（km²）	4309	3840	8034	16183
	比例（%）	26.63	23.73	49.64	100

虽然色尼区低度脆弱区面积仅为 4309 km²，但占色尼区的比重却最高，达 26.63%，而且色尼区交通等基础设施相对完善，可以作为色林错 – 普若岗日国家公园旅游开发活动的重点分布区。高度脆弱区集中分布在色林错西部和北部的双湖县、尼玛县和申扎县，占总脆弱区面积的 57.60%；双湖县高度脆弱区面积分布最广，达 69435 km²，占其县域面积的近 3/5，主要位于羌塘国家级自然保护区内；尼玛县高度脆弱区面积仅次于双湖县，为 42880 km²；虽然申扎县高度脆弱区面积仅为 16298 km²，但占其县域总面积的 63.50%，是色林错 – 普若岗日国家公园涉及 6 县中高度脆弱区面积占比最高的县；色尼区是高度脆弱区分布最小的县，其面积为 8034 km²。中度脆弱区的空间分布类似于高度脆弱区，集中分布在双湖县、尼玛县和安多县，其中双湖县是中度脆弱区分布面积最广的县，面积达 42672 km²，主要位于双湖县的北部和南部；色尼区是中度脆弱区分布面积最小的县，面积仅为 3840 km²，主要位于色尼区西部和北部；尼玛县是中度脆弱区分布面积占比最高的县，面积为整个县域的 39.79%，主要位于尼玛县中部和北部。

2. 动态变化

（1）生态系统格局变化

基于 2000 年和 2010 年的生态十年环境感监测土地覆盖分类结果，将两个年份的土地覆盖类型进行重分类，获得 2000 年和 2010 年该地区生态系统分类结果，包括森林、灌丛、草地、湿地、农田、城镇、荒漠、冰川及永久积雪 8 个生态系统类型（图 5.24）。

2000 ~ 2010 年，色林错 – 普若岗日国家公园内除森林生态系统未发生变化以外，

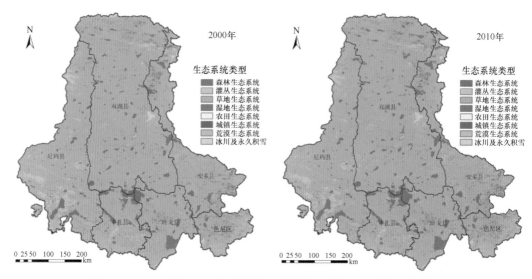

图 5.24　2000 年和 2010 年色林错－普若岗日国家公园生态系统类型

其他生态系统类型均呈现出不同程度的结构和空间变化，灌丛、草地、荒漠生态系统面积均呈减少趋势，其他生态系统类型面积略有增加（表 5.19、图 5.25）。湿地面积增加了 1629.5625 km²，是增速最快的生态系统类型，主要由草地和荒漠转化而来；城镇面积增加了 23.4279 km²，主要由草地转化而来。草地面积减少了 1506.5190 km²，是减速最快的生态系统类型，年均减少率为 0.0590%，主要转为湿地、城镇和荒漠；灌丛生态系统面积减幅最小，主要转为城镇生态系统类型。

表 5.19　色林错－普若岗日国家公园生态系统结构变化（2000 ～ 2010 年）

类型	面积（km²）		比例（%）		2000 ～ 2010 年变化量		
	2000 年	2010 年	2000 年	2010 年	面积（km²）	比例绝对变化量（%）	变化率（%）
森林	0.8883	0.8883	0.0003	0.0003	0	0	0
灌丛	3589.5465	3589.1982	1.1825	1.1824	−0.3483	−0.0001	−0.0010
草地	255270.7503	253764.2313	84.0945	83.5982	−1506.5190	−0.4963	−0.0590
湿地	23777.4762	25407.0387	7.8331	8.3699	1629.5625	0.5368	0.6853
农田	23.7132	23.7816	0.0078	0.0078	0.0684	0.0000	0.0288
城镇	250.4718	273.8997	0.0825	0.0902	23.4279	0.0077	0.9354
荒漠	18622.8180	18476.6103	6.1350	6.0868	−146.2077	−0.0482	−0.0785
冰川及永久积雪	2016.5706	2016.5868	0.6643	0.6643	0.0162	0.0000	0.0001

（2）生物量变化

2000 ～ 2010 年，在地上生物量统计面积不变的情况下，色林错－普若岗日国家公园地上生物量的总量由 1155.37 万 t 增加到 1585.91 万 t，增加了 37.26%；平均生物量由 38.0746 g/m² 增长到 52.2629 g/m²。生物量减少区主要位于色林错 – 普若岗日国家公园东部和南部，其中尼玛县、申扎县减少的最显著（图 5.26、图 5.27）。

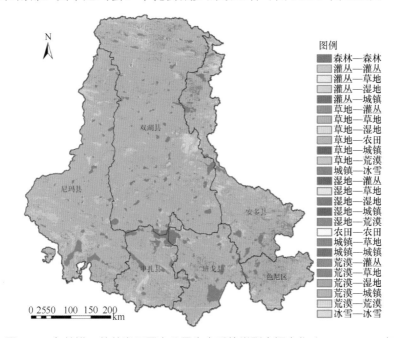

图 5.25　色林错 – 普若岗日国家公园生态系统类型空间变化（2000 ～ 2010 年）

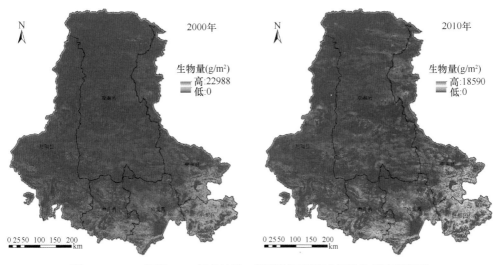

图 5.26　2000 年和 2010 年色林错 – 普若岗日国家公园生物量空间格局

（3）植被覆盖度变化

色林错 – 普若岗日国家公园内高植被覆盖度主要分布于色林错 – 普若岗日国家公园东部和南部地区，其中那曲县[①]植被覆盖度最高；双湖县和尼玛县北部是植被覆盖

———————

① 2017 年起，那曲县改称色尼区。

图 5.27　色林错－普若岗日国家公园生物量空间变化（2000 ～ 2010 年）

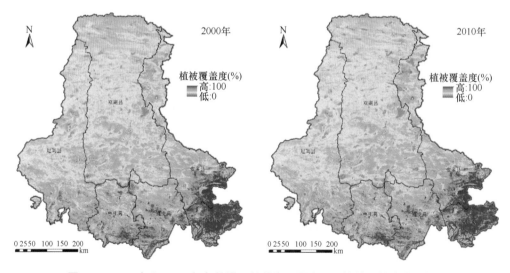

图 5.28　2000 年和 2010 年色林错－普若岗日国家公园植被覆盖度空间格局

度最低的地区（图 5.28）。2000 ～ 2010 年在地上生物量统计面积不变的情况下，色林错－普若岗日国家公园植被覆盖度在下降，平均值由 42.90% 减少到 41.08%，减少了 4.25%。对 2000 年和 2010 年植被覆盖度差值进行分析，将植被覆盖度的变化分为重度降低、中度降低、轻度降低、未变化、增加 5 种类型（表 5.20）。2000 ～ 2010 年色林

错 – 普若岗日国家公园主要表现为植被覆盖度下降，比例达到 50.67%，其中主要是轻度降低特征；植被覆盖度未发生变化的比例为 34.26%，增加的仅为 15.08%，未变化和增加的类型主要分布在色林错 – 普若岗日国家公园北部（图 5.29）。

表 5.20　色林错 – 普若岗日国家公园植被覆盖度变化分区统计

分区	植被覆盖度变化 (%)	面积（km²）	比例 (%)
重度降低	< −30	1374.92	0.45
中度降低	−30 ～ −10	9183.83	3.03
轻度降低	−10 ～ −1	143237.68	47.19
未变化	−1 ～ 1	103986.56	34.25
增加	>1	45769.01	15.08
合计		303552	100

（4）生态系统脆弱性变化

从水土流失、冻融侵蚀、土壤风蚀、土地沙化、生态环境 5 个方面，选取地形起伏度、降雨侵蚀力、土壤可蚀性、坡度、植被类型、植被覆盖度、年均降水量、气温年较差、干燥度指数、≥ 6m/s 起沙风天数、风场强度、土壤类型、土壤质地、生物量 14 个评价指标，并采用海拔、坡度、重要生态系统 3 个限制因子，其中植被覆盖度、生物量、植被覆盖类型、重要生态系统分别采用 2000 年和 2010 年当年值，开展 2000 年和 2010 年色林错 – 普若岗日国家公园生态系统脆弱性评价与动态变化分析（表 5.21 和图 5.30）。

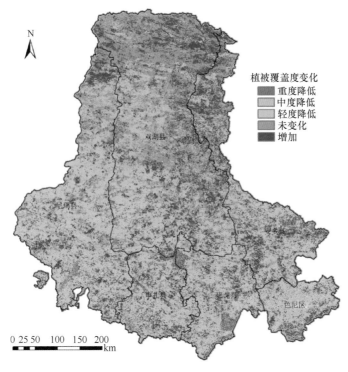

图 5.29　色林错 – 普若岗日国家公园植被覆盖度空间变化（2000 ～ 2010 年）

表 5.21　色林错-普若岗日国家公园生态系统脆弱性分区（2000～2010 年）

分区	2000 年		2010 年		2000～2010 年
	面积（km²）	比例（%）	面积（km²）	比例（%）	面积变化（km²）
低度脆弱区	13930	4.59	11548	3.80	−2382
中度脆弱区	123743	40.77	123906	40.82	163
高度脆弱区	165879	54.65	168098	55.38	2219
合计	303552	100	303552	100	0

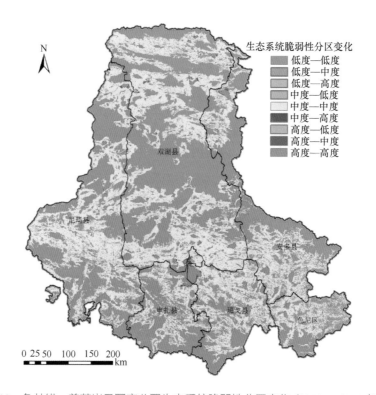

图 5.30　色林错-普若岗日国家公园生态系统脆弱性分区变化（2000～2010 年）

　　2000～2010 年色林错-普若岗日国家公园内主要是高度脆弱区，面积由 165879 km² 增加到 168098 km²，增加了 2219 km²，生态高度脆弱区面积占整个区域面积的比例超过 50%，生态系统高度脆弱是色林错-普若岗日国家公园的主要特征。低度脆弱区在国家公园内仅占极少比重，且面积呈下降趋势，减少了 2382 km²，主要转为了中度脆弱区。中度脆弱区面积比例在 41% 左右，面积增加了 163 km²，主要由低度脆弱区转化而来。

5.3　公园功能与非公园功能需求的综合平衡

5.3.1　公园功能需求

1. 生态系统原真性和完整性保护

保护生态系统原真性和完整性是国家公园首要功能。区域生态系统原真性和完整性调查评估是国家公园设立、边界划分、功能区划的基础。其建立在大量的生态系统、野生动植物种群、物理和化学特征调查和评估的基础上。受时间限制，这些调查和评估目前还没有深入开展，对区域原真性和完整性生态系统识别造成一定制约。作为替代方案，本书综合考虑了生态系统脆弱性和服务功能重要性的生态重要性指数，来识别生态系统完整性高的区域。

（1）生态重要性

综合考虑生态系统脆弱性和服务功能重要性（来源于 2010～2015 年全国生态评估项目），获得区域生态重要性栅格数据和空间分布特征（图 5.31）。6 县（区）生态极重要区域面积达 50141 km²，占整个区域面积的 16.52%；其中申扎县、双湖县、班戈县三县生态极重要区域绝对面积大，分别达 13018 km²、9358 km² 和 8177 km²；申扎县、那曲县①和班戈县生态极重要区域面积比例高，分别占各自县域面积的

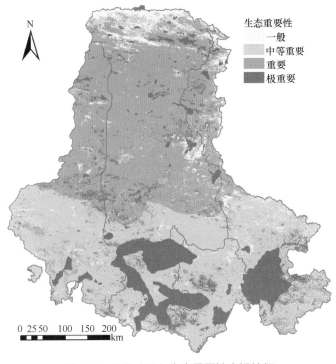

图 5.31　6 县（区）生态重要性空间特征

---

① 2017 年起，那曲县改称色尼区，下同。

50.76%、8.03% 和 28.75%。6 县域生态重要和极重要区域总面积达 172225km²，占整个区域面积的 56.74%；其中，双湖县、申扎县、尼玛县重要和极重要面积比例高，分别达 74.05%、54.31%、47.74%（表 5.22）。

表 5.22   各县不同重要性生态空间面积和比例

行政区	一般		中等重要		重要		极重要	
	面积（km²）	比例（%）	面积（km²）	比例（%）	面积（km²）	比例（%）	面积（km²）	比例（%）
色尼区	1016	6.27	7477	46.18	1235	7.63	6464	39.92
安多县	5772	13.26	17598	40.42	13415	30.81	6750	15.50
班戈县	1073	3.77	18168	63.88	1021	3.59	8177	28.75
申扎县	1439	5.61	10281	40.08	910	3.55	13018	50.76
双湖县	13449	11.54	16800	14.42	76937	66.02	9358	8.03
尼玛县	3229	4.41	35025	47.85	28566	39.03	6374	8.71
合计	25978	8.56	105349	34.71	122084	40.22	50141	16.52

分乡镇看（表 5.23），一些乡镇生态重要和极重要区域面积比例大，如申扎县马跃乡、雄梅镇、申扎镇、买巴乡、塔尔玛乡，乡镇生态重要和极重要区域面积比例大，应该作为未来国家公园生态系统完整性保护重点区域。

（2）社会经济活动强度

以乡镇为单元的区域社会经济发展格局如图 5.32 和图 5.33 所示。可见区域社会经济活动主要集中在色尼区。色林错周边的协德、马跃、门当、雄梅、多玛、申扎等乡镇社会经济活动强度较低，从生态系统原真性角度来看，可以考虑纳入国家公园范围内。

路网密度也是评估区域人类活动强度的重要指标，但考虑到一些区域没有柏油面公路，各类车辆在保护区广袤的草原上随意行驶，不仅破坏了草原生态，也惊吓到保护区的保护动物，甚至导致其死亡。因此，仅凭路网密度难以准确评估交通活动对生态系统和生物多样性的影响。

2. 野生动物对栖息地的需求

（1）藏羚羊、野牦牛、藏野驴

那曲地区藏羚羊种群数量由 8 万只上升到了 15 万只，野牦牛数量由 3000 只上升到了 1 万只，藏野驴数量由 5 万只上升到了 9 万只，其他野生动物，包括盘羊、雪豹等种群数量呈恢复性增长态势。藏羚羊倾向选择距离水源地小于 2000 m 的昆仑早熟禾—银穗羊茅草原、昆仑早熟禾—糙点地梅草原、紫花针茅—高山薹草草原、紫花针茅—垫状驼绒藜草原，对斜坡和山岗的利用低（马燕，2017）。

目前，藏羚羊、野牦牛、藏野驴三种食草性野生动物共可折算为 74 万只羊单位，每年约食用标准干草 50 万 t。

（2）黑颈鹤

全世界黑颈鹤种群总数的 90% 以上栖息于中国，而中国 80% 以上的黑颈鹤越冬和

表 5.23　各乡镇生态重要和极重要区域面积和比例

县域	乡镇	面积（km²）	比例（%）	县域	乡镇	面积（km²）	比例（%）
色尼区	那玛切乡	2845	99.99	申扎县	恰乡	353	16.42
	香茂镇	922	46.69		马跃乡	2811	73.98
	古露镇	285	29.96		雄梅镇	2045	45.89
	油恰乡	500	33.25		申扎镇	1978	55.53
	达萨乡	406	22.82		买巴乡	963	68.66
	罗玛镇	696	40.64		下过乡	781	42.27
	那曲镇	971	58.62		巴扎乡	1540	46.77
	孔玛乡	327	38.56		塔尔玛乡	3457	67.28
	尼玛乡	235	30.75	尼玛县	卓尼乡	403	19.62
	色雄乡	176	32.03		荣玛乡	25304	95.12
	达前乡	150	19.32		中仓乡	827	14.50
	洛麦乡	187	22.50		军仓乡	184	7.83
安多县	帮爱乡	599	16.34		达果乡	539	28.32
	帕那镇	423	21.88		来多乡	873	26.98
	措玛乡	854	26.05		阿索乡	1446	20.26
	强玛镇	1549	35.31		文布乡	635	25.06
	色务乡	12360	78.85		俄久乡	714	11.46
	扎仁镇	1705	69.73		尼玛镇	2171	28.20
	扎曲乡	267	9.47		吉瓦乡	606	20.98
	岗尼乡	2073	23.70		卓瓦乡	187	12.11
	滩堆乡	335	57.73		申亚乡	531	31.95
班戈县	北拉镇	905	37.48		甲谷乡	519	31.67
	门当乡	2763	40.65	双湖县	雅曲乡	21358	84.28
	新吉乡	1415	40.32		巴岭乡	1372	24.94
	德庆镇	1692	39.05		多玛乡	2858	43.29
	青龙乡	342	16.14		协德乡	1649	26.01
	保吉乡	589	42.46		措折罗玛镇	3214	51.28
	马前乡	142	6.18		措折强玛乡	31719	82.13
	佳琼镇	179	7.44		嘎措乡	24125	86.56
	普保镇	705	28.72				
	尼玛乡	466	65.58				

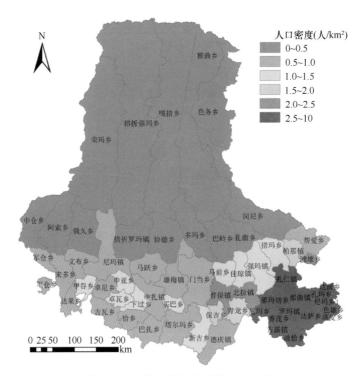

图 5.32　6 县（区）各乡镇人口密度

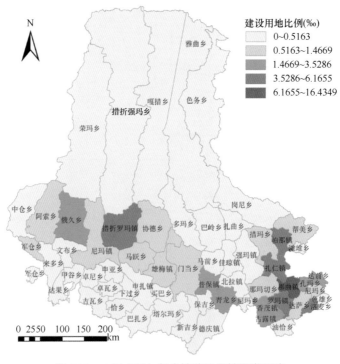

图 5.33　6 县（区）各乡镇建设用地开发强度

繁殖地均集中于西藏自治区。黑颈鹤在西藏的主要繁殖地是藏北色林错高原南部湿地生态系统的湖泊湿地，其中集中的繁殖地位于保护区范围内的色林错、格仁错、木纠错与班戈县的妥坝湖泊湿地，每年夏季约数千对黑颈鹤在此繁殖。除此之外，尼玛县、色尼区、班戈县等县的湖泊湿地，如仁错、格仁错、越恰错、错鄂、崩错、蓬错等也有较多繁殖群体。因此，尼玛县、色尼区、班戈县、申扎县等县的湿地保护尤为重要。

（3）雪豹

在西藏那曲申扎县 3000 多平方千米的测算范围内，每百平方千米分布有 3.04 只雪豹。即便在一些质量较好的栖息地中，雪豹的密度也只有 2.7 ~ 2.8 只 /100 km²，也就是说，要维持雪豹种群（通常为 50 只左右）的持续生存至少需要 0.2 万 km² 的连续栖息地。因此在未来国家公园内，维持大片未被任何人类活动干扰（包括游憩，甚至科研）的栖息地尤为重要。

（4）游憩、科研、教育等公益性活动对国土空间的需求

生态系统完整性和原真性保护是国家公园的首要功能，因此有必要将游憩、科研、教育等功能布局在不危及区域生态系统完整性和原真性的区域范围内。具体操作层面，可将其重点布局在生态重要性程度一般和生态脆弱性程度较低的区域。

5.3.2 非公园功能需求

1. 畜牧业发展

（1）畜牧业空间需求

2015 年底，6 县畜牧业折算为羊单位为 839 万只（表 5.24）。按每个羊单位平均日消耗 1.8 kg 干草计算，则 2015 年 6 县畜牧业标准干草消耗量达 551 万 t。相比较而言，畜牧业牲畜对草地资源的消耗量远高于野生食草动物（50 万 t），挤占了野生食草动物的生存空间。

表 5.24 2015 年色林错周边相关县域年末牲畜存栏头数和肉类产量

行政区	年末牲畜存栏数量 （万头	大牲畜 （万头）	羊 （万只）	羊单位 （万只）	肉类总产量 （t）	牛肉 （t）	羊肉 （t）
那曲县	71.97	42.85	29.12	243.37	16355	14194	2162
安多县	81.37	27.54	53.82	191.52	14049	9669	4380
申扎县	53.77	6.82	46.95	81.05	5922	3129	2794
班戈县	79.39	15.09	64.30	139.75	6574	3343	3230
尼玛县	94.85	8.61	86.24	129.29	7563	2257	5306
双湖县	43.24	2.58	40.66	53.56	2842	906	1937
合计	424.59	103.49	321.09	838.54	53305	33498	19809

2000 ~ 2015 年，随着退草还牧、草地承包等政策的实施，6 县畜牧业规模呈下降趋势，年末羊存栏量由 2004 年的 451 万只下降到 2015 年的 321.09 万只，但大牲畜头

数呈持续增加的趋势，由 2000 年的 79 万头增加到 2015 年的 103.49 万头。将各类牲畜折算为羊单位后，畜牧业年末存栏量由 2004 年的 941 万只下降到 2015 年的 838.54 万只（图 5.34）。因此，过去十多年，区域畜牧业对草地资源的需求也呈现持续下降的趋势，为食草动物和其他野生动物种群的恢复腾出了空间。

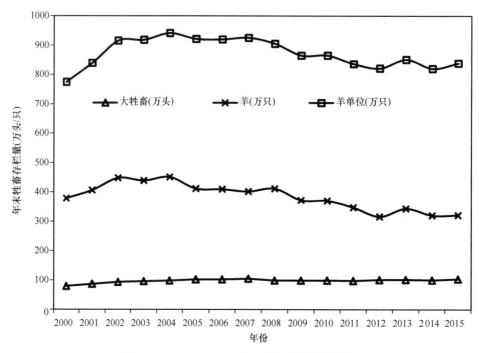

图 5.34　2000 ～ 2015 年 6 县年末牲畜存栏量

（2）草地资源总供给

2015 年 6 县共有草地面积 25.33 万 km²，其中草甸草地 2.93 万 km²、草原草地 11.20 万 km²、稀疏草地 11.20 万 km²。不同区域、不同草地类型单位面积标准干草产量存在较大差异，最高达到 62.92 kg/ 亩，主要分布在那曲县，最低 10.02 kg/ 亩，主要分布在双湖县（图 5.35）。

根据那曲林业厅提供的各县草地数据，统计 6 县年标准干草总产量为 619.33 万 t，各县年标准干草产量如表 5.25 所示。

表 5.25　2015 年各县年标准干草产量

行政区	年标准干草产量（万 t）
那曲县	90.70
安多县	102.10
申扎县	68.68
班戈县	78.40
尼玛县	119.42
双湖县	160.03
合计	619.33

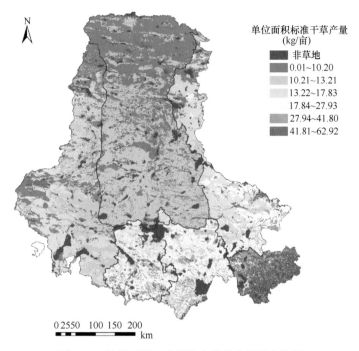

图 5.35　单位面积标准干草产量的空间分布格局

对比各县年标准干草产量（表 5.25）和畜牧业年干草消耗量（表 5.26），如果仅依靠本地天然草地产草，那曲县、安多县、班戈县等无法满足区域畜牧业对草地资源的需求，申扎县草地资源盈余量也不多（图 5.36）。

表 5.26　2015 年 6 县年标准干草消耗量

行政区	年标准干草消耗量（万 t）
那曲县	160
安多县	126
申扎县	53
班戈县	92
尼玛县	85
双湖县	35
合计	551

（3）保护优先情景下草地资源供给

并非所有的草地都适合放牧。如果将区域生态系统和生物多样性保护放在优先的位置，根据以下几个因素划分区域不适合放牧区：①生态极重要和重要区域；②珍稀野生动植物栖息地（暂以两个国家级自然保护区代替）；③坡度超过 40° 的坡草地和生

长旺季植被盖度低于 40% 的中低覆盖度草地；④耕地、建设用地、湖泊、河流、冰川
等非草地区；⑤距离水源大于 3.2 km 或不能提供水源的区域。区域适合 / 不适合放牧
区分布如图 5.37 所示。

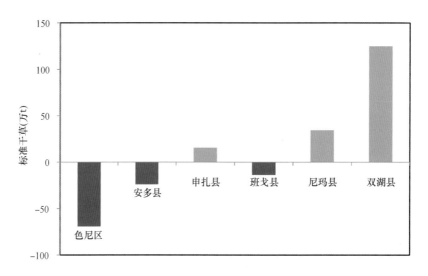

图 5.36　以标准干草计各县畜牧业天然草地资源盈亏情况

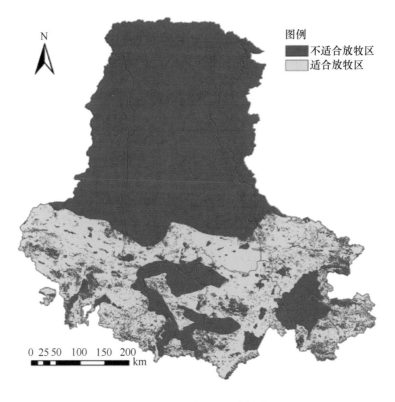

图 5.37　6 县适合 / 不适合放牧区

统计各县适合放牧区年标准干草产量，如表 5.27 所示，6 县适合放牧区标准干草总产量为 161.00 万 t。高寒草甸、草原、荒漠草原类的年放牧利用率分别为 50%～55%、35%～40% 和 20%～30%，考虑到适合放牧区以草原草地为主，其次为草甸，荒漠草原不多，年放牧利用率取 40%。可计算各县适合放牧区合理载畜量（表 5.27）。在保护优先的前提下，区域合理载畜量远低于当前实际放牧量（839 万只）。当然，目前的评估没有考虑饲草的种植和利用情况，饲草产草量高，有利于减轻畜牧业对天然草地的依赖。但无论如何，在保护优先前提下，当地畜牧业超载十分严重，不利于当地生态系统和生物多样性的保护。在国家公园建设的同时，应逐步推动园区内退牧还草，为生态系统和野生动物保护腾出空间。

表 5.27　2015 年 6 县适合放牧区年标准干草产量

行政区	年标准干草产量（万 t）	合理载畜量（万只羊单位）
那曲县 *	28.23	17
安多县	28.22	17
申扎县	18.37	11
班戈县	34.27	20
尼玛县	37.75	22
双湖县	14.16	8
合计	161.00	95

*2017 年起，那曲县改称色尼区。

2. 居民对建设用地的需求与供给

（1）建设用地需求

西藏气候寒冷、干旱，冬春季节多大风，又是多地震的区域，不适宜高层建筑发展，建设用地面积比我国东中部需求偏大（覃发超等，2009）。《西藏自治区村庄规划技术导则（试行）》指出，村庄建设规划人均建设用地指标严格遵循集约和节约利用土地、保护生态环境的原则，一般不得超过 200 m²/人，按照人均 200 m² 计算。按照《城市用地分类与规划建设用地标准（GB 50137—2011）》，严寒地区人均城市建设用地规模应该小于 115m²。按照这些建设规划标准，2015 年 6 县在 25% 人口城镇化率下对建设用地的需求约为 40 km²。满足原住民居住地并不需要太多的国土空间（表 5.28）。建设用地适宜区如图 5.38 所示。

（2）建设用地供给

将生态重要性评估中一般重要区、海拔低于 4800m（暂定）、坡度小于 3°（暂定）和当前非自然保护区域进行空间叠加，获得区域建设用地适宜区，如图 5.38 所示。可见，在保护优先前提下，一些乡镇建设用地供给紧张（表 5.29），需要通过合理规划促进土地资源的可持续发展。

图 5.38　建设用地适宜区

表 5.28　各县（区）常住人口及建设用地需求

行政区	2000 年常住人口（人）	2016 年常住人口（人）	25% 城镇化率下建设用地需求（km²）
那曲县*	81786	83989	15.0
安多县	32843	38573	6.9
班戈县	32287	38771	6.9
申扎县	16487	20739	3.7
尼玛县	34309	29090	5.2
双湖县	—	13470	2.4
合计	197712	224632	40.1

*2017 年起，那曲县改称色尼区。

表 5.29　各乡镇适宜建设用地面积

县域	乡镇名称	面积（km²）	县域	乡镇名称	面积（km²）
安多县	帮爱乡	2.3	尼玛县	阿索乡	53.9
	措玛乡	15.4		达果乡	10.9
	岗尼乡	37.8		俄久乡	87.6
	帕那镇	4.2		吉瓦乡	0.3
	强玛镇	97.7		甲谷乡	2.1
	滩堆乡	1.8		军仓乡	34.9
	扎曲乡	30.7		来多乡	6.0
	扎仁镇	2.4		尼玛镇	53.8
	合计	192.3		申亚乡	1.2
班戈县	保吉乡	1.8		文布乡	14.2
	北拉镇	11.9		中仓乡	79.0
	德庆镇	3.2		卓尼乡	7.2
	佳琼镇	77.5		卓瓦乡	0.7
	马前乡	30.0		合计	351.8
	门当乡	87.4	申扎县	马跃乡	0.5
	尼玛乡	0.1		买巴乡	0.8
	普保镇	4.8		恰乡	0.1
	青龙乡	7.5		申扎镇	4.4
	新吉乡	0.1		塔尔玛乡	0.7
	合计	224.3		下过乡	0.2
色尼区	达前乡	1.2		雄梅镇	33.5
	达萨乡	9.0		合计	40.2
	古露镇	2.5	双湖县	巴岭乡	15.2
	孔玛乡	0.9		措折罗玛镇	42.5
	罗玛镇	8.9		多玛乡	26.3
	洛麦乡	0.3		协德乡	104.6
	那曲镇	9.4		合计	188.6
	尼玛乡	1.0			
	色雄乡	0.8			
	香茂镇	0.6			
	合计	34.6			

5.4　旅游空间容量和水环境容量

5.4.1　旅游空间容量

旅游空间容量除了受生态重要性限制以外，还与旅游资源的空间布局及未来游憩空间规划有关。因此本节仅以色林错周边的申扎县的雄梅镇、马跃乡，班戈县的门当乡，双湖县的协德乡 4 个乡镇为例，测算色林错周边 4 个乡镇的旅游空间容量。

考虑到未来游憩活动需要与景观资源结合，色林错是最吸引游客的景观资源，因此游憩活动空间需要布局在色林错周边。本节暂时设置 4 种游憩空间布局情景，即分别分布在色林错及错鄂周边 5 km、10 km、15 km、20 km 范围内，并分别测算 4 种情景下的旅游空间容量（图 5.39）。

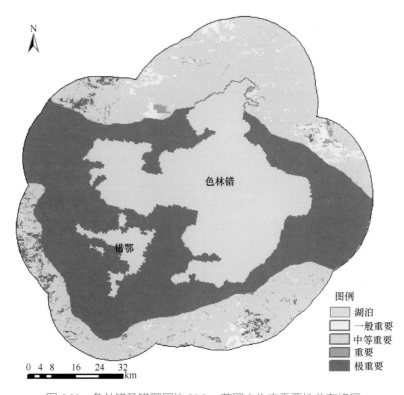

图 5.39　色林错及错鄂周边 20 km 范围内生态重要性分布格局

考虑到一方面该区域作为黑颈鹤和其他野生动物的重要栖息地，在可游憩空间中也应该尽量避免过高的人口密度对野生动物产生惊吓；另一方面区域大尺度景观所独有的美感，也容易受过高的人口密度破坏。因此，该区域游憩活动应该严格控制游客人口密度。国内一般旅游景区人均游览面积平均为 50 ~ 100 m²，国内外野营休闲区一般为人均 300 m²。该域应该实施更高的标准，目前暂定为湖滨极重要生态区 5000 m²/ 人（仅限于少量的严格规范的徒步游活动，如可考虑仅允许大中小学生在公园管理人员的指引下进入，如修建少量徒步游道，通过徒步游道控制游客规模），重要生态区 4000 m²/ 人（仅限于一定规模严格规范的徒步游活动，通过徒步游道控制游客规模），中等重要生态区 2000 m²/ 人（允许徒步游，可适当有选择地规划少量旅游公路），一般重要生态区 1000 m²/ 人（可以规划旅游公路，允许自驾游车辆进入，通过公路限制游客数量），具体标准有待后续进一步研究论证。

该区域主要旅游资源是湖泊、草原和野生动物，虽然景观品质高，但类型相对单一，游客一般不会在此长时间逗留。目前暂时假设游客在生态极重要区人均逗留时间为 4 h（大部分在湖边，生态环境好，因此逗留时间相对较长），其他区域人均逗留 2 h（有待进一步研究论证）。由于色林错区域没有住宿设施，而且生态敏感，所以未来也不建议在该区域修建住宿等基础设施，游客一般需要在班戈县、申扎县、尼玛县等县城住宿，路上耗时较多，因此，暂定游客每天可在该游憩区游憩 8 h。同时，该区域每年适合旅游的时间是 6 ～ 9 月，每年适合旅游的天数是 122 天。

按照前面提到的空间容量核算方法，核算 4 种游憩空间划分情景下不同级别生态区游客空间容量，在此基础上分别核算 4 种情景下色林错及错鄂周边游憩区的总空间容量。核算结果如表 5.30 所示。由表 5.30 可以看出，在严格的生态保护约束下，色林错及错鄂周边 5 km、10 km、15 km、20 km 范围内的游憩等活动的日空间容量分别为 1042 人、2108 人、3528 人和 5232 人，年空间容量分别为 127124 人、257176 人、430416 人和 638304 人（表 5.30）。

表 5.30 不同游憩空间划分情景下游憩等公益性活动空间容量

游憩空间划分情景	不同重要性生态区域	面积（km²）	瞬时容量（人）	日空间容量（人）	年空间容量（人）
(1) 5 km 范围内	极重要	1862	372	744	90768
	重要	7	2	8	976
	中等	258	129	258	31476
	一般	16	16	32	3904
	合计	2143	519	1042	127124
(2) 10 km 范围内	极重要	2784	556	1112	135664
	重要	25	6	24	2928
	中等	860	430	860	104920
	一般	56	56	112	13664
	合计	3725	1048	2108	257176
(3) 15 km 范围内	极重要	3371	674	1348	164456
	重要	54	13	52	6344
	中等	1817	908	1816	221552
	一般	156	156	312	38064
	合计	5398	1751	3528	430416
(4) 20 km 范围内	极重要	3736	747	1494	182268
	重要	109	27	108	13176
	中等	3074	1537	3074	375028
	一般	278	278	556	67832
	合计	7197	2589	5232	638304

综合考虑景观资源的吸引力和可达性、公众对高品质旅游资源的旺盛需求，以及将游憩活动尽可能部署在生态重要性中等或一般的区域内，建议重点将色林错游憩区

游憩空间布局在色林错和错鄂周边 15 km 范围内。在这一范围内，按照当前的核算标准，日空间容量约为 3500 人，年空间容量约为 43 万人。

同样，我们可以采取类似的方式，核算其他不同旅游资源在不同的游憩空间划分情景下的游客空间容量，在此基础上进一步核算整个公园范围内游憩、科研、教育等功能的日空间容量和年空间容量。

色林错是整个国家公园拟建区重要的旅游资源，也是未来国家公园游憩空间的主要布局区。基于保护第一的建设理念，其他旅游资源分布区规划建设的游憩空间不宜过大。如果未来游憩空间规划主要布局在色林错周边区域，并接纳超过一半的游客，那么整个国家公园区域的旅游日空间容量不足 7000 人，年空间容量不足 86 万人。

5.4.2　水环境容量

作为我国重要生态安全屏障和水源涵养地，该区域应该遵循《地表水环境质量标准（GB 3838—2002）》中的 I 类标准（主要适用于源头水、国家自然保护区），COD、TN 和 TP 的平均含量限值分别为 15 mg/L、0.01 mg/L、0.2 mg/L。全国地表水水质月报显示，色林错当前总体呈中营养状态，水质较好，但也会在部分时间段内出现水质下降、严重污染的问题。已有研究采样分析了色林错水质状况，发现总溶解性固体超标（闫露霞等，2017）。因此，水环境容量有可能是未来国家公园合理容量的重要限制因子。

朱立平等（2017）通过实测水深调查发现，色林错水下地形较为平坦，最深处约为 50 m，其中水深超过 40 m 的区域主要分布在东南部，通过插值估算水量约为 558 亿 m^3。

如果各类污染物在湖水中均匀分布，那么按照地表水 I 类标准，整个湖泊瞬时可容纳的 COD、TN、TP 的最大量分别为 83.7 万 t、558 t 和 11160 t。

一般湖泊优质水体中水质净化系数 COD_{Mn} 和 NH_3-N 均为 0.06 ～ 0.10/ 天。色林错是内陆湖，加上高寒湖泊水质净化能力差，污染物在水中滞留周期长，暂将 COD_{Mn} 和 NH_3-N 水质净化系数定为 0.06/ 天。

旅游者人均日产生的 COD、TN 和 TP 量分别是 25 g/d、5.07 g/d 和 0.44 g/d。

通过调查色林错水质本底、已有畜牧业和当地居民污水排放量、水质净化系数等，能进一步核算色林错的水环境容量。

5.5　设施服务保障能力分析

5.5.1　交通可达性与交通容量

由于缺少旅游者数量和旅游收入的统计数据，无法对主要旅游资源的交通可达性进行计算，所以仅对西藏自治区主要城市拉萨市与色林错 – 普若岗日国家公园建设区的旅游景点的距离和乘坐交通工具的时间进行统计。由西藏自治区拉萨市开往那曲地区的火车多为直达列车，耗时 3 小时 20 分钟左右。乘坐汽车由拉萨市至色林错 – 普若岗日国家公园建设区主要景点的距离及所需时间见表 5.31。

表 5.31　拉萨市至色林错 – 普若岗日国家公园建设区主要景点行车距离及耗时

景点	行车距离（km）	耗时（h）	景点	行车距离（km）	耗时（h）
古代象雄遗址	737.2	13.17	卓玛峡谷	325.4	6.13
念青唐古拉山	254.8	5.92	色林错	359.8	7
唐古拉山口	546.9	10.28	达果雪山	690.5	12
措那湖	447.9	8.85	草原八塔	324.8	6
当惹雍错	690.4	12	文布南村	737.2	13.18
双湖	647.3	11.85	门莫扎嘎山脉	585.1	11.5
羌塘草原	327.2	6.3	麦莫溶洞	585.4	11.5
班戈	439.8	8.3	普若岗日冰川	703.8	12.5
申扎	510	9.4			

5.5.2　住宿

1. 酒店

2017 年色林错 – 普若岗日国家公园建设区涉及的西藏那曲地区的班戈县、双湖县、尼玛县、申扎县、安多县、色尼区等 6 县（区），共有酒店 116 家，房间总数超过 3800 间，床位总数达 7700 个以上。各县所拥有的酒店数量、房间数量和床位数量的初步统计结果见表 5.32。

表 5.32　各县的酒店、房间和床位数量

行政区	酒店数量（家）	房间数量（间）	床位数量（个）
班戈县	6	176	350
双湖县	2	25	50
尼玛县	10	102	216
申扎县	3	62	128
安多县	18	415	830
色尼区	77	3076	6152

注：数据主要来源于去哪网（https://www.qunar.com/）、携程网（http://www.ctrip.com/）。

其中，除色尼区以外，其余 5 县酒店等级相对较低，绝大多数酒店的星级和用户评分在有关网站上并无显示。色尼区酒店数量相对较多，在有用户评分的酒店中，得分为 4.0 ～ 4.5 分、3.0 ～ 3.9 分和 2.0 ～ 2.9 分的酒店数量分别为 7 个、22 个和 5 个，但绝大多数酒店仍未显示星级。

2. 民宿

从有关网站可以查到的色林错 – 普若岗日国家公园建设区的客栈 / 民宿仅有 9 家。

符合国家旅游局旅游民宿行业标准《旅游民宿基本要求与评价》(LB/T 065—2017)的民宿更是屈指可数。

3. 住宿容量初步估算

综合来看,星级以上宾馆和高品质民宿数量不足,是开展高品质旅游活动的重要制约因素。从目前的数据来看,这种情况与国家公园高品质游憩活动对住宿的需求存在较大差距。

5.5.3 能源需求与供应

1. 当地居民能源需求

由于西藏自治区的能源消费量中只对电力消费量进行了统计,因此,本节所称的能源需求主要是电力需求。

2015年西藏自治区消费电力40.53亿kW·h(国家统计局,2016)。2015年西藏自治区常住人口324万人,色林错-普若岗日国家公园建设区涉及的西藏那曲地区的班戈县(4万人)、双湖县(1万人)、尼玛县(3万人)、申扎县(2万人)、安多县(4万人)、那曲县(8万人),共有常住人口22万人(国家统计局农水社会经济调查司,2016)。折算后的色林错-普若岗日国家公园建设区用电量为2.75亿kW·h。

2. 旅游活动潜在能源需求

目前,由于缺少乘坐汽车、火车、飞机等交通工具的旅游者人数,酒店消耗的水、电、气数量,以及进行观光、商务、会展、度假、休闲、宗教、生态旅游等活动的旅游者人数,因此暂时无法得出旅游活动的能源需求。

3. 能源供给现状

目前,西藏地区能源统计数据主要集中于工业领域,而色林错-普若岗日国家公园建设区没有公开的能源统计数据。下一步需要对区域能源的供给情况做进一步调查。那曲地区地广人稀、牲畜数量相对较多,大量的牛粪提供了牧民做饭、烧水和取暖的基本生活用能,电能支出占生活能源消费的比重低。

5.6 地方民众的意愿和认同

拟建色林错-普若岗日国家公园涉及班戈、尼玛、申扎、双湖四县,共39个乡镇、257个行政村,人口109460人。共发放930份问卷,截至2018年8月3日问卷回收279份(由于西藏交通通信情况有限,还有部分问卷正在寄回途中)。根据已有问卷情况,我们对色林错地区社区发展进行了初步统计分析,问卷收集齐全后将进一步更新。

5.6.1　色林错地区社区基本情况

　　游牧和定居类情况并存。色林错地区地广人稀，各个村落散布于广袤的高原上，且各个村落定居人口极少，90% 以上为游牧民族。虽然定居者有固定的居住场所，但也分冬夏住所，基本是冬夏牧场两点跑；定居者在一天之内也是移动放牧。色林错环湖班戈县范围内长期定居户数 45 户，游牧户数 226 户；申扎县境内有农牧业人口 19447 人，占总人口的 90.25%，农牧业人口中 90% 以上为牧业人口。色林错地区总体游牧人口与定居人口数之比为 5∶1。因而，如何促进居民定居，改变游牧生活方式是社区发展的重要问题，也对国家公园建设带来了重大挑战。

　　尽管试点区人口密度不大，绝大部分用地为保护性用地或生态用地，保护与利用之间的矛盾比较突出，如班戈县城所在地德庆镇被全部划归生态红线内，对德庆镇的社区建设发展提出了难题。乡村限制民房建造并缺少建设规划，造成无序建设，甚至建设性的破坏。居民长期游牧，在临时居住地建设住所，对生态环境也造成了重大破坏（图 5.40、图 5.41）。此外，旅游者对当地环境的破坏导致建设和保护之间的矛盾突出。尽管大多数村庄民房保持了传统风貌，但基础配套设施不足（图 5.42、图 5.43），存在许多与自然景观不协调的设施和用地。

图 5.40　申扎县雄梅镇多绕村

图 5.41　申扎县雄梅镇色宗村

图 5.42　申扎县马跃村房屋

图 5.43　尼玛县尼玛镇

贫困问题阻碍社区的可持续发展。色林错地区存在大量的贫困人口，贫困程度不深的已经脱贫，贫困程度较深的贫困户还未能脱贫，且致贫因素复杂多样。还有部分已经达到脱贫标准的未能及时申请脱贫；部分已经脱贫的居民又因种种因素再次陷入贫困中。班戈县范围内贫困户有 3241 户，约占总户数的 31%；尼玛县贫困户有 2456 户，占总户数的 31%；申扎县范围内贫困人口占总人口的 33%，各县自然环境与社会经济发展状况存在差异，致贫因子复杂多样，且各致贫因子作用程度不同，导致色林错地区脱贫、减贫压力大，严重影响着色林错地区的可持续发展。

从人口分布来看，还有相当一部分人散落在生态敏感区域或生活以游牧方式为主，人口集聚、公共服务配套难度较大。人口适当集聚是有效配置公共服务的重要前提，当前色林错地区村镇距离较远，规模较小，公共服务建设成本高。申扎县境内，巴扎乡、买巴乡位于色林错黑顶鹤国家级自然保护区核心区内，涉及 3702 人，申扎镇与塔尔玛乡分别位于试验区和缓冲区，涉及 6458 人，此外保护区外围还有较多的人口。班戈县境内佳琼镇、尼玛乡、北拉镇位于试验区，涉及较多的人口；保护区外围也有较多的人口。双湖县的人口大多集中在色林错北部湖边地区。且人口较分散，集中安置具有一定的难度，因而集中配套基础设施有一定的难度。

鉴于以上调查研究，色林错－普若岗日国家公园将在规划时充分考虑与社区发展的联动效应。目前数据资料匮乏，在国家公园规划时将大力做好一手数据信息收集，特别是继续做好社区基本情况调查研究、社区参与国家公园建设意愿与能力调查等，并在此基础上对国家公园试点区内社区空间聚落体系进行合理评估与优化，结合国家公园建设拓展社区公共服务建设与脱贫致富路径。主要技术路线如图 5.44 所示。

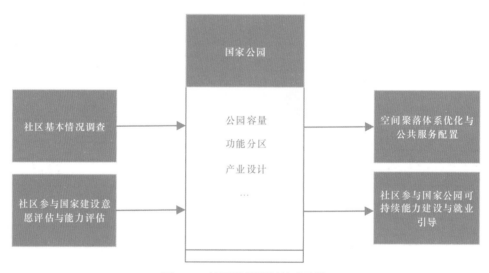

图 5.44　社区发展规划技术路线

5.6.2　社区调查结果

对拟建国家公园涉及的县、乡、村展开调查，针对国家公园不同功能分区展开空间分析，解析不同功能分区、不同项目地社区基本情况，游牧、定居比例，房屋居住情况，草场、养畜牧业发展情况，贫困比例与程度，搬迁意愿等，从而为社区可持续生计路径设计提供基础。

色林错地区社区基本情况调查分析显示，该区域总计有 39 个乡镇。因双湖县资料缺乏，仅收集到尼玛县、申扎县、班戈县部分社区的基本情况数据（表 5.33），现对申扎县、班戈县、尼玛县的基本情况进行描述。

表 5.33　色林错地区涉及区域基本情况调查表

指标	尼玛县	申扎县	班戈县
乡（镇）数（个）	14	8	10
村数（个）	77	62	86
总户数（户）	8361	5416	10532
总人数（人）	31813	21549	39628
长期定居户数（户）	7632	5416	
长期定居人数（人）	31011	20000	
游牧户数（户）		4322	
游牧人数（人）		19447	
劳动力人数（18 ～ 65 岁）（人）	18935	11967	
在校学生（人）		3488	
八大岗位人数（人）		9596	16631
外出务工人数（人）	9840	1062	
房屋个数（个）	16762	5350	
暖棚个数（个）	5415	1884	
年人均收入（元）	10600		8206
草场承包面积（亩）	101121211	3813	
载畜量（头）	1577591	826400	
牲畜总数（头、只、匹）	1003720	529978	784789
折合绵羊单位（只）	1107561	759415	
牛（头）	758275	82231	148791
绵羊（只）	538845	349788	503514
山羊（只）	382551	95339	128327
马（匹）	4049	2420	4157
汽车（辆）		2000	
拖拉机（辆）	84	5000	
摩托车（辆）		1719	
贫困户数（户）			4111
贫困人数（人）		7054	15433
低保户数（户）	1130	730	
低保人数（人）	1130	2772	

尼玛县、申扎县、双湖县共计 32 个乡镇，225 个行政村，共 24309 户，92990 人。该地区为牧业区，90% 以上为牧业人口。截至 2017 年底，该地区有 2318487 头牲畜，其中牛有 989297 头，绵羊有 1392147 只，山羊有 606217 只；尼玛县、申扎县、班戈县分别有 1679671 头、527358 头、780632 头牲畜。从各县来看，尼玛县长期定居着 7632 户，31011 人，申扎县有 5416 户，20000 人。申扎县有游牧户 4322 户，19477 人。尼玛县和申扎县分别有劳动力 18935 人和 11967 人。申扎县有在校学生 3488 人。班戈县承担八大岗位的人员有 16631 人，其中林业系统生态保护岗位、草原监督员（草原生态保护）占比较高。申扎县承担八大岗位的有 9596 人。尼玛县和申扎县外出务工人员分别有 9840 人和 1062 人，房屋数量分别有 16762 个和 5350 个，暖棚数量分别有 5415 个和 1884 个，草场承包面积分别有 101121211 亩和 3813 亩，载畜量分别为 1577591 和 826400 头，低保户分别有 1130 户和 730 户，低保人数分别为 1130 人和 2772 人，拖拉机分别有 84 辆和 5000 辆。尼玛县和班戈县年人均收入分别为 10060 元和 8206 元。申扎县有汽车 2000 辆，摩托车 1719 辆。由此可知，色林错地区内部社区发展状况存在较大差异。

5.6.3 色林错地区社区参与国家公园建设意愿与能力预评估

对拟建国家公园涉及的县、乡、村的居民的意愿和能力展开调查，系统评价当地居民对建设国家公园的态度，在尊重当地民俗习惯的基础上积极引导民意国家公园建设，引导公众最大限度地参与。

现对已收回问卷进行分析，了解色林错地区居民对旅游的认识和对国家公园建设的态度，以及社区发展状况及居民需求，积极引导居民参与国家公园的建设活动，共同促进国家公园和周边地区的发展。

根据目前的调研结果，"是，自己或家人旅游过"和"是，虽然没亲身经历过但比较熟悉旅游的目的和大多活动"只占参与调查的 29%，"没有听说过旅游"和"不太了解，只是听说过名词"占 50%（图 5.45）。因此，色林错地区居民对旅游活动了解不够。因此，在国家公园建设过程中，需要积极征求民意，与民沟通，加深当地民众对旅游活动和国家公园建设的理解，并引导居民参与国家公园建设和加入旅游产业当中。

通过统计分析可知，对国家公园比较了解的仅占 14%，"没有听说过"和"有听说过，但不清楚具体内容"的占 60%（图 5.46）。因此，后续国家公园建设当中需要大力宣传，和民众共商共建。

通过调查居民对建设国家公园的意愿，可帮助当地居民积极参与国家公园建设，同时促进居民自身的发展。统计分析可知，"是，愿意"的占 26%，"否，不愿意"的占 25%，"不清楚"的占 20%（图 5.47），这与当地居民对国家公园的了解程度有一定的关系。国家公园建设与国家生态息息相关，更是与当地居民的可持续发展密切相关，因而在国家公园建设中，需要积极引导居民参与规划。

为了促进国家公园的建设，秉承"最小的开发、最大的保护"的理念，位于核心区、试验区、缓冲区的部分居民需要搬迁，其搬迁意愿对国家公园建设至关重要。对

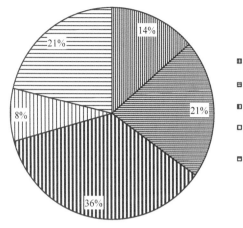

图 5.45　色林错地区居民对旅游活动的了解程度调查

调查数据回收时间截至 2018 年 8 月 3 日

- 没有听说过旅游(14%)
- 是，自己或家人旅游过(21%)
- 不太了解,只是听说过名词(36%)
- 是，虽然没亲身经历但比较熟悉旅游的目的和大多活动(8%)
- 未回答(21%)

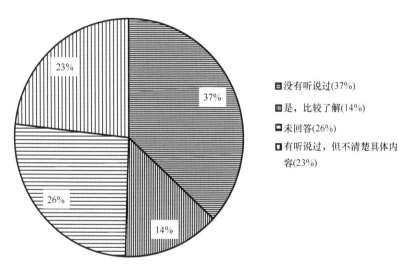

图 5.46　色林错地区居民对国家公园建设的了解情况

调查数据回收时间截至 2018 年 8 月 3 日

- 没有听说过(37%)
- 是，比较了解(14%)
- 未回答(26%)
- 有听说过，但不清楚具体内容(23%)

色林错地区居民的搬迁意愿进行调查，结果显示，有 43% 的居民明确表示愿意搬迁，有 21% 的居民不清楚是否愿意搬迁，27% 的居民明确表示不愿意搬迁（图 5.48）。搬迁集中安置既有利于基础公共设施的配套，又可促进国家公园的建设，但色林错地区还存在较多的贫困人口、人口分散等状况，给国家公园建设带来了一定的挑战。

从居民的搬迁地来看，愿意搬迁到县城的占比最高，占 32%，愿意搬迁到西藏地区其他地区的占 24%，愿意搬迁到外地和自己社区附近的占比较小。因而可考虑在县城附近建设安置点（图 5.49）。

从社区居民接受旅游技术培训的情况来看，同意和完全同意接受旅游业技术培训的占 60%，居民的培训意愿较强。因而，可考虑通过技术培训帮助居民掌握旅游技术，帮助居民了解国家公园和旅游活动，进而促进居民发展和国家公园建设（图 5.50）。

从居民的受教育程度来看，未接受过教育的居民占 21%，高中或大专以上学历的占 38%，受过小学或初中教育的占 36%（图 5.51）。

从社区当前发展来看，居民对社区的发展问题都比较关注。居民对交通、环境卫生、饮用水最关心，占比分别为 19%、16%、17%（图 5.52），同时对通信、医疗、子女教育也较为关注。因而，国家公园建设中必须考虑色林错地区社区的建设问题。

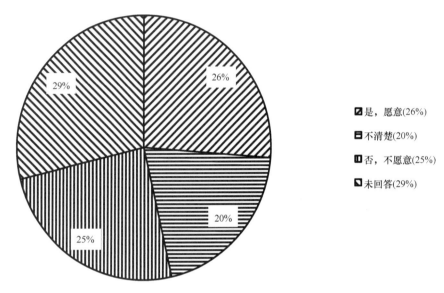

图 5.47　色林错地区居民对国家公园建设意愿的调查

调查数据回收时间截至 2018 年 8 月 3 日

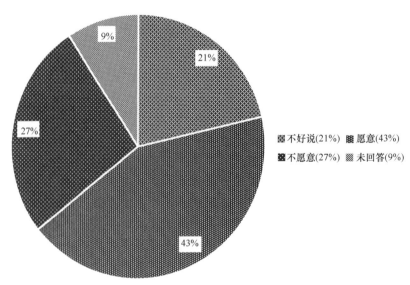

图 5.48　色林错地区居民搬迁意愿调查

调查数据回收时间截至 2018 年 8 月 3 日

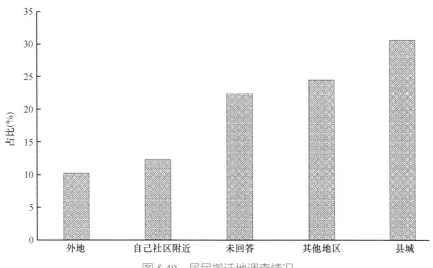

图 5.49　居民搬迁地调查情况

调查数据回收时间截至 2018 年 8 月 3 日

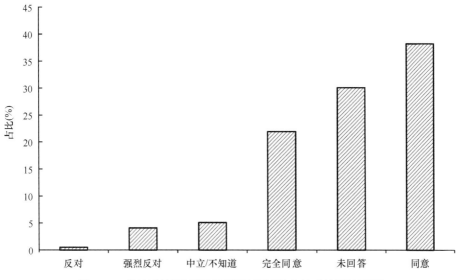

图 5.50　色林错地区被调查居民接受旅游业技术培训的意愿

调查数据回收时间截至 2018 年 8 月 3 日

5.6.4　未来影响民众意愿的关键因素

由于当地旅游发展尚处在早期阶段，目前尚难以根据当地实际情况来判断影响民众意愿的关键因素。但从国内外经验看，主要有以下因素可能会对未来当地民众的意愿和认可度产生影响。

一是不同旅游发展阶段的影响。居民对于旅游发展对目的地经济、社会文化、环境等领域的影响有不同的认知。旅游发展初期，居民的认知主要基于旅游带来的经济

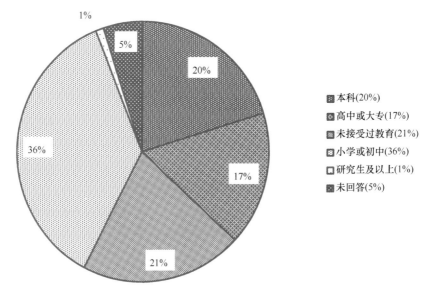

图 5.51　色林错地区参与调查的居民文化程度状况

调查数据回收时间截至 2018 年 8 月 3 日

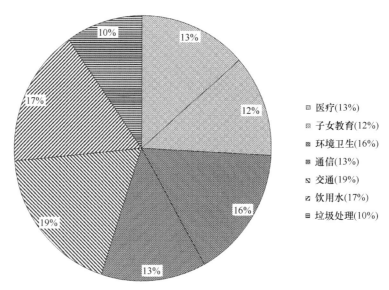

图 5.52　社区最需要解决的问题调查状况

调查数据回收时间截至 2018 年 8 月 3 日

效益，大部分居民只感受到了暂时的正面经济效益。但随着旅游经济的不断发展，目的地居民也日益成熟，对来自旅游各方面影响的认知也在加深，可能会从最初的愉快（即乐于接触）转变为冷淡（即对大量游客逐渐冷漠）、恼怒（对物价上升及文化准则遭受的破坏表示愤怒），直到敌视（公开地或隐蔽地对游客进行冒犯）阶段（图 5.53）。这意味着强化过程管理对维持良好的社会基础有着重要意义。

　　二是社区参与机制。研究认为，与旅游业关系密切的居民由于从旅游发展中获得

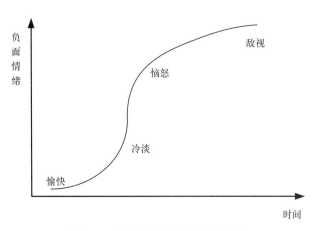

图 5.53   不同阶段旅游地居民感知

的利益超过了其承担的成本，总体上对旅游业持积极的支持态度；相反，与旅游业关系不密切的居民没能从旅游发展中获得直接的物质利益，却承担了社会和环境成本，对旅游发展的负面影响感知较强。显然，当大部分民众不能从当地国家公园建设和旅游发展中获得收益时，其意愿和认可度会下降。

除了收益分配机制以外，民众在旅游发展过程中的参与和利益表达机制也关系着民众意愿。从迪庆藏族自治州发展历程看，云南藏族社区参与旅游业的程度会随着时间推移出现一定的减小，从早期的旅游劳务性参与到后期出让旅游资源经营权，进而获得资源出让金，在一定程度上放弃了景区的参与权和决策权，以及收益的支配权。这导致社区与旅游开发商的冲突。

三是旅游者行为模式。独特的地理位置孕育了西藏雄伟壮观、神奇瑰丽的自然风光。除了自然景色以外，藏传佛教对藏区旅游来说是不可替代的，悠久的历史、古老的传统文化，以及藏传佛教独特的文化体系和神秘色彩，使西藏极具诱惑力。但旅游者本身各有行为偏好，有自身的生活习惯和宗教信仰，游客自身携带着大量的跨文化信息进入旅游地，会影响居民个体心理发生变化。正因为如此，当地人对旅游活动的自然生态保护、社会文化（宗教）影响表现出一定的担忧。

具有生态保护意识的游客比生态保护意识差的游客对环境的影响和破坏要小，他们不但会约束自己的旅游行为，有时还会主动收集垃圾。环境友好型旅游者会建立起与当地居民的良好关系。反之可能会导致旅游地居民的心理承受能力变小，进而降低旅游环境容量。

5.7 未来容量变化趋势

5.7.1 影响未来容量变化趋势的主要因素

容量是一个动态变化的概念，随着自然生态条件、社会经济基础、社会心理等因素的变化，环境容量也会出现较大程度的变化。

1. 自然生态条件

自然环境是国家公园开展各种公益活动和非公益活动所依赖的、围绕人们周围的各种自然因素的总和，被称为第三极的西藏高原90%以上的土地处在高寒环境下，自然环境严酷导致生态系统具有不稳定性、敏感性、易变性等脆弱性特征，这种情况与全球气候变化和人类活动的相互叠加使得西藏地区的生态环境呈现出生态系统稳定性降低、资源环境压力增大等问题，对未来国家公园容量造成重大影响。根据《西藏高原环境变化科学评估》，未来西藏地区的自然环境呈现出以下变化趋势。

气候变化的突出特征是变暖和变湿。在全球变暖的背景下，西藏高原作为全球气候的驱动器和放大器，气温呈现快速升高的特征。1960 ～ 2012 年，西藏高原气温的升温率大约是全球同期升温率的 2 倍，冬季升温更为突出。西藏高原降水整体呈现增加的趋势，但南北差异显著：北部降水量增加，南部同期降水量减少。未来西藏高原气候仍以变暖和变湿为主要特征，冰川以后退为主，积雪以减少为主，河流径流量以不同程度的增加为主。

生态系统总体趋好。西藏高原寒带、亚寒带东界西移，南界北移，温带区扩大，从而导致生态系统总体趋好；高寒草原面积增加，返青期提前，枯黄期推后，生长期延长，净初级生产力总体呈增加态势，但高寒草甸和沼泽草甸显著萎缩，西部地区变暖变干，生产力呈减小态势；西藏高原森林面积和储蓄量在 1998 年以前略有减少，各项林业保护工程实施后，商品性森林采伐逐渐减少直至全面停止，面积与蓄积量双增长；西藏高原湿地总体呈退化态势，2000 年以来，湿地退化幅度明显减缓。未来西藏高原森林和灌丛将向西北扩张，高寒草甸分布区可能被灌丛挤占，植被净初级生产力将增大；种植的作物将向高纬度和高海拔地区扩展，冬播作物的适种范围将会进一步增大，复种指数进一步提高。

冻土退化和沙漠化加剧是陆表环境恶化的主要特征。西藏高原冻土活动层以每年3.6 ～ 7.5 cm 的速率增厚，同时冻土层上限温度也以约 0.3℃ /10a 的幅度升高；沙漠化面积扩大、程度加剧；土壤侵蚀总体呈现先加剧后略微减轻的趋势。未来西藏高原冻土面积将进一步缩小，活动层厚度将进一步增大。

2. 基础设施建设

包括交通、住宿、供电、供水、污水处理等在内的基础设施主要为住宿、餐饮、交通、购物及娱乐等活动提供支持，是直接向旅游者提供服务的必不可少的物质保证。色林错区域经济水平滞后，各项基础设施不完善，是制约游憩环境容量的关键因素。但预期未来该地区基础设施投资建设将加速推进，从而扩大游憩环境容量。统计数据显示，2015 年色林错区域那曲、安多、申扎、班戈、尼玛、双湖 6 县的固定资产投资为 28.8亿元。2016 年尼玛县固定资产投资完成 7.8 亿元，同比增长了 92.59%。根据班戈县政府工作报告，2017 年班戈县加大道路建设项目投资，加快实施 110kV 农网主电网改造、新一轮农网升级改造项目；实施新建光伏电站项目；加快推进具备条件的自然村移动网络工程建设，力争实现全覆盖，并着力争取班戈通用机场建设项目。

3. 社会接受能力

从现阶段看，当地居民对当地开展国家公园的游憩活动的心理承受能力和配合程度并不会构成主要的制约因素。藏族作为一个热情、朴素、有着较为虔诚宗教信仰的民族，实际上为开展国家公园相关公益活动奠定了较好的群众基础。但随着旅游活动规模的扩大和深入，当地社会对旅游行业的舆论可能会有负面影响，进而可能会制约当地游憩活动的开展。另外，在当地建设国家公园，需要在生态优先前提下实现重要生态系统的原真性、完整性保护，并实施分区管理。重点保护区域内的居民要逐步实施生态移民搬迁，同时在全域范围内可能会对当地居民的行为实行严格的管控，这可能会与当地习俗习惯产生一定的冲突，从而引发一系列社会矛盾。

4. 政府管理能力

地方政府管理水平的高低是影响国家公园容量未来趋势的重要因素。实际上，在自然条件、基础设施建设和社会接受能力方面，地方政府都能或多或少地影响这些因素的发展趋势。在长期努力构建和谐社会的过程中，当地政府已和民众形成相对紧密的联系，调查显示 60% 的民众表示或多或少地认识政府官员，反映两者平时之间的互动是广泛存在的，为提高政府社会管理能力奠定较好的基础。但面对国家公园这一新鲜事物，地方政府应提高处理生态环保与地方发展关系的能力。

5.7.2　未来容量变化趋势判断

随着该区域基础设施投入力度的不断加大，基础设施环境容量不断加大。但受生态容量有限的制约，未来旅游容量也难以有大幅度的提升。在山水林田湖草生态修复工程中修复高度脆弱的生态系统，或通过退牧方式为旅游业发展腾出空间，是提升未来国家公园旅游环境容量的两个重要途径。

5.8　合理容量测定结果

5.8.1　总体结论

当前，国家公园区域合理容量主要受两个因素的制约。一是当地生态环境脆弱敏感且生态重要性又极高，生态系统和生物多样性容易受到旅游开发活动的干扰和破坏而难以恢复，旅游开发强度应受到严格限制。二是当地住宿、交通、医疗、应急、供水、能源等基础设施薄弱，难以支撑高品位的旅游开发活动。

国家公园合理容量与公园内部游憩空间的布局有关，不同的游憩空间布局对容量测算结果影响较大。如果游憩空间布局合理，不仅能减少未来旅游活动对生态系统的破坏，还能增大区域旅游环境容量，实现小范围开发、大范围保护。

如果分别将色林错和错鄂周边 5 km、10 km、15 km、20 km 范围划分为未来的游憩空间，并按照生态重要性等级限制单位面积瞬时可承载的游客数量，则 4 个空间范围对应的日空间容量分别约为 1000 人、2000 人、3500 人和 5000 人。综合均衡生态系统完整性、原真性保护要求和我国居民日渐增长的对高品质旅游资源的需求，建议将游憩空间布局在色林错和错鄂 15 km 范围内，此时日均空间容量约为 3500 人，年均空间容量约为 43 万人。

色林错是整个国家公园拟建区最重要的旅游资源，也是未来国家公园游憩空间的主要布局区。如果未来游憩空间规划主要布局在色林错周边区域，并接纳超过一半的游客，那么整个国家公园区域的旅游日空间容量不足 7000 人。

国家公园拟建区合理容量还受当前薄弱的基础设施的严重制约。例如，从住宿看，目前当地能够提供高品质旅游体验的酒店和民宿均不多，申扎县、班戈县、尼玛县等未来将要拟建国家公园的县城几乎没有星级以上酒店或者符合《旅游民宿基本要求与评价》（LB/T 065—2017）标准的民宿。而离得相对较近的色尼区、安多县星级以上宾馆床位数也不足 3000 张。因此就目前而言，当地高品质旅游的日环境容量不足 3000 人。

此外，还要关注旅游活动可能对色林错水环境的影响。在后续的科考中需要进一步研究色林错水环境背景、容量测算标准，并评估水环境容量对国家公园旅游环境容量的限制。

5.8.2　未来趋势

随着未来该区域住宿、交通、能源、水利、环境治理等基础设施的不断完善，国家公园建成后管理能力的不断提升，该区域基础设施对旅游容量的约束将大大降低，旅游容量也将有所提高。但旅游容量受生态、环境的制约难以突破。通过山水林田湖系统修复工程有望适度提高当地的旅游生态容量，但提高空间有限。但如果国家公园建设后，开展大规模的退牧还草，减少畜牧业对当地生态空间的占用，倒能为未来旅游生态容量的提升带来机会。

5.8.3　应对建议

建立合理容量动态优化调整机制。由于当前国家公园合理容量测算受数据缺乏、科学基础不足（如旅游开发强度控制在多大范围内才不会对黑颈鹤生存、繁殖造成影响）等方面的制约，容量测算结果仅供参考。而且在国家公园建立初期，各类环境污染治理设施不完备、环境管理能力薄弱，大量的游客进入可能会造成环境污染和生态破坏。因此，在国家公园设立之初，应该遵循高标准的原则，设置相对较小的旅游环境容量，如日均 2000 人左右。此后逐年增加，并评估旅游活动和游客数量的增加给生态系统和野生动物带来的影响。通过多年探索，确定国家公园最合理的旅游容量，在不破坏生态系统完整性和原真性的前提下，最大限度地发挥国家公园的游憩、科研和自然教育等功能。

逐步推动国家公园内退牧还草工程，减轻畜牧业超载为野生动物腾出空间的同时，为未来旅游环境容量的提升腾出空间。建议清退或限制对当地天然草地有依赖的商业化畜牧业的发展，在旅游业尚不能替代畜牧业作为当地居民主要生计来源之前，要维持自给和生计型牧业发展。同时，建议在生态脆弱性低的地区推广饲草的种植，减少畜牧业对天然草地的依赖。在旅游业发展在一定程度上能够给当地居民提供持续稳定的生计来源以后，进一步推动退牧还草工程，为未来旅游环境容量的提升腾出空间。

实施渐进的基础设施建设战略，在没有建立成熟的游客容量管理体系前，一方面，把交通、住宿基础设施作为限制游客进入量的因素，以保护当地生态系统的完整性和原真性，同时，未来这些基础设施建设规模也应与当地旅游生态容量相匹配，避免盲目扩建；另一方面，需要逐步加强污水、垃圾等环境治理设施的建设，避免旅游开发活动的加大给当地生态环境带来难以逆转的破坏。

把协调与原住民的关系作为国家公园设立、建设的基础性工作。从国际经验来看，原住民对国家公园建设及开展游憩活动的接受程度是影响旅游环境容量的重要因素，建立与原住民良好的关系也是提升环境容量的重要工作。

第 6 章

色林错 – 普若岗日国家公园
范围划定与功能分区

6.1　色林错－普若岗日国家公园功能定位

6.1.1　保护色林错湖区高原高寒荒漠生态系统

色林错是青藏高原高寒荒漠生态系统的典型代表区域，保存有大面积完好的高寒湖泊湿地生态系统，生态环境极其脆弱，一旦被破坏将不可修复。色林错自然保护区已出现功能混乱、破碎化管理、旅游无序发展等问题，严重威胁生态安全。色林错－普若岗日国家公园建设有利于加强湖区生态功能区分类控制与建设，维持区域人地关系的平衡稳定发展，保护脆弱的生态系统。

6.1.2　保护具有苯教特色的人文生态原真性

通过国家公园建设，以原真性人文遗产为吸引物适度利用，探索自然生态区域适度开发生态旅游的产业模式和管理体制机制，形成符合区域定位的生产生活利用方式，减少大规模旅游开发造成的游客威胁。

6.1.3　保护黑颈鹤、藏羚羊等旗舰物种的栖息地和代表性生态景观

色林错区域生存着种类众多和数量庞大的珍稀野生动植物资源，享有世界最高生物物种基因库的美誉。色林错－普若岗日国家公园建立科学的生物多样性监测和科研体系，普及生态系统的完整性与旗舰物种科学知识，对于保护生物物种及其遗传多样性具有关键作用。

6.1.4　优化色林错自然保护地区域管理体制和财政紧张问题

色林错－普若岗日国家公园建设将实现收支一条线，避免多重部门投资产生的不协调、零碎化和重复投入问题，缓解该地区发展大众旅游的经济增长压力。

6.1.5　探索小面积利用促进大面积保护模式

色林错区域是藏北重要的牧业基地之一，区域开发利用活动历史悠久，但利用方式单一、原始，以沼泽湿地放牧为主，生态干扰性较强，人类日益增长的生产消费需求与珍稀动物栖息地和脆弱性生态环境之间已经产生了矛盾。色林错湖泊流域是整个青藏高原地区生态系统的平衡器和调节器，以国家公园发展模式协调生态保护与人的

发展之间的矛盾，加强统筹山水林田湖草系统治理，能够形成高原生态敏感地区的国土空间用途管制和可持续发展模式示范。

6.2　国家公园范围确定的依据、技术流程与结果

6.2.1　国家公园边界划定依据

1. 边界标识物类型

根据世界自然保护联盟（International Union for Conservation of Nature and Natural Resources，IUCN）对保护区的解释，保护区是"一个为实现自然界及相关的生态系统服务和文化价值得到长期保护而通过法律或其他有效途径，明确规定的、公认的、专设的、获得管理的地理空间"，说明保护区是一个有公认的有区域边界的空间（IUCN，2013）。国家公园作为保护地的一种类型，是实现资源有效保护和合理利用的一个特定区域，界定国家公园的范围是国家公园规划设计、建设管理的首要环节和重要任务。

各国的自然保护地根据地理地形特征可以分为陆域、海域（岛屿）、海陆交界三种类型。陆域的边界线有按照山峰、河流等自然地形，或者交通线路等人工设施、行政边界划分的情况。水域的边界有按照从陆域边界向外扩出一定距离或直接做海岛连线等划分的方法。国家之间的保护地相互毗邻、以国境线作为自然保护地边界的情况也有不少，一个共同的做法是作为国际和平公园协调、统一管理（如巴西和阿根廷、加拿大和美国、南非和博茨瓦纳及纳米比亚等）。

2. 边界调整方式

国家公园范围的调整可以根据土地所有权结构进行。加拿大对原住民的使用权分为地上、地下两类，以此保障兼顾原住民利益和矿产资源开采，同时也规定一些土地可供原住民在特定季节使用。在欧美等土地私有制国家，很多自然保护地的边界处于不定期的调整变化状态，这基于对土地所有权的买卖情况。美国、加拿大大多会保证先买进，英国、澳大利亚等地则在私有情况下仍然可以成为国家公园。这些都为国家公园规划带来了不同的需求和特征。根据土地拥有制度的不同，欧美、日本等不同国家的规划管理均表现出不同的特征。

选择公园边界往往要考虑运行管理成本和其他因素，是理想边界和实际能力之间的综合考虑。国家公园边界调整是国家公园系统规划的一部分，如美国边界调整的过程需要由美国国家公园管理局 NPS 首先进行边界调整研究，将研究报告提交国会审议和立法，通过联邦基金购买土地，从而完成边界调整。

专栏 6-1 为南非国家公园边界划定参照物。

专栏 6-1　南非国家公园边界划定参照物

1）以自然地理要素为依据，如河流、山脊等，边界常与线性自然元素重合。

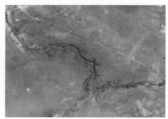
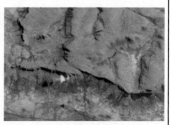

Agulhas国家公园　　　　　　　Mokala国家公园　　　　　　　Marakele国家公园
边界与海岸线重合　　　　　　　边界与河流线重合　　　　　　　边界与山脊线重合

2）以行政边界（国界、省界等）为依据，边界常与行政边界重合。

Golden Gate Highlands 国家公园　　　　　　　　Garden Route National Park
　　　　边界与国界重合　　　　　　　　　　　　　　　　边界与省界重合

3）以人工设施、人文要素确定国家公园边界。

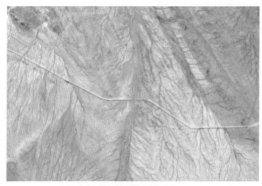

Augrabies Falls国家公园
边界与公路重合

6.2.2　色林错 – 普若岗日国家公园范围划定

1. 考虑因素

国家公园范围划定的目标是对有价值的特殊地理景观、自然生态系统及生物物种资源实行整体保护（王梦君等, 2016）。通过自然生态系统多样性保护的配置与管理需求，构建区域生态安全格局，最终达到自然生态系统保护的目的。

色林错 – 普若岗日国家公园范围划定主要考虑 4 个方面：包含有国家代表性的自然、人文景观和旗舰物种栖息地，自然生态系统完整性，兼顾自然、人文生态原真性和生态景观宜游性。

1）国家代表性：将具有国家代表性的自然生态系统、自然和人文生态景观、珍稀动植物和旗舰物种的栖息地和迁徙通道、代表性传统社区和生产方式等包含进去。

2）自然生态系统完整性：能够包含代表该区域、维持该区域生态系统服务功能的生态类型，使之形成的自然生态系统结构和功能朝可持续的方向演化。

3）原真性：维护具有典型代表性人文遗迹及其依附的传统生产生活方式的社区。

4）生态景观宜游性：包含色林错代表性的旅游资源、景观区域和重要旅游服务设施。同时，还需要考虑社区发展、管理基础、可行性等因素。

2. 划定方法

首先，根据代表性生态景观、自然生态系统、旗舰物种栖息地进行缓冲区分析，优先划出核心保护对象区域；其次，按照地形地貌、山系水系确定地理单元，充分考虑生态系统的完整性和原真性保护，解决重要栖息地破碎化的问题；再次，从资源保护及管理的角度，考虑土地的管理问题，考虑国有土地的集中区域，满足国家公园保护、管理和合理利用的可行性。最后，考虑交通、旅游服务设施、保护管理基础设施等基础设施建设现状与规划，以满足资源管理和利用的需要。国家公园范围内尽量不包括建制镇、县城等，对一些本土居民世代居住的村庄，在评估其生产生活方式与国家公园建设目标一致性的基础上，考虑是否将其纳入（图 6.1）。

6.2.3　技术路线

划定国家公园范围需要在掌握国家公园拟建地的自然资源、重点保护物种分布及其栖息地、人文资源分布、行政区界线、重要交通道路等情况的基础上，分析不同自然生态系统的组合结构、土地利用情况、自然保护地界限等因素，提出初步拟定范围方案，分析利弊，并经过利益相关者的讨论和研究后对其进行调整（表 6.1）。

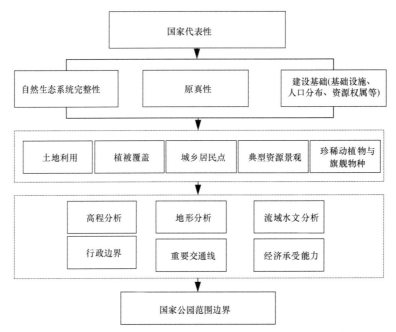

图 6.1　色林错－普若岗日国家公园范围边界划定考虑因素

表 6.1　国家公园拟建设区域基础调查分类表

序号	类别	调查内容
1	自然环境	地质、地貌、气候、水文、土壤、自然灾害、环境敏感区、景观节点
2	生物资源	植被覆盖、动物、植物、旗舰物种分布与迁徙通道
3	人文资源	传统建筑、人文名胜古迹、风物
4	社会经济	土地利用结构、居民点、经济水平、基础与服务设施、地方认知和支持情况、环境安全状况等

第一步：根据色林错区域实际情况，首先分析以色林错自然保护区为中心，直径 200 km 范围内的土地利用、自然植被覆盖、珍稀动物旗舰物种栖息地和迁徙通道、城镇居民点分布、典型资源和景观分布情况，确定自然生态系统完整性得到良好保留。

第二步：在第一步的基础上，叠加代表性对象缓冲区分析、高程分析、水文分析结果，确定大致范围边界。

第三步：在第二步的基础上，叠加行政边界、重要交通线，与上一步范围重合的，以行政边界和交通线替换原边界。

第四步：在以上三步分析的基础上，综合考虑未来国家公园运营管理的经济承受能力，对其范围进行调整。

第五步：确定最终范围（表 6.2）。

6.2.4　研究数据准备

根据上述国家公园范围划定技术路线，收集整理形成以下分析数据。所用数据主要包括 DEM 数据、生态环境要素数据（土地利用数据、土地覆被分类数据、归一化植被指数、土地沙化数据等）、土壤数据（土壤类型、土壤质地、土壤侵蚀）、珍稀野生动物栖息地和迁徙通道数据（黑颈鹤、藏羚羊、藏牦牛、藏野驴、雪豹等旗舰物种）、经济社会数据（居民点分布、交通线、乡村人口、经济总量、公共服务设施）等数据。部分数据缺乏或精度不足，下一步需通过西藏主管部门提供官方精确数据、第三方购买高分影像数据、实地详查予以更新。

表 6.2　国家公园范围划定考虑依据

考虑因素	一级因子	二级因子	具体指标
自然生态系统完整性	自然地理	地形、地貌	山脉
		水文	水系、湖泊、河流
		植被	覆盖度、类型和分布
	生物栖息地	珍稀濒危野生动物	分布区域
		旗舰动物物种	永久栖息地、迁徙通道、活动区域
资源保育与利用	资源利用	矿产资源	矿产分布、采矿权、探矿权
		水资源	水电站、水利设施等
		风力资源	风力发电厂、输电线路
		旅游资源	资源分布、景观区、旅游通道
管理运营基础	资源管理	自然保护地	自然保护区、森林公园、风景名胜区、国有草场林区等
		土地权属	国有土地、集体土地
		森林管理	公益林、商品林
	基础设施	交通道路	国道、高速、省道、县道
		旅游服务设施	游客中心、餐饮住宿购物点等
		管理站点	站点分布
	社区	居民点	县城、乡镇、村

6.3　国家公园范围划定考虑要素分析

6.3.1　旗舰物种栖息地和迁徙通道

色林错 – 普若岗日国家公园野生动物列入《濒危野生动植物物种国际贸易公约》(CITES) 附录 I 中的有棕熊、雪豹、藏羚羊、盘羊、藏雪鸡、黑颈鹤等，被列入附录 II 中的有藏野驴、秃鹫、大鵟、金雕、玉带海雕、胡兀鹫等。这些物种在色林错区域广泛分布（图 6.2）。

1. 黑颈鹤（*Grus nigricollis*）

黑颈鹤为青藏高原特有种，属于鹤形目鹤科，是一种主要分布在我国的大型涉禽，现为国家 I 级重点保护区野生动物，并被列入《濒危野生动植物物种国际贸易公约》(CITES) 附录 I 所收录物种名单中。全世界黑颈鹤种群总数的 90% 以上栖息于我国，

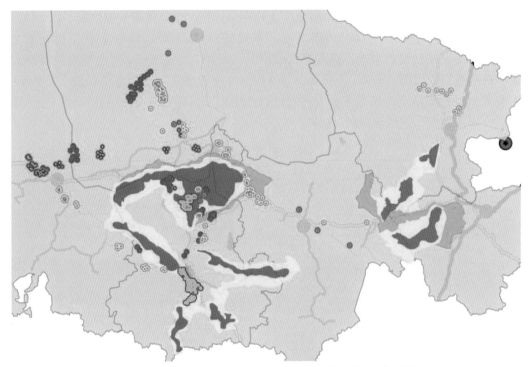

图 6.2　根据生态分队调研得出的旗舰物种栖息地集中区域

观测对象包括黑颈鹤、藏羚羊、藏野驴、藏原羚、猎隼 5 种，依次分别做 500 m、1000 m、2000 m、3000 m 缓冲区分析

而我国 80% 以上的黑颈鹤越冬与繁殖地均集中于西藏自治区，色林错 – 普若岗日国家公园是保护世界珍稀濒危鸟类黑颈鹤及其繁殖栖息的湿地生态系统。

1876 年俄国人尼古拉·普热瓦尔斯基（Nikolai Przevalski）在我国青海湖地区发现了黑颈鹤，并为其命名，是世界上 15 种鹤类发现最晚的 1 种。繁殖区在海拔 2500 ～ 5000 m，越冬区海拔主要在 2200 ～ 4000 m。海拔 4500 ～ 4850 m 处，最冷月月均温度在 –10℃左右，最热月月均温度小于 10℃，直到 10 月中旬迁离繁殖区（仓决卓玛等，2008）。黑颈鹤在西藏高原的繁殖生境主要有高山高寒草原、高山草甸、高山沼泽草甸和高山沼泽湿地 4 种类型（Wyer et al.，1992；李凤山，2005）。由于放牧逐渐加剧、区域发展后流动人口增多、公路修筑对黑颈鹤栖息繁殖的湿地产生潜在影响，西藏黑颈鹤的栖息地未来令人担忧（马鸣，2003）。

黑颈鹤主要以集群方式活动。其集群的形式包括家庭集群、同种集群和混种集群三种。其中，家庭集群是最紧密的集群方式，同种集群是相对松散的集群方式，混种集群多出现在觅食后休息或夜宿时。在越冬地，与黑颈鹤混群的多是灰鹤（Grus grus），有时也间杂灰雁（Anser anser）、斑头雁（Anser indicus）、赤麻鸭（Tadorna ferruginea）等（李凤山和马建章，1992）。黑颈鹤的活动区域主要在沼泽及其他浅水区域。

黑颈鹤为中国特有种，在青藏高原上繁殖，在云贵高原、雅鲁藏布江中游和不丹等地越冬。黑颈鹤的繁殖地集中在我国 3 个地区——西藏北部、青海东部、四川的西北部，含甘肃西南部（吴至康等，1993）。已建黑颈鹤自然保护区包括贵州威宁草海、四川若尔盖、云南大山包、青海玉树隆宝滩、青海湖泉湾、西藏那曲色林错自然保护区。我国黑颈鹤迁徙主要存在以下三条迁徙路线（李筑梅和李凤山，2005；吴至康等，1993）。

1）往返于四川若尔盖与贵州西北部和云南东北部之间，直线距离约 800 km。若尔盖繁殖的黑颈鹤沿邓峡山脉、岷江流域南下，经雅安、荥经、乐山、宜宾而达乌蒙山区的湖泊越冬。

2）由青海玉树及其通天河流域等地的黑颈鹤沿金沙江河谷及雀儿山、沙鲁里山，经四川西北部的石渠、甘孜、理塘偏东南下，到达滇西北横断山脉的湖泊越冬。隆宝滩至纳帕海的直线距离约为 700 km。

3）在新疆东南部、青海西部、藏西北高原繁殖的黑颈鹤，由高海拔地区向南或东南迁徙到海拔相对较低的雅鲁藏布江中游河谷地带越冬，其中的一部分飞跃喜马拉雅山脉至不丹越冬。

西藏以保护黑颈鹤为主的国家级自然保护区有 2 个，即色林错黑颈鹤繁殖栖息地自然保护区和雅鲁藏布江中游河谷黑颈鹤越冬栖息地自然保护区。色林错－普若岗日国家公园广泛发育有湖泊和河流湿地，是黑颈鹤的永久繁殖地，申扎县是藏北黑颈鹤繁殖区数量最集中的繁殖栖息地之一。每年在色林错国家公园繁殖的黑颈鹤数量在 2000 只以上，2000 年 7 月，全国鸟类环志中心组织对西藏北部的申扎、班戈两县境内部分黑颈鹤繁殖地进行了调查，在约 600 km² 的湿地范围内发现黑颈鹤 201 只（乔治·阿其博，2005）。黑颈鹤于冬季由高海拔向南或东南迁徙到低海拔的雅鲁藏布江中游河谷越冬，其中一部分飞越喜马拉雅山脉至不丹越冬。西藏中南部的雅鲁藏布江中游拉萨河与年楚河一带，河谷灌丛和草原发育，附近青稞农田种植区广阔，有利于觅食，是黑颈鹤的主要越冬栖息地。余玉群 1990～1991 年的调查显示，黑颈鹤在拉萨河谷的越冬时间为每年 10 月初至翌年 4 月中旬（余玉群等，1993），5～9 月北迁到西藏北部的申扎县及其他区域繁殖。

色林错黑颈鹤最集中的繁殖地位于洛波湖、色林错、格仁错、木纠错与班戈县的妥坝湖泊湿地，每年夏季约数千对黑颈鹤在此繁殖。除此之外，在尼玛县、色尼区、班戈县等地的湖泊湿地，如仁错、格仁错、越恰错、错鄂、崩错、蓬错等也有较多繁殖群体。除了黑颈鹤以外，保护区范围内还生存着大量的棕头鸥（*Larus brunnicephalus*）、斑头雁、赤麻鸭等珍稀水禽。1990 年西藏自治区野生动物考察队在申扎县划分了以保护黑颈鹤及其繁殖地为主的湿地自然保护区，1993 年西藏自治区人民政府批准建立了申扎黑颈鹤自治区级自然保护区，面积约 400 万 hm²。为了全面保护该区黑颈鹤及其繁殖栖息地，提升保护区级别和保护管理能力，2003 年经国务院批准，色林错自然保护区晋升为国家级自然保护区，范围调整至申扎、那曲、安多、班戈、尼玛、双湖 6 个县，面积为 1893630 hm²，包括了那曲西部县南面几乎所有的湖泊湿地。

2. 藏羚羊（*Pantholops hodgsoni*）

藏羚羊常栖息于海拔 3700～5500 m 的高山草原、草甸和高寒荒漠地带，早晚觅食、善奔跑、性情胆怯。夏季雌性藏羚羊沿固定路线结成群体向北迁徙。藏羚羊属于中国国家一级保护动物，也是列入《濒危野生动植物种国际贸易公约》中严禁贸易的濒危动物，主要分布于中国以羌塘为中心的青藏高原地区（西藏、青海、甘肃、新疆），少量见于印度拉达克地区。中国已建西藏羌塘国家级自然保护区、青海可可西里国家级自然保护区、新疆阿尔金山国家级自然保护区等，并对它们进行监测和保护，近年来羌塘地区藏羚羊数量增长较快，约达到15万只。2016年9月4日，世界自然保护联盟宣布，将藏羚羊的受威胁程度由濒危降为易危。

藏羚羊分布区域常共生有野牦牛、藏原羚、藏野驴、岩羊等，不同的是藏羚羊有季节性迁徙行为。位于青海、西藏和新疆交汇区的可可西里的腹地、太阳湖和卓乃湖是藏羚羊的集中产羔地，产羔母羊分别来自3个方向：东南方青海曲麻莱地区的母羊群主要在楚玛尔河大桥至五道梁区间跨越青藏铁路和青藏公路西行，在卓乃湖东南湖岸产羔；南方西藏羌塘地区的羊群在卓乃湖南岸产羔；西北方阿尔金山地区的羊群经鲸鱼湖、太阳湖到达卓乃湖西面产羔。而卓乃湖北岸未发现产羔羊群。每年1月，西藏羌塘、新疆阿尔金山和青海三江源地区的怀孕雌藏羚羊将携带1个亚成体前往可可西里的太阳湖和卓乃湖产羔，并在产羔后的一个月左右启程返回各自冬季栖息地（夏霖等，2005）。

作为青藏高原动物区系的典型代表，藏羚羊种群也是构成青藏高原自然生态的极为重要的组成部分。藏羚羊的栖息地海拔为3250～5500 m，更适应海拔4000 m左右的平坦地形，喜活动于海拔4100～5200 m的平原或浅山上（Schaller，1986）。羌塘地区共有3个藏羚羊种群，中部和北部的藏羚羊种群是迁徙种群，色林错－普若岗日国家公园的藏羚羊是不迁徙种群，主要因为此处有面积广阔的湖群和草原植物。20%的藏羚羊在申扎和措勤一带活动，夏季在雪山下觅食，秋冬季节到湖边栖息。每年11月藏羚羊进入发情期，雌性藏羚羊从不同的活动地汇集到相对固定的交配区域，6～7月大部分雌性藏羚羊集中到水草较好、僻静的河谷平原或湖盆地带产羔（Qiu and Feng，2014）。狼、赤狐和大型猛禽是主要捕食者，但是出现的频次很少。

牧场围栏、公路护栏、大型交通道路会阻碍藏羚羊迁徙（殷宝法等，2007）。例如，近年在通天河口新发现的藏羚羊产羔地，有300～400只被认为是受到道路修建影响，迁徙到半路滞留在此地之后不断聚集起来的。许多以草地保护之名建立起来的长距离网围栏严重割裂了藏羚羊的冬季聚集区。藏羚羊每次迁徙抵达青藏公路和青藏铁路前，往往停留20～40天，可能在寻找通道、等待时机。

3. 野牦牛（*Bos grunniens*）

野牦牛生活在草原、丘陵和土地，低至海拔3200 m，高至海拔5300～5400 m植被分布的上限。独行和小群的公野牦牛经常出现在草原上，而有母野牦牛的群体则愿意靠近山丘，可能是怕受到人类的残害，山丘可使它们容易逃避。然而，有营养价值的草料是野牦牛选择这种地方的主要因素。

野牦牛可分为祁连山型和昆仑山型。昆仑山型主要分布于雅鲁藏布江上游、昆仑山脉和藏北广大高寒草原及寒漠地带。羌塘国家级自然保护区的野牦牛分布在中北部地区 1692 km² 的范围内，估计有 1000 只左右。藏西大约 30°N 以南有很多牧业人口，他们在那里猎取野牦牛以获取肉、角（作奶桶用）及其他产品，所以野牦牛都已灭绝或只剩下零星小群。从森林西边开始，经纳木错，几乎延续到色林错的高山草甸，现在已没有了野牦牛，但再往西还有一些种群存在。在羌塘国家级保护区的其他地方（71%），野牦牛的密度不一。公野牦牛经常是独行的，或结成 2～5 只的小群，最大的公野牦牛群也只有 12～19 只。公野牦牛分布很广，有时就在母野牦牛附近，有时则离得很远，甚至在 7～9 月的发情期也不常在一起。

4. 藏原羚（*Procapra picticaudata*）

藏原羚属于偶蹄目洞角科藏羚属，是国家二级保护动物，在我国的分布区包括：西藏东部和东北部，藏北高原，阿里地区，南抵定日草原、珠穆朗玛峰北坡和希夏邦马峰地区；除湟水河谷及柴达木盆地以外的青海大部分地区，新疆昆仑山、阿尔金山；四川西北角的甘孜藏族自治州、阿坝藏族羌族自治州及甘肃的祁连山等。其分布范围介于 80°～103°E，30°～39°N，是典型的高原动物，栖息在海拔 3000～5100m，分布于青海、西藏、鄂尔多斯高原及其毗邻地区和蒙古的开阔草原上，常活动于高山草原、高山草甸草原和高原草原及荒漠草原地带，特别喜欢活动在水源充足、坡度不大的宽谷地区，为国家二级重点保护动物（沈均梁，2014）。

藏原羚分布于印度的帕米尔高原和我国的青藏高原，主要栖息于高山草原、高山草甸草原和高原草原等开阔环境中，躲避寒漠。冬季，深厚积雪覆盖草原时，藏原羚便到海拔 3500 m 以下的产量较少的草场中觅食。夏季，为寻找嫩草，会进行较长距离的水平迁移。通常，藏原羚选择植被茂密的草地栖息，喜集群活动，群的大小不等，以十数头集群较为多见，极少单独活动（赵疆宁和高行宜，1991）。

5. 藏野驴（*Equus kiang*）

藏野驴分布在青藏高原及其毗邻地域，在国外仅见于尼泊尔和克什米尔印度锡金。分布地域涉及 5 省（区）30 县（市），包括西藏、青海、新疆、甘肃和四川，界于 78°40′～103°00′E，27°48′～39°27′N。在藏野驴分布区内，海拔最低处在青藏高原北缘甘肃肃北县盐池湾，平均海拔为 3227 m；海拔最高处为西藏羌塘高原，平均海拔为 4500～5000 m，其中约有 1/3 的面积海拔超过 5000 m。目前藏野驴比较集中的分布区是西藏北部羌塘高原地区，其次是新疆东昆仑—阿尔金山及青海西南部玉树地区。目前藏野驴主要分布在 30°～36°N，80°～92°E，面积约 70×10⁴ km²，藏野驴在青藏高原的初步估算数量为近 90000 头（郑生武和高行宜，2000）。

6.3.2 DEM 高程分析

基于 ArcGIS 软件平台，采用空间分析方法提取等值线，识别色林错区域的高程地形情况。由图 6.3 可知，色林错湖泊地势低洼，是相对于周边区域的一个盆地。

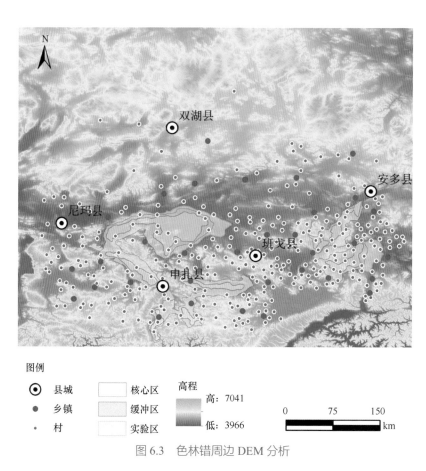

图例

- ◉ 县城
- ● 乡镇
- · 村

核心区

缓冲区

实验区

高程

高：7041

低：3966

0　75　150 km

图 6.3　色林错周边 DEM 分析

6.3.3　土地利用结构分析

根据 2015 年全国土地利用数据信息，将色林错区域的土地利用方式划分为 10 类（图 6.4），即农田、森林、灌丛、草丛、草地、湖泊/湿地、冰川及永久积雪、城镇/农村居民点、荒漠和裸地。从图 6.4 中可以看出，色林错区域以草地为主，其次是湖泊，其他类型用地非常少。

6.3.4　主要集水区分析

色林错流域包括可可西里山南坡、唐古拉山西段、念青唐古拉山西翼、冈底斯山东缘及部分羌塘高原的高山与湖盆区，属于青藏高原内流区（施雅风等，2005）。色林错流域有 642 条冰川、面积为 593.09 km^2、冰储量为 36.37 km^3，冰川平均面积为 0.92 km^2。在全球气候变暖的影响下，对气候反应敏感的青藏高原的冰川也在退缩和融化

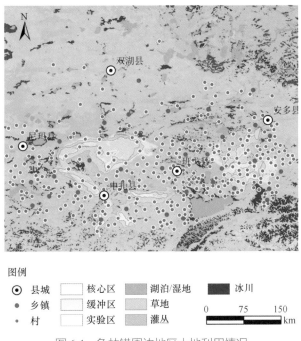

图例

⊙ 县城　　□ 核心区　　▨ 湖泊/湿地　　■ 冰川
● 乡镇　　□ 缓冲区　　▨ 草地
· 村　　　□ 实验区　　▨ 灌丛

0　　75　　150
km

图 6.4　色林错周边地区土地利用情况

（任贾文等，1998；蒲健辰等，2004）。湖面的加速扩张主要受冰川的加剧退缩及其引起的融水增加的影响，但与区域降水量略微增加和蒸发量显著减少也有密切联系。冰雪融水量增加成为近期一些以此为水源之一的那曲地区部分湖泊水位上涨的重要原因（边多等，2006）。众多湖泊、河流的串联贯通使色林错拥有广阔的流域和丰富的水源补给。色林错流域内除色林错以外，较大的湖泊还有格仁错、吴如错、错鄂、仁错贡玛、恰规错、孜桂错及越恰错等。色林错位于全流域最低洼的地区，是水流汇集的中心。同时常年或季节性汇入色林错的主要河流有 4 条，北岸汇入的扎加藏布是西藏流域面积最大的一条内流河，发源于冈底斯山拔布日的北麓，河源始称准布藏布，流经查藏错、越恰错和木地达拉玉错，到申扎附近经甲岗雪山冰川融水补给，改称申扎藏布，流经测冬拉错，在格仁错、孜桂错、且拿错和吴如错之间又称加虾藏布、私荣藏布，流出恰规错后成扎根藏布；东岸汇入的波曲藏布、西岸汇入的阿里藏布不是发源于冰川山脉，流域内受冰川融水补给的还有赛拉错和夏过错。对于封闭的内陆湖泊来说，由于其水源输出的主要途径是蒸发，而降水量的增加和蒸发量的减少成为湖泊面积持续增长的主要原因。温度升高会造成冻土解冻并释放水，大部分水将流向色林错流域，进而对色林错湖面水域变化产生影响。

　　色林错位于全流域最低的地区，是水流汇集的中心，冰雪融水量持续增加是色林错湖面扩张的根本原因，冻土解冻释放水等也是导致湖面变化的主要原因。因此采用 ArcGIS 的集水区分析工具，提取色林错流域的主要集水区，发现色林错的主要集水区集中在色林错的东部地区并一直延伸，该区域也是其他小湖和河流汇入地，保证了未来湖区水量的有效补给。

6.3.5　交通条件分析

色林错区域包括铁路、国道、省道、县道和乡村道路，其中以县（市）道为主。在色林错自然保护区中，省道 S301 横穿东西，以此路为主干线向两侧分布有大量的县道和乡道。乡村道路的通过性较差。部分区域由于路况复杂，致使区内通行车辆随意选择道路，从草地上经过，较大地破坏了沿线草地生态系统（图 6.5）。

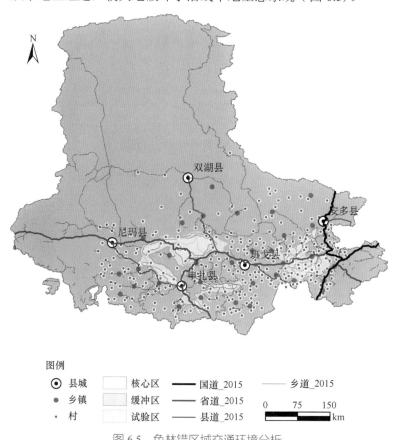

图例

⊙ 县城　　▢ 核心区　　━━ 国道_2015　　──── 乡道_2015

● 乡镇　　▨ 缓冲区　　── 省道_2015

· 村　　　▢ 试验区　　── 县道_2015

0　75　150 km

图 6.5　色林错区域交通环境分析

6.3.6　综合分析结果

综合上述分析，可以初步确定色林错－普若岗日国家公园范围，包括南区色林错园区、北区普若岗日园区。考虑到安多县、色尼区人口、面积规模、生态系统分割等问题，可以得到两种色林错－普若岗日国家公园范围方案（图 6.6、表 6.3）。

1）方案一：包括原色林错黑颈鹤国家级自然保护区及其中间草地连接地带，加上普若岗日园区，总面积约为 5.53 万 km²（其中普若岗日园区 0.50 万 km²），人口为 5 万～6 万人。

2）方案二：包括原色林错黑颈鹤国家级自然保护区的左侧色林错湖区和普若岗日

表 6.3　色林错 – 普若岗日国家公园涉及的行政区及其人口统计

名称	城镇	乡镇	行政村 （个）	户数 （户）	人口 （人）	劳动力 （人）	牲畜总数量 （头 / 只）
色林错 – 普若 岗日国家公园	班戈县	小计	46	4549	18687	8195	551106
		佳琼镇	6	727	2960	1223	90821
		北拉镇	13	1342	5074	2834	135368
		门当乡	11	1135	4804	1838	176775
		保吉乡	7	484	2074	954	56586
		新吉乡	9	861	3775	1346	91556
	尼玛县	小计	11	1521	6110	2477	201165
		尼玛镇	4	1029	4396	1865	156402
		申亚乡	7	492	1714	612	44763
	申扎县	小计	56	3648	16879	8642	609668
		塔尔玛乡	14	780	3437	1476	100466
		下过乡	6	486	2369	1459	70489
		巴扎乡	7	401	1871	1474	71128
		雄梅镇	10	678	3476	1200	141344
		马跃乡	6	361	1802	867	64730
		买巴乡	5	281	1416	766	54807
		申扎镇	8	661	2508	1400	106704
	安多县	小计	22	4263	17676	8693	393462
		强玛镇	6	1161	4824	2504	146786
		扎仁镇	10	2002	8810	4522	153649
		措玛乡	6	1100	4042	1667	93027
	那曲县 *	小计	34	4781	22193	10268	532821
		罗玛镇	14	1418	7102	3216	148109
		那玛切乡	10	1781	8367	4324	230937
		香茂乡	10	1582	6724	2728	153775
	双湖县	小计	13	1103	5092	2631	250852
		措折罗玛镇	8	608	2787	1428	130269
		协德乡	5	495	2305	1203	120583

　　注：本表中为全部乡镇域统计，缺少乡村数据。根据 2011 年末统计资料，色林错黑颈鹤国家级自然保护区范围有 8029 户，34524 人。

　　*2017 年起，那曲县改称色尼区。

园区，总面积为 3.82 万 km²（其中普若岗日园区面积为 0.50 万 km²），人口为 2 万～ 3 万人。原色林错黑颈鹤国家级自然保护区的安多县和色尼区被划为新的自然保护区，并对其

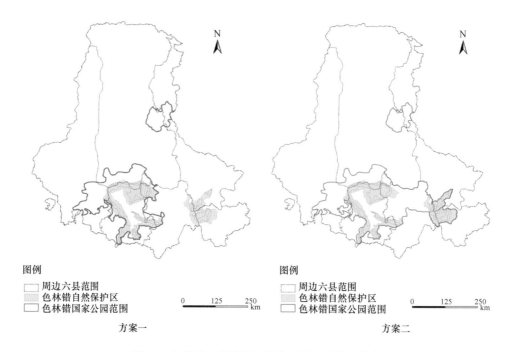

图 6.6 色林错 – 普若岗日国家公园两种范围方案

进行严格保护。

考虑到色林错 – 普若岗日国家公园主要保护对象是高原高寒草地生态系统、色林错，以及周边的黑颈鹤、藏羚羊等旗舰动物栖息地，原色林错黑颈鹤国家级自然保护区东部的安多县、色尼区在以上几个方面的典型性不强，且与主体区域分割，考虑到人口规模和管理运营成本，建议选择方案二作为色林错 – 普若岗日国家公园范围。

6.4 色林错–普若岗日国家公园内功能分区方法与区划方案

6.4.1 区划原则

1. 科学性原则

在充分分析色林错区域自然生态环境、黑颈鹤与藏羚羊及其栖息地分布、高原湖泊草甸生态结构功能特征、社会经济发展等基础上，严格按照科学的区划方法，因地制宜地划分功能区。

2. 完整性原则

国家公园的功能区划应有利于保证生态系统完整性，以及保护旗舰物种适宜的栖息环境和生存条件。另外考虑人文遗迹分布，将区域内传统生活生产的农牧业生态系统、居民点一并划入，实行统一保护，确保自然和人文生态系统的完整性和原真性。

3. 可操作性原则

功能区划尽量考虑行政界线和河流、交通道路等，以及色林错区域草地用地状况，有利于有效保护管理和控制各种不利因素，方便各项措施的落实和各项活动的组织与控制。

4. 区域发展原则

坚持国家公园建设与区域经济社会发展的同步，在确保色林错区域高原高寒湖泊草甸生态系统、旗舰物种栖息地与迁徙通道、人文遗迹等关键要素保护目标实现的前提下，根据区内旅游资源利用的可能性，确定游憩发展区域，促进资源增值和社会发展。

6.4.2　区划依据

色林错 – 普若岗日国家公园建设的功能分区主要是在自然生态系统基础上，考虑旗舰物种的活动范围和迁徙通道、经济社会发展需求进行综合区划。具体而言，针对高原高寒草甸湖泊生态结构与功能特征、藏羚羊和黑颈鹤等旗舰物种时空分布特征、区域经济发展特征等情况，在生态敏感性分析基础上，确定 3 个等级敏感区域，分别划分为核心保护区、生态保育区和传统利用区，结合旅游资源、景观和服务设施分布，叠加识别出游憩展示区。具体分析如下。

1. 国家公园功能分区模式

关于国家公园功能分区，主要对自然资源保护与开发、管理体制构建、规划系统、生态系统演替等方面进行了研究，并对 IUCN、美国、加拿大、日本等国家公园的功能分区管理模式和土地所有制调整情况进行了归纳总结（Mark，2002）。国内研究主要从国家公园体制建设必要性、管理体制建设等方面展开，对国家公园功能区划的研究尚显不足。国内相关的功能分区研究集中在自然保护区分区、自然保护地生态旅游功能区划方面，功能区划方法主要有空间叠置法与数理统计法（如聚类分析法、主成分分析法、因子分析法）相结合的方法。

设立国家公园是发达国家推动自然资源和文化古迹保护、促进自然资源保育研究和游憩使用的有效方式。科学的功能分区是根据不同自然区域发展内容设定土地利用强度，实行不同密度、不同性质的保护与开发。在必要时调整土地所有权，维持国家公园的国家主导性、公益性和一体化管理。IUCN 政策章程规定国家公园是以生态保护、科研宣教和游憩利用为管理目标的一种保护地类型（孟宪民，2007），在一定空间范围和资源利用上为游憩和社区发展留有余地（郑敏和张家义，2013）。

国家公园的主要功能包括自然资源保护、游憩利用、科研宣教和社区发展（陈耀华等，2014；程绍文等，2013）。各国国家公园功能区划要在以上 4 个主导功能的基础上，根据自身的保护地实际情况、自然资源特点和存在的问题，进行适当的调整，命名和类型划分标准略有差别（喻泓等，2006）。具体分类方案以美国、加拿大、日本、英国这4个典型国家为例说明如下（表6.4）。

表 6.4　世界不同国家的国家公园功能分区情况

国家	功能方向	分区情况	划分依据
美国	自然资源和文化遗产保护及游憩活动利用	原始自然保护区（95%）、特殊自然保护区/文化遗址区、自然环境区（公园发展区）、特别利用地区	开发保护强度、野生动植物保护功能、休闲游憩利用
加拿大	生态系统保护、教育、娱乐和游憩欣赏	特别保护区（3.25%）、荒野区（94.1%）、自然环境区（2.16%）、户外游憩区（0.48%）、公园服务区（0.09%）	生态完整性、公众多样化的游憩需求
日本	自然资源和风景保护、户外旅游、公众环境教育	特别保护地区（13%）、特别地区 I 类（11.3%）、特别地区 II 类（24.7%）、特别地区 III 类（22.1%）、普通地区（28.9%）	生态系统完整性、景观等级、人类活动对自然环境影响程度、游客使用重要性等
澳大利亚	保护环境和动植物资源、科研、实施保护发展计划	完全保护区、可供参观游览区	生态资源是否被破坏
俄罗斯	自然资源和文化历史的保护、生态教育、游憩、科研	完全保护区、缓冲区、游憩区	生态、历史和美学价值，是否允许经济活动
韩国	自然资源保护、科研、居民生活	自然保存（21.6%）、自然环境区（76.2%）、居住地区（1.3%）、公园服务区（0.2%）	保护风景资源、公众游憩/教育/游览等、居民权利保护
中国	自然生态系统保护与培育、生态文化保护与利用、环境教育与宣传、游憩	严格保护区（>25%）、生态保育区、游憩展示区（5%）、传统利用区	土地利用类型、使用功能和国家公园需要保护的对象

注：根据参考文献（黄丽玲等，2007；严国泰和沈豪，2015；Philip and Rick，1993；丰婷，2011）整理。

　　建立国家公园的目标主要是保护原生性自然生态系统和生态多样性，在满足保护的基础上，适当进行科普、游憩方面的利用。功能分区类型和布局与国情相关。美国和加拿大设有严格保护区，日本和韩国没有明确设立此类区域而设立了单独的居住区。根本原因在于前两个国家地广人稀，区内仅有少量土著社区，对自然生态系统的影响较小。日本和韩国国土面积小、人口众多，需要预留居住区以协调社区与国家公园之间的关系。同时，国家公园内部不应做大面积的建设。通常采用自然或人工道路形成游览线路，在外围社区处设置入口服务区，保留小面积土地作为游憩和社区发展用地。限制性利用区和利用区通常占地较小，集中园区的居住、服务和娱乐等功能。

　　世界上不同国家公园分区模式具有差异的根本原因在于设立目标不同和人地关系紧张程度不同。一般情况下，分区模式都是按开发利用强度的依次增大来分区，从开发强度为零的原始区域到逐步增强的高密度开发区，多呈同心圆模式分布，各功能区保护性逐渐降低，利用性逐渐增强（张薇，2010）。内部或边缘区域根据资源特征和社区需要设置居住区或服务设施区。

　　综合来看，四分模式（严格保护区、生态保育区、传统利用区和游憩展示区）分级保护思想明确，是普遍采用的模式，色林错－普若岗日国家公园可考虑此模式。

2. 生态结构与功能特征

色林错区域分布着色林错湖群外的高寒草甸、河流湿地、沼泽湿地等类型，按照结构决定功能的动态管理理论，不仅将湖泊及其周边区域化为核心区，还应将低洼积水沼泽草甸、湿地等化为核心区，充分保持区域涵养水源功能，为色林错湖群的演化提供水源，为旗舰保护物种提供栖息地，进行严格保护。

3. 区域经济特征

色林错 – 普若岗日国家公园分为"一园两区"，南区为色林错园区，北区为普若岗日园区，两区相距约 100 km，涉及那曲市班戈、申扎、尼玛、双湖四县。在行政区域上，北区普若岗日园区隶属于双湖县；南区色林错园区涉及班戈县、尼玛县、申扎县和双湖县。

色林错 – 普若岗日国家公园居住人口以藏族为主，有少量汉族、回族、维吾尔族、蒙古族，牧业人口占 80% 以上，另有少量手工业、建筑业及城镇人口。牧民承包使用的草场面积较大。色林错 – 普若岗日国家公园北区道路有青藏铁路、G109 国道、S301 省道，各县乡有砂石公路相联系，可以通行。乡村之间路况较差，机动车勉强通行，雨雪季节部分不能正常通车。

色林错黑颈鹤自然保护区初步建立了保护区管理体系，并进行了部分基础设施建设，完成了保护区管理局综合业务用房、18 个管理站和部分设施建设，配置了部分办公、通信、交通、标本、宣教、监测及科研设备，为保护管理工作奠定了一定的基础。2013 年规划建设 5 个管理分局业务用房、36 个管理站，以及环志站和宣教中心等管理服务设施。

6.4.3　技术路线与分析方法

1. 技术路线

国家公园功能分区技术路线如图 6.7 所示。

首先，基于色林错地域特征，采用湖泊水体、生态景观、旗舰物种、荒漠化敏感性指标测算出国家公园内的敏感性分级情况，根据敏感性强度确定保护等级，即核心保护、生态保育和传统利用。

其次，在敏感性分级的基础上，考虑生态旅游资源利用和开发，结合筛选之后的可以保留的服务设施情况，识别出游憩潜力发展区域，将其定为游憩展示区。

再次，在上述四类功能分区的基础上，根据不同分区内部的保护重点，进行亚区划分。

最后，根据保护和利用方向，确定管控要求和具体措施。

2. 分析方法

按照上述功能区划原则和方法，将旗舰物种等保护对象活动范围图、植被图、土

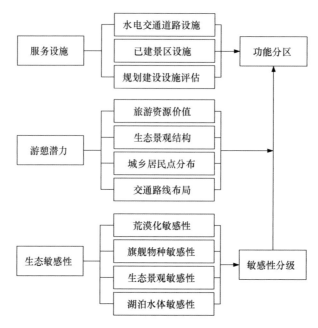

图 6.7　国家公园功能分区技术路线

地利用现状图等进行叠加后，把色林错－普若岗日国家公园划分为保护核心区、生态保育区、传统生活区和游憩利用区 4 个功能区。

6.4.4　分区结果

根据 5.2 节关于生境敏感性的评价结果，分析获得色林错－普若岗日国家公园生态敏感性分布情况。由此可以看出，色林错－普若岗日国家公园建设区内的湖泊属于高度敏感区，沼泽、湿地、冰川属于中度敏感区。轻度敏感区位于除上述区域外的草甸区域。

综合 2 个评价因子和因子权重，基于 ArcGIS 软件平台，采用栅格计算器，计算色林错－普若岗日国家公园生态环境敏感性分区。根据敏感性分区标准，获得色林错－普若岗日国家公园生态环境敏感性单因子分区。由此可以看出，色林错－普若岗日国家公园建设区主要属于中度和高度敏感区，二者的面积比例占到 79.46%，其中中度敏感区主要分布在色林错国家建设区南部地区，而高度敏感区面积比例达到 49.41%，主要分布在色林错－普若岗日国家公园建设区的北部；不敏感区仅占 4.50%，主要分布在色尼区中东部，以及安多县的东部地区；极度敏感区面积比例为 0.34%，主要分布在双湖县北部地区。

在以自然环境因素为主，综合考虑人类活动因素，兼顾指标的重要性、系统性和可获得性，综合分析区域生态敏感性基本特征的基础上，将生态敏感性划分为三级，根据级别确定保护级别。同时叠加旗舰物种栖息地作为严格保护区，生态旅游建设区域和交通线路为游憩展示区，最终形成 4 个分区（图 6.8）。

基于区划方案的规划指引和管制要求列表描述如下，如表 6.5 所示。

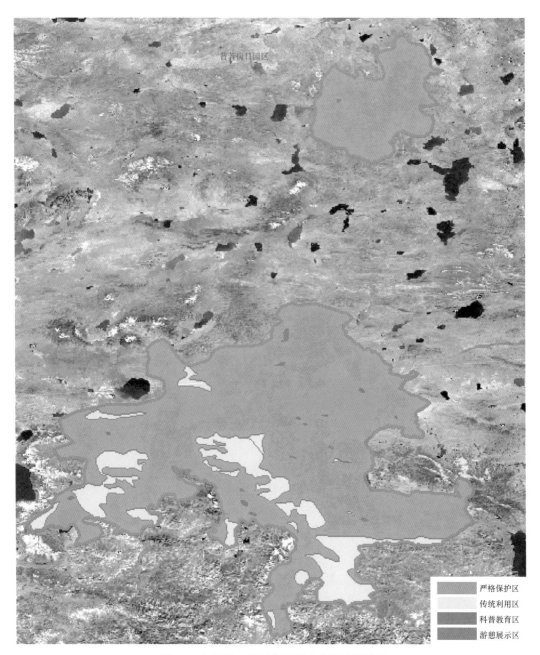

图 6.8　色林错－普若岗日国家公园功能分区

1. 核心保护区

（1）生态特征

核心保护区为以色林错、格仁错、错鄂等大面积高原湖泊湿地为主的高寒湿地生态系统，为黑颈鹤、藏羚羊等高原野生动物的重要栖息地。

表 6.5　色林错－普若岗日国家公园功能分区与管控要求

功能分区	面积 (10^4km^2)	比例 (%)	生态特征	管理措施
分区一：保护核心区	3.30	86.43	生态系统完整、未受人类活动干扰。具有适宜保护对象生长、繁殖的自然条件；单位面积上保护对象有充足的容量。外围具备可对外力干扰进行缓冲的地带和条件	不进行任何与湖泊生态系统保护和管理无关的其他活动，实行最严格的保护；通过生态恢复工程对湿地生态系统及动物栖息地进行恢复，保护湖体、清理污染物
分区二：传统生活区	0.50	13.12	缓冲和降低外部活动对核心区的干扰，为外围区提供材料和实验条件，保存地方传统的生产生活方式	保护原生态人文环境和生产生活方式
分区三：生态保育区	0.011	0.28	具有典型地质景观、人文景观价值的特殊区域	开展科普宣教，传播色林错－普若岗日地区的文化内涵
分区四：游憩利用区	0.006	0.17	可以开展科学实验、教学实习、科学考察和驯化养殖等活动	开展游憩利用，向游客展示恢复措施和技术及保护湖泊湿地的重要性
合计	3.817	100	—	—

（2）管理目标

1）面积控制在 80% 左右；

2）维护高寒高原湖泊湿地生态系统的完整性和稳定性；

3）保持高原湖泊群自然景观的原真性和完整性；

4）提高色林错湖区水源涵养和生物多样性服务功能；

5）加强野生动物及其栖息地监测，开展定期评价，探索有效的野生动物保护补偿制度。

（3）管理措施

1）实施湖泊湿地封禁保育；

2）执行严格的草原禁牧措施和野生动物保护补偿制度；

3）施行长期全面禁渔制度；

4）禁止开展商业性、经营性生产活动；

5）加强区域野生动物（鱼类）种群监测和生态系统定期评价。

2. 传统利用区

（1）生态特征

生态系统总体稳定；有一定农牧业发展。

（2）管理目标

1）面积控制在 15% 以下；

2）维持草畜平衡，合理控制放牧容量，使其与草地环境相协调；

3）发展特色农牧产业，合理发展城镇社区，控制发展规模和产业类型。

（3）管理措施

1）实施河湖湿地封禁保护；

2）实行严格的草畜平衡，以及季节性休牧和轮牧制度；

3）严禁人类活动对野生动物造成影响，加强生态监测和定期评估。

3. 科普教育区

（1）生态特征

适度开展科普教育活动，是地质地貌和人文景观展示、环境科普教育的重点区域。

（2）管理目标

1）面积控制在 1% 以下；

2）在资源环境承载力范围内开展科普教育活动。

（3）管理措施

1）控制科普项目建设规模；

2）限定科普场所地点和游客规模，严控建设用地。

4. 游憩展示区

（1）生态特征

适度开展生态体验项目，该区是生态文化展示和环境科普教育的重点区域。

（2）管理目标

1）面积控制在 1% 以下；

2）在资源环境承载力范围内发展旅游业。

（3）管理措施

1）控制旅游景区、景点、观光线路建设规模；

2）跨县区统一布局，统筹安排生态旅游项目；

3）限定生态体验线路和区域，控制访客规模，严控建设用地。

第 7 章

色林错－普若岗日国家
公园建设方案的探索

7.1 公园保护体系和保护格局

根据研究分析，提出进行色林错－普若岗日国家公园建设重要生态系统保护和修复工程，优化生态安全屏障体系。

7.1.1 自然生态保护体系

1. 保护目标

以建设生态安全屏障为方向，以自然恢复为主，尽量减少人类对自然演替规律的干预，切实保护色林错生态系统的完整性和稳定性，切实保护该区域生物物种赖以生存的脆弱性生态环境，保证该区域生态系统演化的平稳性和可持续性。

2. 保护对象特点

色林错－普若岗日国家公园包括的河湖流域生态系统、高原高寒草原生态系统、珍稀濒危动物生态系统等是藏西北地区生态安全屏障建设的基础。特点如下。

高原高寒草原生态系统。高寒草甸与高寒草原是色林错区域生态系统的主体，面积最大，群落组成种类较少，结构单一，是水源涵养功能、生物多样性功能和原始自然景观功能的主要载体。由于气候变化和超载过牧，出现了草地退化现象。在已有保护工程的基础上，进一步加强对草地的保护，保证草畜平衡，以自然恢复为主，对生态系统结构遭受破坏的区域，适当采取人工干预措施，促进正向演替，如休牧轮牧、转变畜牧业生产方式等。

河湖湿地生态系统。色林错－普若岗日国家公园内湖泊湿地资源丰富，分布着众多湖泊、河流、沼泽、雪山、冰川。主要河流有扎加藏布、波曲藏布、扎根藏布、达尔噶瓦藏布、下岗藏布、卡瓦藏布等，辫状水系十分发育。主要湖泊有色林错、班戈错、吴如错、达则错、错鄂、格仁错、当惹雍错等，是藏羚羊、藏野驴、藏原羚、藏牦牛、藏野马、雪豹等大型野生动物和黑颈鹤、赤麻鸭等的重要栖息地，广泛分布着湟鱼等土著特有鱼类，是地球上仅次于非洲大陆的野生动物富集区域。将对所有湖泊进行红线保护，保障栖息地不受人为干扰。河湖保护以维持其自然状态为主，核心区严格实施封禁，确保野生动物不受干扰；生态保育修复区和传统利用区留出野生动物活动空间，严格遵守草畜平衡原则，所有河湖禁止捕捞、采砂。

冰川生态系统。雪山和冰川是色林错湖泊群河流、湖泊水体补给的重要来源。雪山和冰川的保护，主要是通过加强宣传教育，限制雪山和冰川周边的人类生产经营活动和旅游开发活动，减少人类活动对雪山冰川的干预和影响。加强对雪山冰川的监测和保护方法研究，划定保护线，线内禁止除科考外的一切人类活动。

荒漠生态系统。高寒荒漠生态系统植被稀疏，结构单一，十分脆弱，尤其对气候变化影响十分敏感。主要分布于湖泊周边，是藏羚羊的主要产子区和栖息地。应继续强化封禁保护,禁止除巡护、科考外的一切人为活动,对核心区沙化地不进行人工干预,维持自然状态;对生态保育修复区和传统利用区沙化地,应采取适当人工措施,促进植被恢复。

珍稀濒危动物。保护色林错 – 普若岗日国家公园区域内的所有珍稀濒危动物,禁止危害动物及其栖息地的任何不良行为。色林错黑颈鹤国家级自然保护区脊椎动物包括:兽类 10 科 23 种;鸟类 25 科 92 种;两栖类 1 科 1 种;爬行类 2 科 3 种;鱼类 2 科 8 种。其中国家和自治区一级重点保护野生动物有黑颈鹤、雪豹、藏羚、藏野驴、胡兀鹫、玉带海雕、白尾海雕、秃鹫、喜山兀鹫等;国家和自治区二级重点保护野生动物有棕熊、盘羊、猞猁、兔狲、荒漠猫、藏原羚、猎隼、大鵟、藏雪鸡、红隼、西藏毛腿沙鸡等。"有益或有重要经济、科学价值陆生野生动物名录"的物种(三有动物)有西藏沙蜥、普通鸬鹚、赤麻鸭、斑头雁、白鹡鸰、藏狐、狼等 51 种(附录 - 表 2)。

在上述众多国家和自治区重点保护野生动物中,许多是《濒危野生动植物物种国际贸易公约》(CITES)附录 I、II 中所列的物种。例如,棕熊、雪豹、藏羚、盘羊、藏雪鸡、黑颈鹤等被列入附录 I 中;藏野驴、秃鹫、大鵟、金雕、玉带海雕、胡兀鹫等被列入附录 II 中。

3. 威胁因子识别

根据 CAP 分析各保护对象的主要威胁因子,见表 7.1。表 7.1 中为现有的和潜在的主要威胁因子对该区域的生态系统、植被,以及物种多样性和珍稀濒危物种保护带来的威胁和影响。主要活跃威胁因子有全球气候变暖、降水量增多、蒸发量减少和旅游活动(表 7.1)。

表 7.1 色林错 – 普若岗日国家公园保护对象关键威胁因子分析

保护对象	威胁因子
高原高寒草原生态系统	· 高山草甸放牧过度致使草场退化 · 全球气候变暖对冰川生态系统产生影响 · 降水量增多影响 · 旅游项目建设的环境影响
河湖湿地生态系统	· 冰川消融使湖泊水位抬升速度加快 · 蒸发量减少 · 降水量增多
冰川生态系统	· 气候变暖 · 人类活动干扰
荒漠生态系统	· 无序放牧 · 风沙
珍稀濒危动物	· 过度放牧和无序采集 · 道路非生态化建设 · 偷猎和诱捕等非法猎杀 · 缺乏科学的社区发展规划 · 旅游活动干扰

全球气候变暖。西藏内陆地区湖泊自然条件保持较好,湖面面积和海拔变化受人类活动因素影响较小,能够较为真实地反映区域气候变化情况。色林错的补给类型为冰川融水补给,近年来湖面面积一直处于增长态势,同期该区域气温和降水量持续大

幅增加，湖面扩大和水位升高长期受到区域气温升高趋势的控制。全球气候变化既引起了该区域冰川景观资源的退化，也对色林错湖群的水资源补给产生了一定的影响。

旅游活动。色林错区域现有一定程度的旅游业发展，并且正处于快速发展期，发展诉求高，现有的一些旅游基础设施中，如公路、栈道、饭店宾馆等工程设施中，对于游客集聚带来的草地践踏、废弃物丢弃等行为，以及产生的生活垃圾，缺乏科学的管理，它们对该区域的生态系统和植被等造成了一定的影响。

7.1.2　人文生态保护体系

1. 人文生态系统的理论认识

人文生态系统是指人与自然环境协同演化发展形成的以民族传统村落为主体的要素组合有机整体（黄幸等，2015）。在人文生态系统特定地域内，民族社区群体基于文化宗教认识与指导开展各种生产活动，对自然环境进行适应和改造，以满足生存和发展的需要（图 7.1），包括形态特征和结构功能的身体适应，以及精神和物质层面的文化适应。

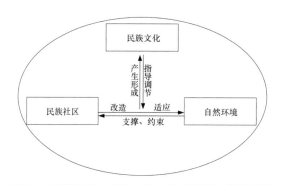

图 7.1　民族社区、民族文化与自然环境之间的关系

民族文化与自然生态系统关系紧密、不可分割，社区居住形式、社会礼仪、乡土知识、自然崇拜和宗教信仰等文化要素决定着自然生态资源利用方式，少数民族创造了独特的、多样的且自成一体的文化实践体系，从生产工具、劳动方式、房屋建筑、畜牧养殖、自然崇拜、宗教信仰等多方面与自然生态系统产生紧密联系，进而左右着自然生态保护的管理策略、方法和成效（杨文忠等，2005）。可从居住建筑形式、农业生产方式、畜牧养殖、经济结构、自然资源利用、人口结构、劳动分工、社区管理、传统习俗和宗教信仰等方面进行表征和调查分析。

自然保护区与人文生态系统角色认识的变迁。民族社区通过其独特的文化实践，对当地的土地利用方式和生物多样性有着正面和负面的巨大影响。民族社区的自然资源管理与利用方式发挥着与社会结构同等重要的作用。随着自然生态保护政策法律框架和行政管理体系建设的不断完善，保护策略正经历着从以保护执法为主向以社区为基础的自然保护方向转变，协调社区关系是自然保护部门的重要任务和关键环节

（苏杨，2003；田兴军，2005）。

尽管可以从法律、政策、体制和经济等多个视角，对自然保护区的民族社区进行考察和干预，但以社区为基础的自然生态保护策略实施较难，原因在于当前缺乏对民族文化与自然生态保护之间内在关系的深层认识，难以解决社区发展与自然资源利用之间的根源性冲突问题。面临的主要问题是"难以融合社会文化要素与生物物理因素"，对于社区利用和管理自然资源的模式和机制不明确，限制了对社区角色的深入认识，缺乏提出协调社区关系和自然资源利用冲突的有效途径。然而，不恰当的经济增长方式的选择可能导致自然保护的负效应（恩和，2005）。选择合理的民族文化的自然保护模式，可以从根源上解决自然生态资源保护与社区协调发展的问题，达到综合效果。

保护区质量提升建设包括区内、区外、内外关系 3 个方面的内容。保护区内生物多样性的编目、监测和研究是掌握保护对象基本规律的基础；保护区外的法律法规和制度建设能为保护区管理提供法律和制度保障。许多保护区的管理策略已从以执法为主的强制性保护向以社区为基础的保护转变。权威的法律和严格的执法不一定能有效促进生物多样性保护，第三种思路更符合解决当前面临的问题的需要，即通过协调周边社区与保护区的关系，使区内生物多样性得到有效保护（表 7.2）。

表 7.2　民族社区与自然生态系统保护的三种视角

保护视角	关键内容	缺陷
宏观管理层面	建立健全法律、法规和制度	民族地区执行困难，过于强调管理机构权益
生态系统保育	生物多样性资源调查编目、动态监测、科学研究等，从景观、生态系统、物种和遗传等不同层次开展详细调查研究	未考虑周边地区社会经济状况的自然保护规划，容易造成"纸上保护区"
社区综合发展	协调周边社区与保护区的关系	

人文生态系统的保护是在国家公园建设新模式下对当地社区民族文化系统演化的新要求。民族人文文化系统是建立在自然生态承载力范围之内的，经过长期历史发展而形成的一套与自然生态环境相适应的生产生活体系，并通过调整自身组分和结构不断演变发展，并达到满足内部需求、适应环境变化的目的（图 7.2）。国家公园建设自然保护区是基于外部文化系统的知识经验而采取的措施，不是对当地人文生态系统内生性的要求。基于人文生态系统的自然生态保护，即要在当地民族文化系统通过试错或经验法获得检验结果之前，根据外部文化系统的知识经验，调节活动组合，维持其在自然生态系统的受干扰阈值之内。调节对象包括内生性要素（如传统自然资源利用活动）和外生性要素（如旅游服务业等）（杨文忠，2012）。

2. 色林错人文生态系统特征

色林错区域不同海拔、地貌与植被类型组成结构和垂直分布格局与社区发展紧密相关。可以根据不同类型格局划分民族社区分布类型，建立民族社区与高海拔高寒湖

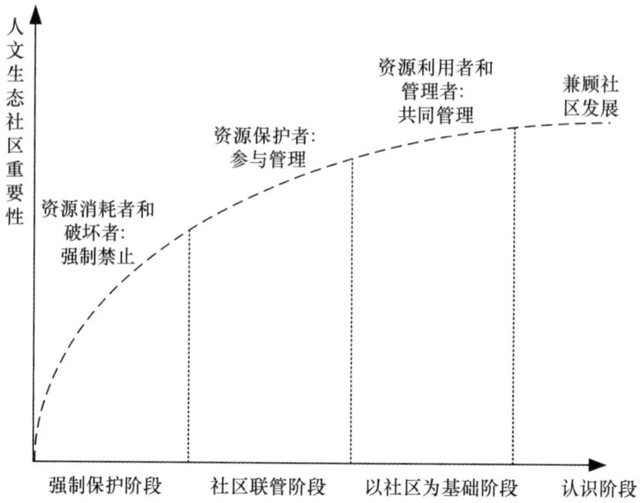

人
文
生
态
社
区
重
要
性

资源利用者和
管理者:
共同管理

兼顾社
区发展

资源保护者:
参与管理

资源消耗者和
破坏者:
强制禁止

强制保护阶段　　社区联管阶段　　以社区为基础阶段　　认识阶段

图 7.2　不同认识阶段人文生态社区重要性的体现

泊草甸生态系统之间的关系。分析不同类型民族社区的自然资源利用类型和空间分布,确定空间关联性和资源利用种类及数量,确定两者关联的关键节点。

那区地区的传统社区以草原游牧型为主,这些牧民通常冬季和春季集中住在村落中,夏季和秋季劳动力外出放羊或放牦牛,老人和儿童则留守在村中。城镇社区商业以小商品零售为主。藏族居民自古以来就有保护水草的优秀传统,对高山草甸形成的主要威胁在于放养的牛羊是否超过承载能力,以及围栏休牧产生的家畜与野生动物的食料的争夺。另外,还有现代建筑材料进入后,建设房屋和日常消费对于村落周边生态环境的影响。所以,那些保持着原始游牧文化的村落对于生态环境的影响较小,而进行新居改造、集聚扩张发展的村落对生态环境的影响较大。例如,色林错黑颈鹤国家级自然保护区核心区内的雄梅镇,部分较偏僻的村落仍然保持着原汁原味的藏式传统建筑,而沿路新建的村落已经大量使用现代建材,对周边的水质、草地造成了较大破坏,如门当乡正在修建的水泥道路将对草地造成不可逆转的破坏(图 7.3)。

社区民居建筑方面,不同民族社区在自然资源利用种类上的特征是,传统民居建筑材料主要使用当地的泥土、石块混合物,现代民居多使用外来的水泥、钢筋混凝土材料。色林错区域传统民居建筑的类型及其自然生态联系,体现在民居建筑的类型、民居建筑的发展演变、材料使用改变对生态环境产生的影响。例如,从传统的草土混合材料转为现代的水泥钢筋材料,民居建筑材料的转变对建设地及其周边、定点放牧区域等影响不大。

从以上分析可以看出,根据色林错区域内保护和利用的关系,建议如下:①未来进入国家公园核心保护区内的传统民居,如果其生产生活方式不会影响生态环境,是和谐共生的,且海拔符合西藏自治区的搬迁移民政策,可以考虑保留;而建筑风格偏离较大的可以控制其发展;②对外围非核心保护区的民居应进行严格控制,不能再随意增减现代化建筑。

雄梅镇江雄村

雄梅10村民居

正在改建的班戈村落

门当乡进入道路修建

一般牧民住宅建筑

定居牧民住宅建筑

寺庙建筑

图 7.3　色林错保护区内传统民居形式与现代民居的对比

7.1.3　综合保护格局

1. 保护站点功能与布局设计

建设国家公园自然生态保护站体系方面，要明确保护区界，完善功能区划，实行分片管理，加强巡护。建立国家公园管理局—管理分局—管理站—管理点四级管理体系，并形成网格化站点、专业与群众相结合的管护模式。建立班戈、尼玛、申扎、双湖保护管理所、保护哨卡。设置与维护巡护线路。加强护林工作，做好巡护队伍建设，建立巡护制度，禁止偷猎盗伐等不法行为。

2. 自然生态保护修复工程设计与山水林田湖草修复工程

结合退耕还林和退牧还草、生态环境综合治理、防护林建设及水土流失治理工程，改善区域生态环境,预防土地沙化。优先保护天然植被,重视自然修复,加快草原、湿地、天然林及生物多样性保护,做好防沙治沙、水土流失治理、植树造林等重点生态建设工程,促进已退化生态系统的恢复与重建。退耕/退牧还湿工程:禁止当地社区居民在黑颈鹤繁殖期的沼泽湿地内放牧,对已在沼泽湿地内放牧的采用资金奖励方式取消其活动。清淤、疏浚和拓宽重要灌渠河道,加大截污、活水、修复力度,清除河道内源污染,改善河道水质,增加河道水环境容量和提高水体自净能力,构建健康、完整、稳定的河道水生态系统。重点开展物种多样性维持、特殊生境保护与恢复、生态系统整体性和连通性修复、濒危和珍稀物种保护与繁育等理论和技术研究。

3. 建立系统性的环境监测体系

1)湖泊水位监测。色林错是近年来湖泊水位增长最快的,湖群其他湖泊的水位、咸度也在发生着明显的变化,反映了该区域冰川消融、降水量增加、蒸发量减少等环境演化趋势,因此应对湖泊水位进行监测,针对未来变化提出科学应对策略。

2)湖泊水质监测。通过定期监测色林错流域主要湖泊、河流水系的水质变化情况,对人类活动进行控制。

3)生物多样性监测。通过对藏羚羊、黑颈鹤、藏野驴、藏牦牛、雪豹等旗舰种的监测,了解色林错区域生态系统的变化状况及其趋势。对新设立的国家公园区域进行全面的动物资源资料整理与补充调查。

4)气候变化监测。色林错区域是典型的高原高寒环境类型,色林错的补给类型为冰川融水补给,错鄂、班戈错的主要补给方式为流域内降雨补给(孟恺等,2012)。冰川受气候变化的影响明显,同时降水量也发生着明显变化,应对色林错区域高原高寒气候进行全面监测,探索气候变化对青藏高原地区冰川、降水量变化的作用机制。

5)冰川消融监测。与中国科学院相关研究部门合作,建立色林错国家公园上游冰川样点监测与专项研究项目,在冰川山脉唐古拉山(6205 m)、普若岗日冰川、甲岗雪山(扎根藏布源头6444 m)、巴布日雪山(波曲藏布,5654 m)、各拉丹冬冰川(6621 m)等设立监测样点,定期监测冰川融化和退缩的速度。

6)高寒植被监测。建立固定的样地并定期对其进行监测,通过度量样地植被结构的变化,对植被影响状况的监测结果做出评估,揭示色林错植被受气候变化和人类活动影响的程度。

7)土地利用监测。监测色林错－普若岗日国家公园土地利用变化情况,掌握区域人类活动动态变化,以及对自然资源影响的状况,从而对国家公园建设和管理提供技术支持。

7.1.4 保护举措与管制要求

1. 自然生态系统保护

应严格执行各类功能区保护管理要求,严禁在保护核心区进行任何生产建设活动;

在生态保育区，可以遵循地方文化理念，保留部分民族社区；在传统生活区和游憩利
用区，制定与国家公园发展目标一致的管制措施，限制生产生活方式。同时禁止建设
各类对水质和草原生态有影响的工程。在生态敏感地区要扩大湿地草原的面积，加强
水土流失治理，尽快修复自然生态系统。建立生态定位观测站，加强森林警察队伍建设，
建立巡护网络，启动生态修复工程。

2. 生物多样性保护

编制生物多样性保护专项规划，并结合开展野生动植物科研项目，进行生物多样
性保护项目研究。设置野生动植物监测线路、样方，建立野生动植物监测体系。确定
巡护线路，建立巡护队伍，添置设备、完善设施。根据国家和省级颁布的野生动植物
保护等级，分别采取相应措施。未经特别批准，禁止捕猎和其他阻碍野生动物栖息繁
衍的活动，未经特别批准，严禁猎捕国家级和省级重点保护动物。建立野生动植物繁
育中心，增加珍稀动植物种群数量。建立动物救护中心，积极救治病危、伤重的野生
动物，稳定重点保护动物的种群数量。

3. 社区发展保护

以保护区内生物多样性为对象，从景观、生态系统、物种和遗传等不同层次开展
详细调查研究，包括动植物区系、群落结构、种群动态等，以此为依据制定社区保护方案。
社区发展与生物多样性保护之间的协调，应在掌握二者相互作用和动态适应机制的基
础上，采取适当干预措施，调节二者的关系，使民族文化系统得以传承和发展，同时
对自然生态系统不产生剧烈的影响。

4. 完善规章制度

建立完善护林员、检查哨卡人员汇报制度；建立完善入区管理制度，有章可循，
按章办事;改善基层所、站、卡的工作和生活条件，引进先进的技术设备，提高管护水平。
建立执法队伍。加强岗位培训，开办技术培训班，参加学术交流。

7.2　国家公园公益体系和利用格局

7.2.1　国外国家公园的公益化服务情况

目前，世界各国创建不同类型的"国家公园"近 4000 个，保护自然土地约
5000 万 km²。从国外情况来看，设立国家公园主要以提供全民公益化服务为目标，
为了当代和未来世代的利益，保护那些非常重要的自然遗产免遭破坏。根据 IUCN
对国家公园的界定：国家公园排除任何有损于保护目标的开发或占用，提供在环境
上和文化上相容的、精神的、科学的、教育的、娱乐的和游览的机会。根据这一要

求，美国、加拿大、日本、德国、澳大利亚等国家均从管理上体现国家公园的公益性。其中美国在联邦层次上有法定国家公园 400 多个，保护面积超过 8400 万英亩[①]，形成了一个大规模进行环境保护、公民环境娱乐和公民环境意识训导的公益系统。

国外国家公园具体的公益化服务功能包括：保护自然与文化遗产；向公众提供游憩、野外体验、教育和文化陶冶的空间；开展科学考察；提升公众对自然的认识与享受等（表 7.3）。概括起来，国家公园主要发挥生态服务、教育服务、游憩服务、科研服务四大公益化服务功能。

表 7.3　国外对国家公园公益化服务功能的界定

国家	对公益化服务功能的界定
美国	为人类福祉与享受而划定，保持国家公园现有的自然状态，是具有游憩、教育和文化陶冶功能的公众遗产公园
加拿大	为加拿大人民的利益、教育和娱乐而服务，使下一代在使用国家公园时其没有遭到破坏
日本	对自然资源进行严格保护、提供野外体验
德国	发挥平衡自然功能，对有特色的、优美的景观及濒危动植物进行保护，能够进行科学考察，能在保护的前提下向公众开放以进行教育和游憩
英国	保护国家公园的自然美、野生动物和文化遗产，提升公众对国家公园的认知度和享受度
澳大利亚	保护是国家公园的首要功能，然后是游憩功能；国家公园为游客提供具有象征意义的景观或经历。通过国家投入，严格和有效管理国家公园自然、文化等资源，限制运营商行为等来体现公益性

国外从如下方面保障国家公园公益化服务功能的实现。

1）用立法确定国家公园的公共服务特性。例如，美国与国家公园相关的立法有《黄石国家公园法案（1872 年）》《公园志愿者法案（1969 年）》《国家公园及娱乐法案（1978 年）》《国家公园系列管理法案（1998 年）》等。相关立法明确了国家公园的公益化本质，如《黄石国家公园法案》明确了黄石国家公园"为了人民的利益被批准成为公园及娱乐场所"；明确了国家公园管理机构保护公园资源的责任和义务，并赋予其公共资源"看护者"的身份。美国联邦政府、内政部、国家公园局所作出的关于国家公园的所有决策，均是按照法律规定的程序来进行的。

2）通过政府财政支撑确保国家公园的公共服务特性。例如，美国国家公园管理机构是纯联邦政府的非营利机构，专注于自然文化遗产的保护与管理，日常开支由联邦政府拨款解决，国家公园管理局从不给各个公园下达创收指标。

3）通过对商业性经营活动的限制来实现国家公园的公共服务功能。例如，1965 年美国国会通过的《特许经营法》，规定国家公园管理机构不得从事商业性经营活动。

4）免门票或低门票运营来保障公众利益。世界上许多国家公园免费，还有一些国家公园只收很低的门票费，让全体国民享受国家公园，体现其公共产品特性。例如，美国国家公园每年游客量达 3 亿人次，但门票收入却不到 1 亿美元，人均门票花费仅40 美分（约合人民币 2 元 6 角）左右。

---

① 1 英亩=0.40485 hm²。

　　5) 通过公众广泛参与来实现国家公园公益化服务。政府、公众、民间公益组织积极参与国家公园建设及公益化运营。除政府提供大力财政支持以外，各种公益组织、慈善机构、社会志愿者均热衷于国家公园的公益化事业。美国国家公园系统每年大约有 15 万名公园志愿者（VIPS）贡献了约 520 万 h 来协助国家公园工作，相当于增加了2500 多个雇员，价值约在 9150 万美元左右（陈耀华等，2014）。

7.2.2　色林错 – 普若岗日国家公园公益化服务内涵与目标

1. 色林错 – 普若岗日国家公园公益化服务内涵

　　色林错区域 6 县总面积约 36 万 km²，其中无人区面积约占 1/3，这些无人区在客观上属于全体国民共同所有，并面向社会公众发挥非排他的公益化服务功能；在另外约 2/3 的区域上仅分布着约 27 万人口。整个区域承载着众多高原珍稀野生动物、原生态高原湖泊群、地球上类型最丰富的冰川及面积最大的陆地冰原、中华多民族多元文化远古起源之一象雄文化遗址等，其面向公众作为自然文化遗产的价值远大于其面向区域内居民的生产及生活服务价值，而自然文化遗产的价值主要通过其公益化服务来体现。色林错区域需通过国家公园理念的引入、公益化管理体系的建立、生态干扰因素的消除、必要性公共服务设施的配置等，驱动该区域各项公益化服务功能的实现。

　　色林错区域主要由高寒草原和高原湖泊组成。根据相关研究，高寒草原和高原湖泊的公共服务功能均可概括为公共生态服务和公共娱乐文化服务两类，其中公共娱乐文化服务包括教育、游憩、科研服务。色林错区域每年每公顷高寒草原可产生的公共服务价值情况如表 7.4 所示；每年每公顷高原湖泊水面可产生的公共服务价值情况如表7.5 所示。

表 7.4　相关研究揭示的藏北草原公共服务价值（每年每公顷高寒草原所产生的价值）

项目	公共生态服务价值 （元）	公共娱乐文化服务（教育、科研、游憩） 价值（元）	总价值 （元）
谢高地等（2003）的研究结果	813.41	3.52	816.93
陈春阳等（2012）的研究结果	873.39	3.61	877.00
池永宽等（2015）的研究结果	693.14	40.65	733.79

表 7.5　相关研究揭示的高原湖泊公共服务价值（每年每公顷高原湖泊水面所产生的价值）

项目	公共生态服务价值 （元）	公共娱乐文化服务（教育、科研、游憩） 价值（元）	总价值 （元）
曹生奎等（2014）的研究结果	18372	1994	20366
王原等（2014）的研究结果	26193	2728	28921

　　中共中央办公厅、国务院办公厅 2017 年 9 月印发的《坚持建立国家公园体制总体方案》同样对国家公园的公益化服务功能进行了界定：①坚持全民公益性；②着力维持生态服务功能，提高生态产品供给能力；③开展自然环境教育；④为公众提供亲

近自然、体验自然、了解自然以及作为国民福利的游憩机会；⑤除不损害生态系统的原住民生产生活设施改造和自然观光、科研、教育、旅游外，禁止其他开发建设活动。根据《建立国家公园体制总体方案》，色林错－普若岗日国家公园的公益化服务功能也同样主要包括公共生态服务、教育服务、游憩服务、科研服务这几个方面（表7.6）。

表7.6　色林错－普若岗日国家公园的公益化服务功能

公益化服务功能类型	公益化服务功能具体体现
公共生态服务	气候调节、释氧固碳、削减二氧化硫、灰尘滞留、水调节和供应、侵蚀控制、土壤形成、营养循环、废物处理、授粉、生物控制、栖息地等（谢高地等，2003；刘兴元等，2012）
教育服务	培养爱国精神及民族自信、加强受众对国情的认知、进行生态环境意识教育、传递独特的地球第三极自然生态和人文历史知识、让受众得到自然及人文历史启发、提供教学素材和资料、提供户外教学和实习场所、提高受众的户外活动能力、提高受众的科研探索能力
游憩服务	徒步、登山、探险、野营、自驾、骑马、野生动物观赏、地方特色饮食体验、地方特色文化观光与体验、滑雪、摄影、自然观察等
科研服务	提供科学研究基础数据、在地球第三极区域提供科学调查观测空间、提供国家公园研究的实践案例、提供科学研究的其他相关帮助与支撑

（1）公共生态服务

色林错－普若岗日国家公园在栖息地方面的服务功能具有全球唯一性，是全世界高原高寒草原生态系统中珍稀濒危生物物种最多、数量最丰富的地区，是世界上仅次于非洲草原的野生动物富集区，有藏羚羊20余万只、野牦牛5万余头、藏野驴8万余头、藏原羚3万余只、黑颈鹤1600只以上。另根据相关研究，色林错区域平均每公顷高寒草原每年可涵养$1500m^3$水源、保持350.8t土壤、滞留30t灰尘、释放130.9kg氧气、固定95.6kg二氧化碳、削减15.5kg二氧化硫（刘兴元等，2012）。

（2）教育服务

色林错－普若岗日国家公园的公益化教育服务功能如图7.4所示。色林错－普若岗日国家公园在教育方面的独特功能体现在以下几个方面。

第一，向受众传递绝对独特的地球第三极区域自然、人文信息，在拓展受众国情认知、深化对人地关系理解方面具有无可替代的作用。

第二，基于高原野生动物繁衍生息方面的问题及高寒草原生态的脆弱性，色林错－普若岗日国家公园在加深受众生态保护重要性认识方面具有无可替代的作用。

第三，地球第三极区域的自然和人文生态是全世界宝贵的教育教学素材，是不可被替代的教育实习实践场所。

第四，基于独特的生态条件，色林错－普若岗日国家公园在激发和提高公众户外活动能力及科研探索能力方面同样有十分重要的价值。

在后续调研中，将对色林错区域具有的突出的教育价值的自然、人文信息，该区域对公众户外活动及科研探索方面能力的激发和拓展作用进行详细分析，以为世界唯一的第三极国家公园特殊教育功能的实现提供支撑。

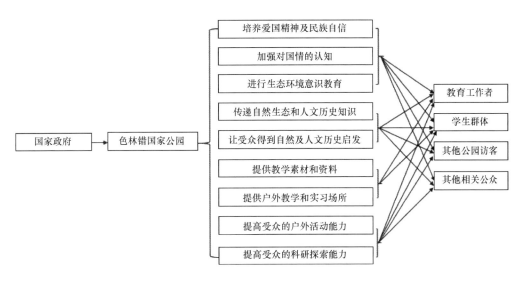

图 7.4 色林错 – 普若岗日国家公园的公益化教育服务功能

（3）游憩服务

国家公园的游憩利用强度较弱，仅高于国家保护区，而低于其他类型的国家游憩空间（表 7.7）。这说明，国家公园履行着重要的游憩服务功能，但同时国家公园的游憩服务是有限度和受严格控制的。美国国家公园及其游憩利用对美国整个旅游产业发展起着非常关键的作用。美国国家公园所接待的游客量已达到每年 3 亿人次左右，平均每个国家公园每年的游客接待量超过 82 万人次。现在几乎每个人每年都要到国家公园旅游一次，这体现出国家公园游憩服务十分重要，游憩服务也将是色林错 – 普若岗日国家公园公益化服务体系中的重要部分。

表 7.7 反映了国外国家公园常见游憩方式。纵观国外国家公园，可以发现国外国家公园的游憩服务有如下几个方面特征，也适用于色林错 – 普若岗日国家公园。

表 7.7 美国各类国家游憩空间的游憩服务强度（赖启福等，2009）

游憩空间类型	游憩利用强度（人 /km²）	游憩空间类型	游憩利用强度（人 /km²）
国家公园	290	国家景观大道	42031
国家保护区	29	国家历史公园	38480
国家游憩区	3311	国家战场	28421
国家纪念地	2462	国家史迹地	63506
国家海滨和湖滨	5791	国家保护地	629
国家河流	2630	国家纪念碑	721477
国家荒野风景河流	989	其他区域	66366
国家风景游览小径	—		—

表 7.8　国外国家公园常见游憩方式（根据国外国家公园网站资料整理）

国家	国家公园游憩方式
日本	登山、徒步、滑雪、野营、皮划艇、潜水、观鸟、自然观察等
新西兰	徒步、登山、空中观光、钓鱼、狩猎、自行车骑行、划橡皮艇
美国	探险、自驾游、步行、滑雪、骑自行车、寄宿、骑马、野营、野餐、钓鱼、划船
加拿大	滑冰及滑雪、雪橇、徒步、泛舟漂流、高尔夫球、豪华巴士或火车观光
肯尼亚	野生动物观赏、土著部落参观、欣赏地方歌舞、登山、摄影、树屋酒店住宿体验
英国	品尝特色美食、蒸汽火车观光、国家步道徒步、乘船观光、参观啤酒厂、工矿遗址游乐、庄园游乐、骑马

由表 7.8 可知，国外国家公园具有以下特点。第一，以体验自然、户外运动为主；第二，基于地域特色开展环境友好型的游憩活动；第三，提供特色化而非一般化食宿体验；第四，游憩活动较为丰富多样；第五，少数国家的国家公园内基于已有村落、庄园、废弃工矿等开展了一些游乐活动。

（4）科研服务

第一，科研服务是自然保护地的重要服务功能。

国家公园是保护地的一种类型。我国各类保护地在科研方面提供了很好的支撑和服务功能。以自然保护区为例，截至 2017 年，有 4.63 万篇研究论文与自然保护区相关，图 7.5 反映了近些年来每年与自然保护区有关的科研成果产出。另以我国的世界自然遗产地为例，根据《中国世界自然遗产事业发展公报（1985—2015）》，我国专门从事科研工作的人员达到 188 人，参与合作研究的国内科研院所或高校 87 个、国际合作机构 7 个，建立国内科研基地 51 个、国际科研基地 3 个，涉及遗产地的科研论文中有 2500 余篇被 SCI 收录，24 篇发表在《科学》《自然》等国际顶级期刊。

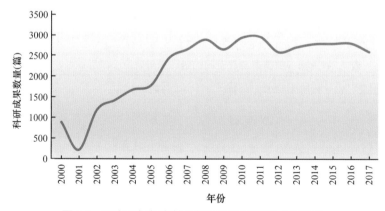

图 7.5　国内历年与自然保护区相关的科研成果数量

同时，我国保护地也存在科研投入不足的问题，仍有 3/4 的自然保护区没有被科研监测过，70% 的自然保护区未进行过综合科学考察，有一半以上的自然保护区未进行过任何科学研究。因此在国家公园建设过程中，加强投入以提升其科研服务功能十分必要。

第二，色林错 – 普若岗日国家公园的科研服务状况。

根据 IUCN 对国家公园的定义，国家公园应实现生态环境与精神文化、科学研究、环境教育、休憩娱乐等多种功能的和谐统一。由此可见科研服务功能也是国家公园的重要功能之一。美国在 21 世纪也提出了"科学地保护公园, 保护公园为了科学"的口号，反映出国家公园科研服务的重要性。

作为特色鲜明的国土空间，色林错 – 普若岗日国家公园也必将承载重要的科研服务，事实上，色林错区域也正在发挥相应的科研服务功能，如羌塘国家级自然保护区现已建立科研中心 2 处，监测站 3 个，设置固定样地 20 块、固定样线 20 条；建立了覆盖 3500 km² 雪豹栖息地的羌塘雪豹监测网络，共布设了红外相机两百多台。自 2017 年 6 月以来，第二次青藏高原综合科学考察江湖源考察队也对色林错湖泊与水文气象展开了科学考察。

相关科研工作者对色林错区域的科研兴趣较浓厚，说明该区域具有很高的科研服务价值。但科研方面仍存在许多薄弱环节，科研投入、科研队伍建设、科研数据库建设、科研合作等方面需要进一步加强（图 7.6）。

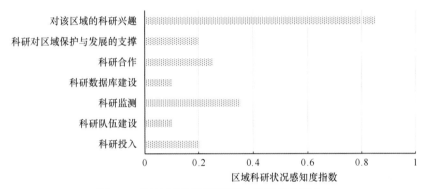

图 7.6　色林错区域科研状况（实地调查制作）

第三，色林错 – 普若岗日国家公园科研服务内容。

色林错 – 普若岗日国家公园的科研内容很丰富（图 7.7）。其公益化科研服务作用主要体现在如下几个方面。

首先，为科研工作者提供无法被替代的地球第三极区域的科研对象及科学调查观测空间。

其次，为科研工作者提供宝贵的、专有的科研基础数据，为有价值的科研成果的形成提供支撑。

再次，为该区域生态环境保护、社区发展等提供科研支撑，维护地球第三极区域生态价值。

最后，剖析国家公园建设发展中的问题，总结国家公园建设及运营管理经验，为形成国内较成熟的国家公园体制机制提供依据。

2. 色林错 – 普若岗日国家公园公益化服务目标

根据国外设立国家公园的经验，以及根据我国发布的《建立国家公园体制总体方

科研主题	科研内容	
生态系统	·动物、植被、水文、土壤、人文等基础数据调研	·色林错湖泊历史演变研究
	·植被类型及分布、生产力	·资源合理利用研究
	·草地承载力时空格局	·湿地物种组成及物种变化机理
	·色林错湿地生态系统结构、功能、未来变化趋势	·色林错湿地生态效益研究
	·草原、湿地恢复与重建技术研究	·藏北特殊人地关系下的人文生态
	……	
野生生物	·种群数量、分布格局、繁殖成活率等	·鸟类、兽类、鱼类等栖息地调查
	·藏羚羊等野生动物生活习性及活动规律	·控制野生草食动物数量的方法
	·黑颈鹤越冬期生活习性	·黑颈鹤繁殖生态系统
	·放牧、公路修筑等对黑颈鹤繁殖地的影响	·保护野生动物的合理方法
	·生物多样性保护方式	·种群变化特征
	·鸟类环志研究(鸟类数量变化趋势、迁徙策略、时间、路线，栖息地的选择和利用等)	
	……	
社区发展	·社区生产生活与生态保护的关系	·社区土地利用及社区发展
	·社区传统文化发展演变	·社区调控有效方式
	……	
国家公园	·国家公园的公益价值及其实现方式	·国家公园管理体制机制
	·游憩者行为对生态的影响	·教育与游憩组织管理
	·色林错国家公园建设对周边区域的影响	·色林错国家公园建设示范效应
	……	

图 7.7　色林错－普若岗日国家公园科研内容

案》，建立国家公园的目的主要包括：保护自然生态系统的原真性、完整性，以维持和增强生态服务功能；开展自然环境教育；为公众提供游憩机会；开展科研服务。根据相关经验和要求，以及结合区域具体特征，色林错－普若岗日国家公园在各方面的公益化服务目标如下。

第一，在公共生态服务方面：寻求生态保护资金支撑和管理模式创新，在维护好世界第三极生态价值的基础上，向外持续输出生态公共服务，并为高寒区域的生态保护摸索和积累经验。

第二，在公共教育服务方面：传播生态文明，深化对国情的了解，培养爱国精神，提高国民素质。

第三，在公共游憩服务方面：在展现世界第三极区域自然、人文生态魅力的同时，创新区域绿色发展模式。

第四，在公共科研服务方面：为相关科学研究创造条件、提供便利；同时通过科研为自然和人文生态敏感地区的绿色发展提供科学支撑，为建设具有世界一流水平的国家公园管护系统提供科学支撑。

7.3　公益化服务构建方案

7.3.1　用国家公园模式来实现色林错区域的公益化服务

国家公园模式是充分实现色林错区域公益价值的理想选择。如图 7.8 所示，国家公园特征与色林错区域实际状况有很好的耦合关系。第一，十九大提出，我国社会主要矛盾已经转化为人民日益增长的美好生活需要和不平衡不充分的发展之间的矛盾，在新形势下，社会对该区域的生态保护要求，以及对科学研究、开展教育、游憩体验的诉求均比较强烈，建设国家公园可很好地迎合各种社会需要。第二，色林错区域人口与部门少，对中央的财政依赖性强，较容易按照国家公园基本要求实现国家直管。第三，在实际调研中发现，受自然保护区保护约束，各类国家项目资金难以消化，国家公园建设正好可以为这些资金找到出路。第四，国家公园具有社会参与度高的特征，而社会各界对藏区发展的参与热情很高。第五，在藏传佛教文化背景下，当地居民及到访者的自律性强，可实现资源的节约化利用，使资源使用体现出公益化。第六，国家公园是一种新的发展模式，可抵制当地开矿建厂。

基于国家公园的基本特征，并基于以下几个方面，国家公园模式是色林错区域充分实现各类公益价值的理想选择，如图 7.9 所示。

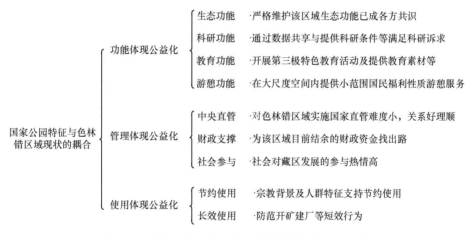

图 7.8　国家公园特征与色林错区域现状的耦合关系

第一，国家公园模式可协调保护与发展之间的矛盾，打破现状模式下的瓶颈，赋予区域保护新动力、发展新活力。

第二，国家公园模式可克服纯保护模式与纯旅游模式下区域公益化功能体现不足的缺陷，如纯保护模式未充分考虑区域的游憩、教育、科研等公益化功能，而纯旅游模式往往会使区域的生态服务功能受威胁。

第三，国家公园模式可使色林错区域各项公益化功能得到相对充分体现，是该区域国土空间利用的理想化模式。

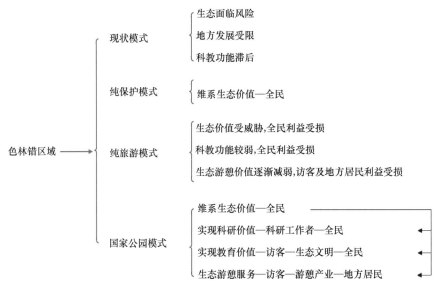

图 7.9　不同利用模式下色林错区域的公益化价值体现

7.3.2　色林错－普若岗日国家公园公益服务规划思路

第一，对色林错区域内的生态资产、教育内容和素材、科研对象和场所、游憩对象和空间进行调查，分析其生态、教育、科研、游憩方面的价值，分析其生态资产、教育内容和素材、科研对象和场所、游憩对象和空间的分布，以及分析色林错区域生态资产保护、教育、游憩、科研方面的需求。

第二，围绕色林错－普若岗日国家公园建设所设置的既定目标，参照国外国家公园的经验，根据公众需求，结合受众特征，在克服相关干扰因素的基础上进行生态、教育、游憩、科研公共服务规划。

第三，从生态、教育、游憩、科研服务计划及服务布局，生态资产管理、教育服务办法、游憩项目产品、科研服务办法，以及生态服务、教育服务、游憩服务、科研服务（图7.10）等方面进行色林错区域的公益服务规划，并提出实现各项公共服务的具体方案。

在规划过程中，关注以下关键点。

1）在公共生态服务规划方面，根据色林错区域高寒草原、河湖湿地、冰川、荒漠生态系统的显著特征做出相应的生态资产管护安排；从保护自然遗产、发展绿色经济的双重角度，设计生态资产管理办法等。

2）在公益化教育服务规划方面，以体现第三极区域独特价值、传播生态文明、传递科学精神、深化国情认知等为主要内容进行公益化教育服务安排，并将教育作为宣传色林错－普若岗日国家公园的重要途径。

3）在公益化游憩服务规划方面，始终捍卫和体现色林错区域自然、人文景观的独特性；实现色林错游憩在拓展访客生态认知及生命体验方面的独特价值。

4）在公益化科研服务规划方面，充分挖掘色林错区域独特的科研对象和价值，向

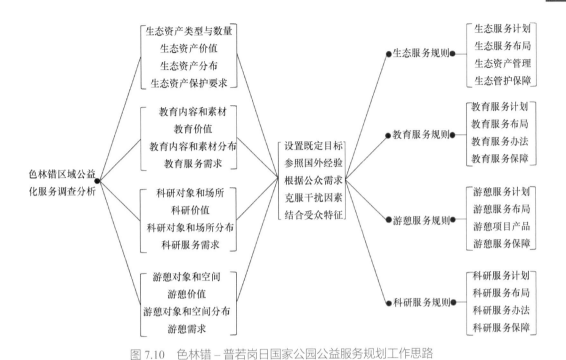

图 7.10　色林错 – 普若岗日国家公园公益服务规划工作思路

社会积极、公益性地提供科研素材和机会，并通过科研促进国家公园建设。

7.3.3　国家公园模式下各类公益化服务的实现方案

1. 公共生态服务功能的实现

公共生态服务现状与问题调查研究。在实际调查研究的基础上，对色林错区域的公共生态服务价值进行估算，为社会认知、生态资产管理等提供依据。调查实现色林错区域公共生态服务功能的干扰因素，以及这些干扰因素的成因。调查区域公共生态服务与社区发展诉求之间，以及与开展游憩活动之间的矛盾交织点、矛盾解决状况和所积累的成功经验等，分析采取何种有效的社区调控及扶持办法、游憩设计及管理办法来化解这些矛盾。

基于实际调研的公共生态服务功能实现方案实现色林错区域的公共生态服务功能，需基于"全民生态资产"概念，进行有效的生态资产保护（详见本书 7.1 节）；需围绕"全民生态资产保护"，在进一步调查研究的基础上，解决如图 7.11 所示的几个关键问题。

其中，建立动态化的生态资产供需账户有助于及时采取调控措施来维护生态资产价值，将是一项具有创新意义的举措。表 7.9 是色林错区域申扎县生态资产供需账户示例，该供需账户显示对申扎县地方社区进行调控已非常必要。

实施公共生态服务功能的维护工程。加大禁牧补助和草畜平衡管理力度；实行精准休牧、优化围栏工程；扩大沙化治理规模；开展野生动物保护补偿试点；构建长期定位观测综合站—生态环境监测基础站—重点地段跟踪监测点相结合的地面监测体系，构建"天地一体化"的全天候快速响应空中遥感监测能力；建立生态风险评估预警体系。

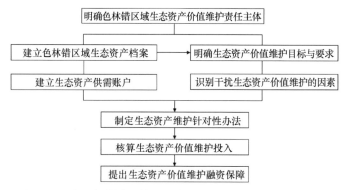

图 7.11　实现色林错区域公共生态服务价值的几个关键环节

表 7.9　（申扎县）生态资产供需账户示例（徐瑶和何政伟，2014）

年份	人均生态足迹（hm^2）	人均生态承载力（hm^2）	人均生态盈余（hm^2）
1989	23.49	36.60	13.11
1998	34.46	32.21	−2.25
2008	50.00	26.35	−23.65

2. 教育服务功能的实现

第一，各相关主体教育需求调查分析。针对相关政府部门、教育工作者、学生、公众，调查其对色林错-普若岗日国家公园的教育需求，包括期望传递的知识、实现的教育启发、达到的锻炼及陶冶效果等，以及调查公众所偏爱的教育方式、影响相关公众接受国家公园教育的因素等。

第二，基于实际调查分析的教育服务功能实现方案。基于各相关主体对色林错-普若岗日国家公园教育需求的实际调查，以及国家公园教育功能评价指标体系（表7.10），按照图7.12的基本框架来设计支撑色林错-普若岗日国家公园教育服务功能实现的详细方案。

表 7.10　国家公园教育功能评价指标体系（王立鹏和唐晓峰，2017）

目标层	准则层	方案层
国家公园教育功能评价	教育内容	教育内容全面性
		解说牌内容易懂度
		教育资料的多语言选择
		网上资源丰富度
	教育设施	教育形式多样性
		专题展览完善度
		标识系统清晰度
		解说牌数量
	解说人员	解说活动中的互动性
		解说人员形象
		讲解服务专业性

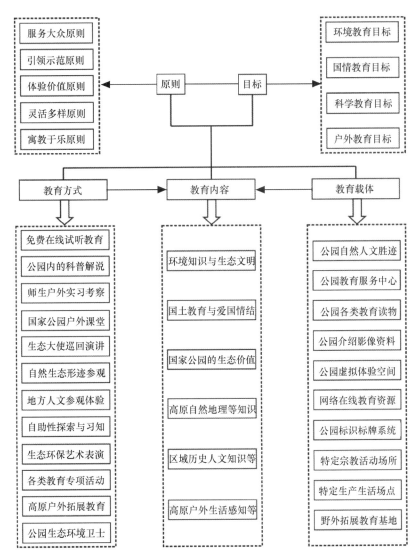

图 7.12　色林错 – 普若岗日国家公园教育功能实现方案设计框架

　　通过系列化教育服务方案的实施，充分体现国家公园的教育特色：面向公众免费（或收取最基本费用）提供教育服务，并兼顾公众环境教育、科普教育与相关专项教育功能；让受众在探索中接受教育、在体验中接受教育、在兴奋中接受教育，使教育深刻且有意义；通过教育使公众热爱色林错 – 普若岗日国家公园内的自然文化遗产；引入美国国家公园教育理念，与学校教育阶段相呼应，开发相应的国家公园教育课程。

　　第三，公益化教育服务载体的设置。依托申扎县、班戈县、双湖县、尼玛县县城设置色林错 – 普若岗日国家公园环境教育中心；依托申扎县设置环境教育广播电台；依托班戈县班戈错、双湖县果根湖等设立生态环境保护实践教育基地；在申扎县马跃乡色布错、班戈县门当乡朗青格拉山麓等地点设立高原户外感知体验基地；设立秀嘎村湖泊水文生态观察场点、错鄂鸟类栖息环境科普教育点、雄梅八村人与自然环境教育点、门当三村生态文明建设宣教点、亚阿木管护站高原动物科教点等色林错－普若岗日国家公园的环境教育点等。

3. 游憩服务功能的实现

第一，游憩资源、游憩需求、游憩承载力调查分析。鉴于美国国家公园发展历史悠久，且其游憩资源分类体系相对清晰，因此，按照美国国家公园游憩资源分类标准（表7.11）对色林错区域的游憩资源进行详细调查。考虑到进藏游客的特殊性，以进入拉萨市的区外游客为调研对象，调查潜在游客对色林错－普若岗日国家公园的基本认知、游憩意愿，以及可能性游憩方式、游憩时间、游憩花费等。在充分调查色林错－普若岗日国家公园资源本底、生态化游憩活动环境影响的基础上，分主要区块对区域内的游憩承载力进行分析。

表 7.11 美国国家公园游憩资源分类标准

区域类型	资源类型
自然区域	生物资源、水资源、空气资源、地质资源
历史区域	考古资源、历史建筑、自然环境中的文化景观、民族资源、博物馆馆藏品
游憩区域	户外游憩资源、荒野资源、野生生物和鱼类资源、放牧资源、木材资源、水土资源、人类和社区发展资源

第二，基于实际调查分析的游憩服务功能实现方案。在实际调查分析的基础上，按照图7.13所示的基本框架来设计实现色林错－普若岗日国家公园游憩功能的详细性

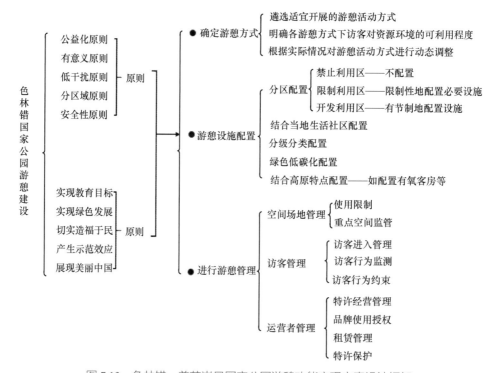

图 7.13 色林错－普若岗日国家公园游憩功能实现方案设计框架

方案。其中，在确定游憩方式时，将从国家法律、地方文化背景、生态安全、游客安全等角度，分析备选游憩活动是否适宜在色林错 - 普若岗日国家公园内开展；以及将分析确定各种游憩活动下游客对资源环境的可利用程度、相应游憩活动的空间布局等。公园内的禁止利用区只允许经批准后的科考活动；限制利用区只允许开展低生态扰动的户外游憩；开发利用区允许开展具有民族特色的文艺活动，出售特色旅游商品，进行露营等；居民生活区可开展食宿接待服务等。

第三，游憩服务功能的空间布设。在申扎县设立秀嘎观景点、雄梅 8 村休憩营地、错鄂观鸟基地、格仁错滨湖游憩绿道、色布错黑颈鹤观鸟基地等；在班戈县设立门当乡草原游牧风情村、门当一村班戈错游憩观光点、那拉姆村高原珍稀红树林生态游憩点等；在双湖县设立仲鲁玛管护站羌塘无人区生态展示点、达则错湿地帐篷营地、亚阿木管护站野生动物观光生态游憩点、雅曲星空营地、普若岗日第三极冰原生态游憩点等；在尼玛县设立象雄文化展示中心、高原舞蹈休闲中心等。

4. 科研服务功能的实现

第一，科研现状、需求、趋势调查分析。从已有科研基础条件、合作单位等角度，进一步了解色林错区域的科研现状特征。以色林错黑颈鹤国家级自然保护区、羌塘国家级自然保护区工作人员，以及相关政府职能部门工作人员、相关科研工作者等为对象，了解他们对色林错 - 普若岗日国家公园的科研诉求。在查阅相关文献资料的基础上，了解当前科研关注点、科研发展趋势等。

第二，基于实际调查分析的科研服务功能实现方案。在实际调查分析的基础上，按照图 7.14 所示的基本框架来设计能实现色林错 - 普若岗日国家公园科研服务功能的详细方案。信息化背景下的科研服务需重点发挥常态化、智能化科研监测系统在数据

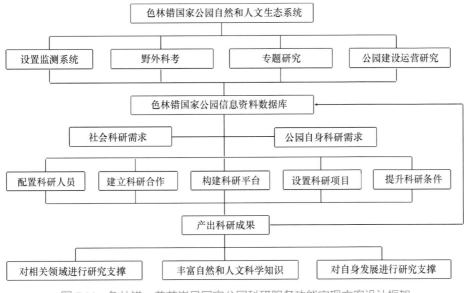

图 7.14　色林错 - 普若岗日国家公园科研服务功能实现方案设计框架

采集、数据更新方面的作用，需重点发挥色林错－普若岗日国家公园共享数据库在科研分析方面的服务功能。且必须在国家公园内配备必要的科研设备和力量，同国内外相关科研主体开展广泛的科研合作，实现服务于科研，促进科学发展，为相关领域及公园自身发展提供科研支撑的作用。

第三，建设国家公园的科学研究体系。建设色林错草原生态系统观测研究站、高原环境综合观测研究站、冰川观测研究站、色林错湿地植被变化动态监测研究站、野生动物观测研究站等，设多处藏北人文生态研究点，构建色林错－普若岗日国家公园的大数据中心，形成功能较完善的科学研究支撑体系。

7.4 国家公园配套设施和布局

7.4.1 公共服务网络体系

1. 色林错－普若岗日国家公园的公共服务需求

访客进入色林错－普若岗日国家公园后，会产生交通、解说、环卫、信息、安全等各类公共服务需求，要求在公园内构建公共服务网络体系。色林错－普若岗日国家公园的公共服务需求主要体现在"基础设施、公共信息、公共安全、惠民便民、行业指导"这五大方面，这 5 类公共服务要素共同构成了公园的公共服务网络体系。

色林错区域的公共服务现状如图 7.15 所示，目前除道路交通具备一定基础之外，该区域的各项公共服务严重短缺，远不能满足建设国家公园的基本要求（图 7.16）。因此该区域公共服务网络体系的建设任务十分艰巨。

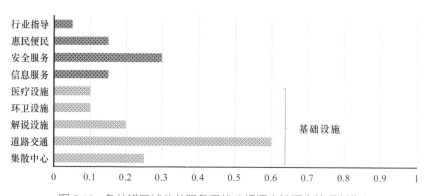

图 7.15 色林错区域公共服务现状（根据实地调查情况制作）

由于色林错区域自然地理环境及社会人文条件的特殊性，基于当前的公共服务设施配置现状，公园内信息服务、安全服务、环卫设施、道路交通等公共设施的需求程度强烈。由于地广人稀，无线通信信号实现全覆盖仍有一定困难；安全服务同样会受到通信服务滞后的制约，虽然可加强安全服务人力、物力的配置，但服务即时性差的问题仍有突破难度。可依托村镇、放牧居住点等增加旅游服务节点及联络点等，在一

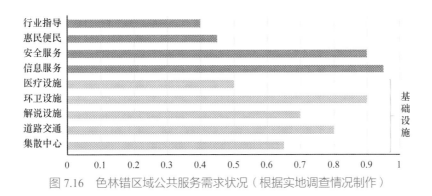

图 7.16　色林错区域公共服务需求状况（根据实地调查情况制作）

定程度上克服信息与安全服务方面存在的问题。由于高寒草原区供水及排污方面的问题，应配置技术先进的生态化厕所，并进一步依托管护站、村镇环卫服务力量，加大对公园内垃圾的收集和清运力度。在道路交通方面，公园内的道路建设已有相对较好的条件，需进一步加大停车场、汽车维修养护站点的配置力度。

2. 公共服务网络体系的构建

配置"基础设施、公共信息、公共安全、惠民便民、行业指导"五大类公共服务要素，构建色林错 – 普若岗日国家公园完善的公共服务网络体系。

（1）基础设施服务

主要由集散中心、道路交通、解说设施、环卫设施、医疗设施等发挥相应公共服务功能。根据表 7.12 所示的参照标准来设置色林错 – 普若岗日国家公园内的公共服务基础设施。将色林错 – 普若岗日国家公园内的公共设施量控制到最低水平，以最大限度地保留藏北的自然生态景观。

（2）公共信息服务

基于信息采集、信息传输、信息处理分析三大环节，实现构建色林错 – 普若岗日国家公园公共信息服务体系的目标：打造先进的网络信息系统；实现游客集散区、游憩活动区的无线网络信号覆盖；最大限度地满足访客的信息自助查询需求；构建高效的国家公园信息采集系统以服务于科研及管理需求；用高科技模拟手段，实现色林错 – 普若岗日国家公园的虚拟旅游；构建与有关旅游网站广泛合作的信息服务渠道；借助旅游服务热线等尽可能提供无盲区的信息服务。

（3）公共安全服务

色林错 – 普若岗日国家公园内自然环境的不稳定性、社会环境的不稳定因素、部分游客不安全的行为习惯、公共安全服务体系方面存在的不足等潜在因素均会对旅游安全造成威胁。基于此，需设置充足而有效的安全提示、警示、防护设施（如露营地周边设铁栏杆防止狗熊袭击等）；在潜在安全隐患点设置安全监控，提高安全救援反应能力；制作专门的安全宣传教育纸质及视频资料，加大对游客的安全教育力度；将常态化安全巡护、间隔性安全检查有机结合，提高公共安全隐患的排除能力；针对重点区域，如棕熊触摸区、洪水易发地等，采取有效的安全监控办法，有效防范安全风险；

表 7.12　公共服务基础设施设置的可参照标准

设施类型	设置的参照标准
集散中心	应由生态停车场、门厅、展厅、休息厅、卫生间、服务区、办公场所等必要空间组成； 应提供问询接待、公园情况查询、交通接驳换乘、导游、票务、购物、邮递、存取款及换币、设备租赁、急救等各项必要性服务； 建筑与环境融合性好，材料环保，体现地方人文特色； 由集散中心预期单次人数乘以游客感到舒适的最小空间，得出集散中心展览区域的最小面积； 应有展览展示功能，应能为访客提供必要帮助
道路交通	根据观光车速度保持经验，道路车行速度宜保持在 40～80 迈 *； 道路建设不能隔离动物活动通道； 道路两侧不宜出现裸露地块； 为方便自驾游者停车观赏风景，路肩宽一般情况采用 1.2 m 标准（美国国家公园标准）； 行车道边线外 3 m 内无障碍物，确保行车视线开阔和行车安全； 道路边坡宜控制在 1：4～1：8，既用平缓的边坡保证路基的稳定性，又为失控车辆提供恢复行驶和"纠错"的机会； 边沟沟底散铺碎石以减少对土壤的冲刷，或结合地形和排水量设置暗沟； 涵洞洞帽采用自然块石，避免过多人工痕迹； 采用抗滑性能好的沥青混凝土路面； 应坚持公园内道路总体规划的连续性等
解说设施	以教育为目的布置解说设施； 应用信息科技手段，将人工解说设施配置量降低到最低水平； 采用现代多媒体解说展示设施，将解说展示与体验相结合； 展示出与色林错－普若岗日国家公园有关的艺术作品； 参照国外国家公园做法设立专门空间开展具有教育功能的讲座； 设置公园全景图、动物标本馆； 设置便于访客携带的可分离型解说展示品等
环卫设施	设置朴素的、环保的、分散的、隐蔽的厕所等环卫设施； 公园内主干道沿线每隔 30～40 km 设置一处环保厕所； 游憩区垃圾箱的服务半径为 200 m 左右； 访客集中活动区按 50 人一个厕位配置厕所； 使用分散型污水处理设施解决公园内的污水处理问题； 使用流动吸污车解决一些相对孤立的小型生态游憩点的污水处理问题； 生态游憩区垃圾箱的服务半径为 50 m 左右； 配置垃圾清运车，将垃圾运送到指定地点进行处理等
医疗设施	依托城镇、游憩道路沿线的村落等配置医疗设施； 配置可流动的医疗设施设备（主要为旅游医疗救护流动站、医疗救护车等）； 在重要区点要有可用的医疗呼救系统； 在国家公园范围内设置具有一定体验功能的医疗设施等； 依托每个县城设立访客遇险紧急救援服务中心，配置直升机等机动性强的救援工具

*1 迈 =1.609344 km/h。

事先对游客进行必要的指导和培训，教游客在遭受动物袭击、遇到冰雹等恶劣天气等情况下如何进行紧急避险；建立具有快速反应能力、安全风险分析和应对能力的公共安全巡护队伍等。

（4）惠民便民服务

针对色林错－普若岗日国家公园访客的惠民便民服务载体包括：便利化的高原氧吧、地方土特产购物点、专门面向残疾人的服务设施设备、专门面向少儿游客的设施设备、第三性卫生间、游憩必用品及辅助品（如雨伞、便携式遮阳伞等）的购买及租赁点等。

针对色林错－普若岗日国家公园居民的惠民便民服务载体包括：村镇文化活动室、老年人照看中心、牲畜托管中心、免费的汉语学习中心等。

根据游客及当地居民的实际需要，结合旅游服务区点资源及游客活动方面的具体情况，因地制宜地配置上述惠民便民服务设施。

（5）行业指导服务

与地方政府管理部门进行充分沟通，了解政府管理部门需要通过规划解决的问题，所需要的行业指导和引导，需要制定的规范和标准，需要协调的关系及协调相关关系需采用的有效方式，以及政府维护公园生产秩序、约束及纠正不当行为的有效方法等。在此基础上开展针对性的研讨会、咨询会，委托有关单位撰写咨询报告、编制发展规划，针对从业人员开展针对性培训等，最终通过管理部门发挥行业指导服务功能。在行业指导服务方面，政府需列支专门的预算，以提高色林错－普若岗日国家公园的开发建设及运营水平。

另外，在色林错－普若岗日国家公园内动员各相关主体构建公园服务行业协会，并保障行业协会的正常和良好运营，进而发挥好行业协会的行业指导、引导服务功能等。

3.公共服务网络体系的空间布局

第一，依托班戈县、尼玛县、申扎县等 6 个县，设置公共服务区，集中配置各公共服务要素，如图 7.17 所示。

第二，初步确定在措折罗玛镇、雄梅镇、哲布唐嘎村、北拉镇设立公共服务点，发挥最基本的公共服务功能。这些公共服务点均位于现有道路沿线，也是游憩者的必经点，在这些点配置公共服务设施有助于设施功能的最大化实现，也有助于向游客提供尽可能多的便利。

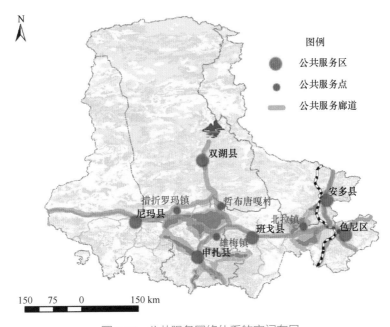

图 7.17　公共服务网络体系的空间布局

第三，依托 G317、S208、G562、G109 道路，呈串点状、分散式布设公共服务设施，形成色林错 – 普若岗日国家公园内的公共服务廊道。

7.4.2 应急救助网络体系

1. 色林错区域的应急救援需求

色林错区域可能会遇到的应急救助事件包括：车辆遇陷遇故障求助、访客身体严重不适时求救、访客遇恶劣天气时求助、访客遇动物袭击时求救（藏北羌塘地区从2005 年起开始有棕熊伤人事件，"人—熊冲突"在这几年呈增加趋势）、访客迷路走失时求助（访客在茫茫大草原上容易迷路）、遇自然灾害时应急救助（主要为遇雪灾等时对当地居民的救助）、出现动物疫情或生物灾害时紧急救助，以及其他紧急救助事件等。图 7.18 反映了该区域各种紧急救助事件发生的可能性。

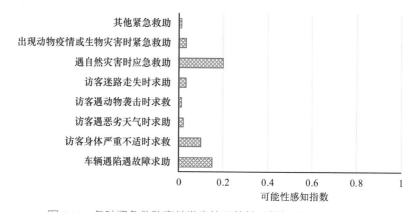

图 7.18　各种紧急救助事件发生的可能性（根据实际调查制作）

在实际调查中发现，色林错区域的访客求救事件较多，如尼玛县政府、双湖羌塘国家级自然保护区管护站等面临很大的应急救援压力，其中大部分求助为车辆遇陷遇故障求助。随着访客的不断增多，户外活动的遇险求救事件也将会增多。色林错区域地广人稀，若访客遇险后不能得到紧急救援，会造成较恶劣的后果，因此在色林错区域建立应急救助网络体系非常必要。另外，野生动物是色林错区域重要的生态资产，但成群活动的动物经常会遇到一些疫情和灾情，也需要对其进行紧急施救等。

2. 应急救援体系

在色林错 – 普若岗日国家公园建设中，需探索建立"反应迅捷的户外救援体系、无间歇的访客健康救援服务体系、突发险情的应急救助体系、动物疫情和生物灾害应急救助体系"四大体系来解决应急救援方面的问题。

第一，反应迅捷的户外救援体系。全面分析色林错区域可能会出现的户外安全隐患，户外救援面临的现实问题等，制定建立户外救援体系的方案。做到各种险情均能施救、各种困难均可应对、救援反应迅速有效。

第二，无间歇的访客健康救援服务体系。基于色林错区域的高海拔特征，根据各具体区域访客需要救助情况的实际发生率、集中发生时段、访客可能需要的身体健康救助措施等，在各区域差别性制定无间歇访客健康救援服务体系的建设方案。

第三，突发险情的应急救助体系。基于车辆求助情况比较多的现实，专门设车辆维修施救排障车，并随访客增多，在各县重点乡镇设车辆维修排障救援队。

第四，动物疫情和生物灾害应急救助体系。目前色林错 – 普若岗日国家公园的局部区域已建立了野生动物疫情监测体系，但疫情灾害救助方面的工作仍需进一步增强，疫情监测面及监测力度需进一步扩充。根据色林错区域野生动物曾出现的疫情、日后发生疫情的可能性等，制定色林错 – 普若岗日国家公园动物疫情和生物灾害应急救助预案，相关部门应根据野生动物疫情出现情况，配置相应的人力和物力，构建有针对性的野生动物紧急救援体系，同时积极引入民间组织对遭遇疫情的野生动物群落进行救助。

由于色林错区域范围广，应急救援力量应散布在全区域范围内，各救援力量相互之间必须建立通畅的互联互通网络，以灵活、快速、高效地履行救援任务。另外，鉴于色林错区域紧急求救事件较多，为了减轻应急救助的经费压力，尝试在色林错区域让访客购买应急救援险（如美国在国家自然公园等主要户外场所方面有比较翔实的公共数据，保险公司可以此为基础控制盈亏比为户外运动承险）。对违反规定、擅闯禁区的遇险者，救援费用应由被救助者承担。

7.5　社区基本情况预调查与分析

拟建色林错 – 普若岗日国家公园涉及班戈、尼玛、申扎、双湖四县。从初次调查情况来看，色林错区域的社区发展具有以下特点。

游牧和定居类情况并存。例如，色林错环湖班戈县范围内长期定居户数 45 户，游牧户数 226 户，游牧与定居户数比约为 5 ∶ 1。是否及如何促进居民定居、改变游牧生活方式，是社区发展的重要问题。

尽管试点区人口密度不大，但保护与利用之间的矛盾比较突出。试点区内绝大部分为保护性用地或生态用地，保护与利用之间的矛盾比较突出。乡村限制民房建造并缺少建设规划，造成无序建设，甚至破坏性的建设（图 7.19、图 7.20）。尽管大多数村庄民房保持了传统风貌，但基础配套设施不足使村庄显得脏、乱、差，存在许多与自然景观不协调的设施和用地。

贫困问题困扰社区的可持续发展。色林错环湖班戈县范围内年人均收入仅为 2409元，贫困户 110 户，低保户 15 户，约占总户数的 41%，脱贫、减贫压力大。但群众接受新的发展方式的意愿较强，在调查中，色林错环湖班戈县范围内 304 户群众中，有298 户愿意参加经济合作社。

从人口分布来看，还有相当一部分人散落在生态敏感区域或以游牧方式为主，人口集聚、公共服务配套难度较大。人口适当集聚是有效配置公共服务的重要前提，当前色林错区域村镇距离较远，规模较小，公共服务建设成本高。调查表明，色林错环

图 7.19　申扎县雄梅镇色宗村　　　　图 7.20　申扎县马跃村房屋

湖班戈县范围内全部 304 户群众中，有 127 户愿意搬迁，4 户明确表示不愿意搬迁，人口适度聚集具有一定难度。

鉴于以上初步调查研究，色林错－普若岗日国家公园将在规划时充分考虑与社区发展的联动效应。目前数据资料较为匮乏，在国家公园规划时将大力做好一手数据信息收集，特别是继续做好社区基本情况调查，以及社区参与国家公园建设意愿评估与能力评估等，并在此基础上对国家公园试点区内社区空间聚落体系进行合理评估与优化，结合国家公园建设拓展社区公共服务建设与脱贫致富路径。主要技术路线如图 7.21 所示。

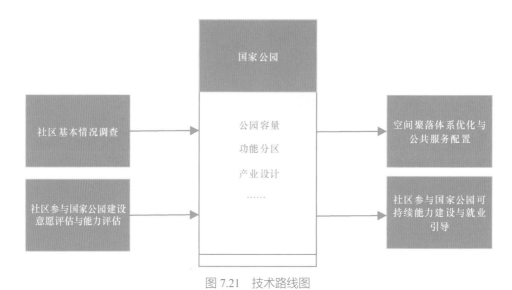

图 7.21　技术路线图

7.5.1　社区基本情况预调查与设计

对拟建国家公园涉及的县、乡、村展开调查，针对国家公园不同功能分区展开空间分析，解析不同功能分区、不同项目社区基本情况，包括游牧、定居比例、房屋居住情况、草场、畜牧业发展情况、贫困比例与程度、搬迁意愿等，从而为社区可持续生计路径设计提供基础。已开展的预调查如表 7.13 所示。

表 7.13　国家公园试点区内居民点调控类型划分

类型名称	具体内容
搬迁型	为实现国家公园生态保护目标，需要整村统一迁出集中安置的居民点，该类型多位于试点区保护核心区或生态保育区；原则上鼓励游牧民不在此活动
控制型	根据土地利用及适宜开发程度，需要控制人口数量、规模和配套设施，限制外来人口居住，有序引导外迁居住，节约土地并退还林地的居民点，该类型多位于生态保育区、游憩展示区或传统利用区。控制村庄建筑规模，原则上不再增加
聚居型	交通相对便利，特别是在国家公园规划建设过程中交通等基础设施重点改造区域，鼓励和引导村民适度聚居，吸收附近人口少、难以形成规模的自然村。该类型多位于生态保育区、游憩展示区或传统利用区，根据实际情况建设聚居式生态住宅，但需要对该类社区的合理容量进行动态评估

7.5.2　社区参与国家公园建设意愿与能力预评估

对拟建国家公园涉及的县、乡、村的居民的意愿和能力展开调查，系统评价当地居民对国家公园建设的态度，在尊重当地民俗习惯的基础上积极引导国家公园建设民意，引导公众最大限度地参与国家公园建设。根据班戈县的预调研，缓冲区内有 72%的被调查者"没有听说过"国家公园（图 7.22），县城还有 65%的被调查者对国家公园表示"听说过，但不清楚"，在自己或是否愿意让家人参与国家公园活动中，有85%的被调查者表示"不清楚"（图 7.23），因此在社区建设与发展工作中，国家公园宣传将是重要的任务之一。

对居民参与国家公园建设的能力进行评估，找出问题的短板，规划设计居民参与国家公园建设的最佳方式，合理化设计国家公园建设发展中居民的受益方式。在班戈

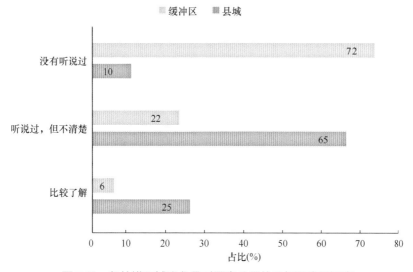

图 7.22　色林错区域班戈县对国家公园的了解程度预调查

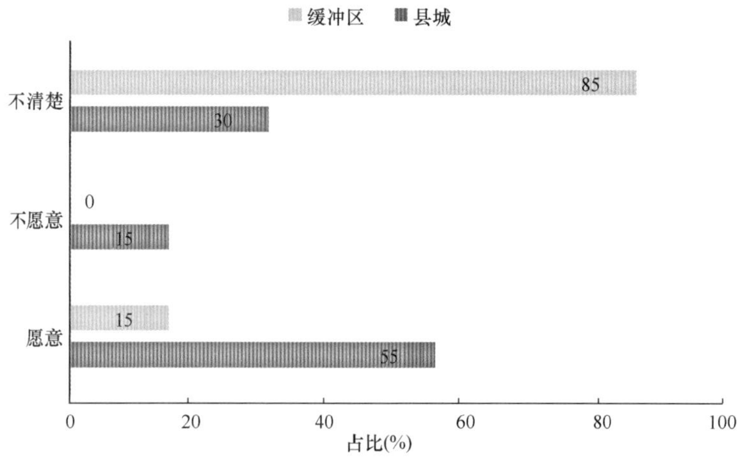

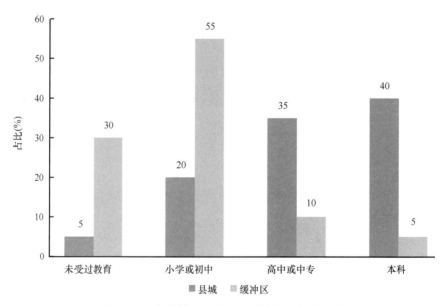

图 7.23   色林错区域班戈县居民对参与国家公园活动的预调查

县的预调研中，有 30% 的被调查者没有接受过教育，55% 的被调查者仅接受过初中以下教育；而缓冲区 80% 的被调查者从事牧业工作（图 7.24）。

7.5.3   空间聚落体系优化与公共服务配置设计

通过制定相关指标与控制标准，以节约与集约利用土地为基本原则，根据试点区保护与社区发展需要，建立完善的社区发展控制的长效机制，对试点区社区空间用量与产业发展转型进行宏观控制。

图 7.24   色林错区域班戈县受教育程度预调查

由于预调查样本数量较少，调查结果可能有偏差按照试点区划界方案和内部分区的主体功能定位，结合各行政村（自然村）人口数量、居民点规模、现有产业形态，划分居民点类别，并分别制定调控措施，使生产生活强度和范围与生态环境、资源、野生动植物保护的目标相协调。通过分类调控的办法建立居民点体系，积极研究是否需要科学引导国家公园试点区内游牧民定居，对居民点建筑、风貌、产业格局等进行有序引导，建立和完善相关公共服务建设，重点研究符合当地实际发展需要的"小集市""小集镇"方案。

根据试点区保护地类型、功能属性，以及各个自然村（居民点）常住人口的规模、分布、居民点性质、未来利用方向等，将社区居民点暂定为搬迁型、控制型和聚居型三类（表 7.13）。

从班戈县预调研情况来看，县城与缓冲区的居民在是否愿意搬迁方面并无明显区别（图 7.25），愿意搬迁方面，缓冲区内居民在本地就近搬迁的意愿最高，46%的人口希望就近搬迁（图 7.26）。在规划时，根据国家公园容量管控要求，结合社会调查、利用空间分析等技术手段，科学评估每一类各个居民点的位置、范围和人口规模。

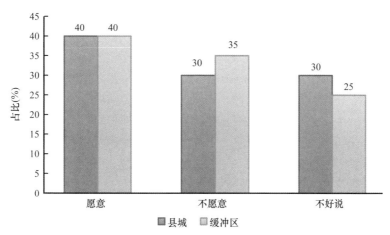

图 7.25　色林错区域班戈县居民搬迁意愿预调查

7.5.4　社区参与国家公园可持续能力建设与就业引导

结合国家公园建设与发展，要以保护为重、生态优先、整合力量，创造试点区牧民和居民脱贫、富民途径。一是要通过功能分区、国家公园合理容量控制努力实现牧业集约化及转型升级。测算项目涉及农户以牲畜出栏转化为现金或者活畜入股，支持国家公园建设发展的途径，从而享受年底分红。二是积极依托国家公园开展旅游活动，鼓励和引导当地居民参与试点区内的经营活动，如餐饮、家庭旅馆、旅游纪念品销售等，从而实现牧民自主增收；积极对当地居民展开教育培训，如培养导游、服务员、驾驶员，从而使得当地群众逐渐进入富裕通道。三是加快旅游产品，特别是牧＋旅产品开发，探索农户＋企业或农户＋合作社等发展方式，提高牧户参与性和创造性，从而整体带

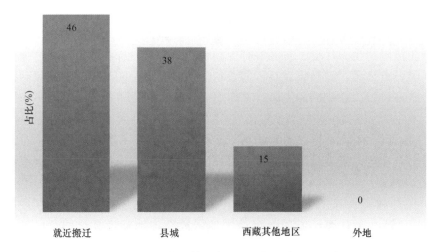

图 7.26　色林错区域班戈县居民搬迁去向预调查

动区域内经济发展。以点带面,稳步推进、建成生态牧业、生态旅游、生态文化特色乡村,为打赢脱贫攻坚战增加产业扶持、就业帮扶;为牧民群众拓宽增收渠道,提高生活水平;为游客和来访者提供便捷、舒适的参观、环境考察和社会服务。

在班戈县的预调研中,县城 15% 的受调查者及缓冲区 25% 的受调查者接受过培训,为国家公园活动的开展,社区居民能力的提高提供了一定的基础(图 7.27);但是缓冲区内有 70% 的被调查者没有听说过或是不太了解旅游活动,有 60% 的被调查者甚至不愿意与游客接触,55% 的被调查者不愿意从事旅游活动(图 7.28),这些为旅游活动的开展带来不小的难度。不过当地群众具有参与基建工作的热情,在正在开展的世界第三极野生动物国家公园建设中,施工单位共吸纳农牧民 60 人(其中 1 村 30 人,10 村 15 人,11 村 15 人)参与其中,主要负责景区围栏的挖坑工作,每人每天工资 166 元。

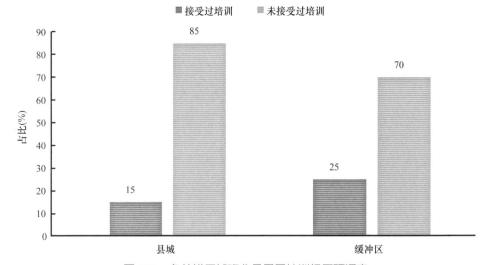

图 7.27　色林错区域班戈县居民培训经历预调查

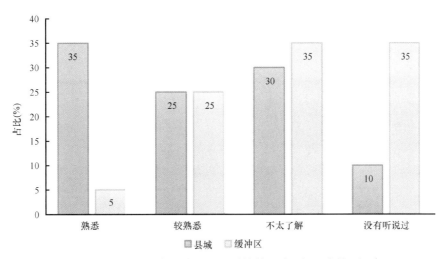

图 7.28　色林错区域班戈县居民对旅游活动了解程度的预调查

7.6　小微尺度（节点）建设的原则

通过对色林错区域进行科学考察，瞄准未来打造国家公园的需求，按照满足游客基本需求、有限度使用的原则，将色林错－普若岗日国家公园范围内及周边的重要人工建设节点和景观作为研究对象，包括交通道路、观赏性建筑、服务性设施及其他的人工附加产物，采取目标导向和问题导向相结合的研究方法进行分析研究，找出现有微尺度景观存在的问题，并提出未来需要新增的景观类型及建设要求。目标导向即选取国内外比较成功的国家公园景观规划的案例，前期主要采用文献阅读的方法进行分析研究，为深入开展本研究奠定理论基础，后期通过对一些国家公园的考察，结合实际研究中的难点问题，有针对性地获取国际先进的设计手法，增强课题研究的可操作性；问题导向即根据研究内容，有选择地对色林错－普若岗日国家公园进行实地走访和调查，广泛收集色林错－普若岗日国家公园景观规划方面现有的相关资料，以照片及影像的形式留存，并进行整理和分析，为课题论证提供支撑。

小微尺度景观建设的目的是落实色林错－普若岗日国家公园规划的总战略，精准规划、精细管理，在战术层面做加法，在满足游客基本需求的同时做减法，使得游客获得良好的感官体验，实现景观美学、生态价值和社会效益三者的融合统一，对树立色林错－普若岗日国家公园独特的旅游形象、保持完整的自然及历史风貌，以及生态资源及历史人文资源的保护有着积极的意义，同时对促进色林错－普若岗日国家公园旅游业的积极健康发展，塑造色林错－普若岗日国家公园整体环境也有巨大的推动作用。

7.6.1　色林错－普若岗日国家公园景观的现状特征

1.景观类型划分

"点－线"是构成景观空间结构的一个基本模式，也是描述景观空间异质性的一个基本模式。"点"一般指代独立点状景观的结构和分布，如山体、房屋等；"线"则指线状景观分布的结构，如河流、道路等；"点+线"是一种特殊的景观类型，衔接两个或多个独立点状景观单元，如桥梁、长廊、隧道等。

色林错-普若岗日国家公园涉及的"点"状景观包括村镇及大型村庄，公园范围内的包括班戈县加隆村、宗隆村、知荣村、尼玛县文布南村等，范围外的包括尼玛镇、班戈镇、申扎镇、双湖镇等；重要的寺庙如尼玛县玉本寺；还有分布在色林错及其周边众多湖泊区域的观景台（表 7.14）。

1)"线"性景观："线"性景观泛指在规划的场所内呈"线"形的各种景观要素，"线"性景观通过曲线与直线的配合、连续和变化的交替，丰富整个景观中艺术形态美，使得游客获得了行走和移动中的感受更新。色林错-普若岗日国家公园的"线"性景观包括班戈—尼玛—申扎沿线公路景观、申扎县带状湿地、色林错环湖岸线（表 7.15）。

表 7.14 色林错-普若岗日国家公园的"点"状景观

村镇	寺庙	观景台
公园范围内：班戈县加隆村、宗隆村、知荣村、尼玛县文布南村等；公园范围外：尼玛镇、班戈镇、申扎镇、双湖镇等	尼玛县玉本寺、文布寺，申扎县热德寺、咔隆寺等	色林错环湖观景台（错鄂鸟岛）

表 7.15 色林错-普若岗日国家公园的"线"性景观

道路	班戈—尼玛—申扎沿线公路景观
河流湿地	申扎县湿地
滨水岸线	色林错岸线景观

2)"点状+线性"景观："点状+线性"景观是指在景观游览活动中，衔接两个或多个点状景观单元的特殊景观类型。一方面"点状+线性"景观可以被作为点状景观单元进行观赏，另一方面"点状+线性"景观往往还承担着功能性的用途，同时"点状+线性"景观还担负着引导游客在单体旅游景观环境之间转换的职能。在色林错-普若岗日国家公园景观中，涵洞、桥、行车隧道、台阶都可以算是具有实体的交互式旅游景观，而这些旅游景观都起着衔接不同旅游景观单元的作用。

2. 值得肯定的地方

1) 村镇：建设面貌统一为藏族风格，这一风格是为了适应自然气候、宗教礼仪并经过漫长的历史文化交融而形成的。藏式平顶和帐房并用，一千年来这两种形式的建筑一直持续稳定地在整个藏族地区延续至今，并在发展中日益复杂和完善，融入了周边民族的一些特点和做法。尽管藏族建筑在不断的发展，但是藏族建筑的基本形式却一直被很好地保留下来，建筑的选址、高度、体量、色彩和装饰等方面有约定俗成的做法。西藏村镇建筑的基本特征见表 7.16。

表 7.16　西藏村镇建筑的基本特征

特征	建筑景观
布局主从有序、重点突出，不同建筑通过高大的体量、体形和鲜艳的色彩将主体建筑突出，非主体建筑色彩朴素、布局相对自由。一般宗教建筑体量大、色彩鲜艳、占据重要位置	
宗教氛围十分浓厚，大门上都会挂有五彩经幡，或贴有护法神像，屋顶立有小型经幡，院子中央或大门外都会立有高达数米的大型经幡	
质感 + 色彩凸显粗犷豪迈的高原风格，墙面常将石材直接暴露于外，色彩比较单一，以大色块为主，民居主要使用白色和黑色石材。白色为吉祥，主要用在大面积的墙面上；黑色为驱邪，主要用在建筑和外界联系的门窗套上，以防外邪入侵	
以具有土木结构的平顶式建筑为主，现代藏族建筑也出现了大量用砖瓦或钢筋水泥建造的新型民居建筑	

　　2）寺庙：寺庙是藏传佛教文化的主要承载主体，不仅建筑本身具有特色，而且与周边的自然环境相互协调，形成山 - 景 - 寺 - 湖 - 林相互映衬的布局形式，如玉本寺。

3. 存在问题

村镇房前屋后脏乱、城镇规划"方格＋十字街"模式。城镇山地草原环境特色，尤其是湿地景观未能充分被开发利用和展示，湿地缺乏必要的环境整治；缺乏完整的历史文化展示体系；巷道景观整治、街区空间品位提升不够，缺乏具有吸引力的特色街区；城市建设对自然山、水、草原的利用简单，相互融合、协调不够，缺乏对景、借景的廊道和开敞空间；城市文化设施缺乏，品位档次低，缺乏标志性特色文化建筑，特别是一些重要地段、节点和城市出入口缺乏标识性和特色性，景观处理较差。

7.6.2　色林错－普若岗日国家公园景观品质提升对策

1. 整体提升的原则与要求

1）满足游客基本需求，适度控制，保留景观的原真性。坚持保护胜于维修，维修胜于改造，改造胜于重建的原则。有限度地利用自然与文化资源，在保证游客基本需求的前提下，只做减法，不做加法，避免过度开发对生态资源及历史遗迹的破坏。确保任何一个景观设施都要给当地的景观加分，建设后的景观要比建设前的景观更美。

2）承接上级功能区划，提炼主题，注重空间的分异性。色林错－普若岗日国家公园的功能区划对未来规划建设的主要方面提出了宏观指引，在景观，甚至微尺度环境的打造上，还需要进一步细化功能区要求，实现落地布局。根据周边环境和文化背景，对各种优势资源进行整合，提炼出相应的主题，运用景观叙述的手法，赋予每一个功能区相应的设计目标，展现出景观的故事性、情节性。

3）尊重当地景观风貌，巧妙组合，彰显景象的多样性。充分利用好色林错－普若岗日国家公园的优质景观资源，通过不同资源之间的组合方式，形成多样化的具有高度美学价值的景象。例如，圣湖＋格桑花＋草原＋经幡＋蓝天白云是一种圣洁的美，雪山＋草原＋羊群＋蓝天白云是一种壮阔的美，寺庙＋山体＋经幡＋僧侣是虔诚的美，星空＋雪山＋圣湖是神秘的美。

4）凸显景观丰富特色，多面展示，体现时间的季节性。色林错－普若岗日国家公园变化莫测的湖光山色需要让身临其境的游客在不同的时间收获不一样的感受，相应的景观设施建设应该顺应这一要求，为不同时间下的景观增色添彩。例如，可以通过选择一些植被来显现藏北高原一年四季的景观变化；通过色林错东西两岸不同的景观建设，体现清晨恬静的色林错和黄昏灿烂的色林错。

5）挖掘藏北文化内涵，提升境界，赋予景观的神秘性。充分挖掘色林错文化内涵，使旅游者真正感受和体验到本教文化、象雄历史文化、藏族民俗文化，达到增长知识、启迪智慧、提升思想境界的目的。在色林错－普若岗日国家公园微景观的设计中融合当地特有的文化，并增强游客的体验性，使游客在互动过程中，不仅获得精神上的愉悦，同时对整体旅游景观的文化特色进行感知和体验。

2. 现有景观的景观分类提升措施

1)"点"状景观单元的提升策略。"点"状景观的设计首先必须符合整体的设计主题,设计时需要注意与周边环境的协调,建立与其他景观的协调关系。作为相对独立的个体,在其周边应该形成以"点"状景观为中心的环境,位于此环境中的任何要素,在体量、朝向、排列方式上均应该以该景观为中心,同时在功能上不能与其重复。

村镇:色林错 - 普若岗日国家公园范围内和范围外的村镇规划要有所区别。公园内部的村镇要严控规模,适当疏散部分人口,原有建筑不做大拆大建,确保每一栋保留建筑都能为国家公园的景观增色添彩,修缮改造聚落,使其保留原有藏族建筑的风格,确保风貌统一,注重房前屋后整洁,在功能上应加强与所处区域的定位协调,确保游客或居民的基本需求,适当增加相应的公共服务和基础设施;公园外部的村镇除满足当地居民的基本生产、生活、娱乐需求外,未来还是游客的主要接纳地,用地规模还将适当增加,因此需协同加强外围的村镇用地布局规划研究,加强外围村镇与内部国家公园景观风貌的统一,新建建筑应与周边山水自然环境相互融合,突出显山露水、天人合一的布局特色,充分尊重秀山、湿地、草原建构而成的村镇整体自然环境风貌特征,将湿地景观、山地景观楔入村镇的规划建设中,确保其生态性、景观性和渗透性;理顺城市历史文脉,延续藏乡特色文化。加强城市建筑风貌与自然环境、民族人文环境的协调与融合,挖掘藏族和宗教文化内涵,打造藏北草原腹地独具魅力的高原湿地生态天堂、草原民族家园、具有深厚文化底蕴的村镇。

观景台:根据色林错 - 普若岗日国家公园的景观资源和特色,将观景台进行分类建设,包括观湖光山色、观鸟语花香、观野生动物、观浩瀚星空、观万里冰川等不同类型的观景平台。根据不同种类的观景平台选择不同形式的设计手法。其中观湖光山色的观景平台一般选址在具有一定高度的山地上,视角广、视野开阔,一般采用俯视、观览全景的方式,常用的设计手法包括悬挑式。观鸟语花香的观景平台一般选址在景观优美、便于近距离观赏飞鸟的地方,一方面需要考虑相对隐蔽性和私密性,另一方面还要考虑游客对于距离的心理感受,因此在设计过程中保持半封闭的空间结构与游客互动的距离略大于游客的心理警示距离。观野生动物的观景平台一般选址在野生动物经常出没的区域,基于其所处环境恶劣,以及防范动物攻击,一般将其设计成封闭式的观景亭,并定期补给一些食物和水。观浩瀚星空的观景平台通常与露营地结合起来设置,或者设置于有温泉接待能吸引人过夜的区域,观浩瀚星空的观景平台常常设计为星空小屋,并配备充足的供观测使用的望远镜。观万里冰川的观景平台通常根据地势采取两种布局方式:一种类似于观湖光山色的观景平台,布局在地势较高的区域,可以俯视整个冰川景观;另一种是处于与冰川相对平视的角度,一般布局成折现形的平台,扩大与景观的接触面,甚至深入到景观内部,通过调动听觉、嗅觉、触觉等感官体验,拉近人与自然之间的距离(表 7.17 和图 7.29)。

国外国家公园的观景平台案例见专栏 7-1。

表 7.17 观景台设置的基本要求

观景台类型	初步选址	设置数量	设计形式
观湖光山色	色林错、尼玛县戈芒错和张乃错、申扎县格仁错	每个点 1～2 个	360° 开放悬挑式
观鸟语花香	错鄂鸟岛	1～2 个	半封闭高台式
观野生动物	根据迁徙线路而定	2～5 个	封闭式箱屋
观浩瀚星空	结合温泉设置	每个点不超过 10 个	帐篷、星空屋
观万里冰川	双湖县普若岗日	1～2 个	栈道式

图 7.29 普若岗日冰川观景台初步设想

寺庙：在设计上要考虑新建寺庙建筑的造型风格是否与周边相协调。景观的建设是一个长期的过程，必须用发展的眼光来看待景观设计。充分利用周边的自然因素，使景观设施在时间推移的过程中逐步呈现效果。例如，玉本寺新建的建筑体量太大、形态较为突兀，应对其进行改建，移除景观内过多的现代材质，采用青砖和原石进行景观设施的建造，利用材质本身易被苔藓附着且耐受性比较强的特性，经过时间的冲刷，用自然侵蚀的效果抹去人为开发的痕迹，形成历史遗迹原本的气氛和主题。同时采用这种方式在色调上不会与历史遗迹本身冲突，更加有利于玉本寺新老建筑之间及建筑与周边自然环境的融合。

2）"线"性景观的提升策略。应根据快速与慢速状态、设计材料、线路设置、道路分级、道路线形（图 7.30）等几个方面对色林错－普若岗日国家公园的道路景观进行相应的提升和改造。根据景观主体处于高速行驶或静止慢行的状态，注重对动景观及静景观的生理感受、心理感受、视觉观赏特征及与之相对应的动景观序列空间设计与静景观组景技法、手段的应用。道路设计材料方面，参照旅游景观地势的起伏选取

专栏 7-1 国外国家公园的观景平台案例

观湖光山色的观景平台——奥地利蒂罗尔山顶观景台。海拔 3200 m，依山而设置走道，挑出山脊形成 9 m 的平台，悬空领略奥地利最著名的雪山风景。从细部来看，由于铁含量最高的岩石有红色色调，很显然表现出了质感和锯齿，这给了观景台独特的表现性质。现场设置夸大了现有的地形景观生成结构，换言之，形成了人造景观。客户希望能够达到一种精神领域，在登高的同时能够享受无穷的宽广视觉冲击，领略静寂。

观野生动物的观景平台——挪威国家公园 Tverrfjellhytta 野生驯鹿观景亭。设计师用室内的宜人尺度与室外雄浑的山势形成强烈的空间差异，创造出了挪威高原上的驯鹿之家。建筑设计以一层坚硬的外壳和有机的内核为基础。朝南的外墙和内部空间共同营造出一个安全而温暖的聚集场所，与此同时，还为游客保留了壮观的全景视野。

　　观鸟语花香的观景平台——德国 Heiligenhafen 观鸟台。一座与周围的自然环境相融合的观鸟台。它以木构架构筑而成，其姿态宛如一只大鸟，静静地蹲坐在海滨的草地上，附近生活的鸟群似乎也不排斥这位大邻居，不时飞到其屋顶之上栖息。由对角线结构支撑的瞭望塔设有一个双向的楼梯，它连接了地面到空中的 15 m 高度，装有玻璃幕墙的空中的观察站可以提供足够的空间供来访者使用。

观万里冰川的观景平台——阿根廷莫雷诺冰川观景平台。通过栈道的形式引导游客进入，在相隔较近的距离，栈道与冰川平行展开，游客与冰川景观接触面被放大，视线以平视为主。此外，栈道所用材料为钢网，起到了雨雪天防滑的作用，同时栈道一侧设置了围栏，确保游客的安全。

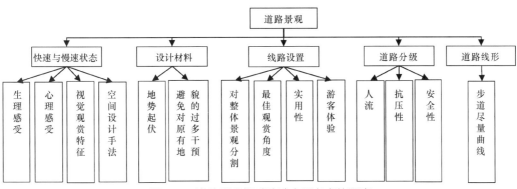

图 7.30 道路景观提升改造主要考虑的因素

合适的材料进行修建，尽量避免对原有地貌的过多干预。线路设置方面，不仅需要考虑整体景观的分割和构成，同时还需要综合考虑不同旅游景观在实用性和最佳观赏角度的位置方面的选取，从游客体验出发，设置最合理的线路。道路分级方面，综合考虑人流、抗压性、安全性因素，对主干道与次干道的设置应加以区分，细化道路分级，增加次一级的步行旅游线路。次级道路设置方面，可以考虑采用曲线设置打破整体直线的格局，将行车用途的主干道集中在色林错环湖外侧，而在旅游景观较为密集的区域，设立以曲线为主的步道，由于色林错区域乔灌木难以存活，可以在适当区域设置一些经幡、草垛进行视线的遮挡，丰富景区内部的景观结构，产生趣味。

3）"点状＋线性"景观的提升策略。"点状＋线性"景观在整体国家公园景观中起到的是纽带的作用，在对游客引导的过程中，也起到了整个景观组织空间和构图的作用，形成游客与景观之间的一种交互作用。相衔接的两个景观区域之间存在逻辑上的关联是"点状＋线性"景观存在的基础，充分运用溪流或瀑布的水声、灯光、气味等，提升点线结合景观的设计。首先在景区区域划分合理的基础上，对相邻两个景观单元进行视线上的遮挡或空间上的分割，突出旅游景观游览区域的独立性。其次在对游客进行"点状＋线性"景观场景转换的过程中，向游客传达下一单元的部分特色及看点，这一方面可以通过在交互式旅游景观内部设置标示牌或指示性图案和文字的方式完成游客心理上的转换，另一方面也可以对下一单元的旅游景观组团的边界线施加半透明的遮盖物，如植物、水流、镂空的墙体、地形上高地的错差等。

3. 需要新增的公园配套设施

面向未来国家公园建设，满足游客的基本需求，需要新增部分功能性配套设施，主要包括管理设施、文化设施、特许设施、游憩设施、解说设施、环境改造设施、基础设施。新建设施要坚持最少地牺牲自然特色、最多地满足人类需要，和谐性、地方性和实用性相统一的原则；要坚持人性关怀，充分考虑人类生理、心理需求和游憩行为特点，结合环境进行周密、细致、有效的设计；要尽可能将大自然赋予野生动物的保护色、将藏区牧民常用材料运用到国家公园的设施上，形成具有藏北乡土气息的设施风格（表7.18）。

表7.18 色林错－普若岗日国家公园配套设施体系

管理设施	文化设施	特许设施	游憩设施	解说设施	环境改造设施	基础设施
办公建筑	博物馆	住宿设施	座椅	指示牌	挡土墙	厕所
景区大门	俱乐部	小旅馆	野营地	标识牌	石墙	供水设施
门房		小木屋	野餐桌、亭、炉	解说中心		污水处理设施
栅栏		帐篷	游步道			垃圾收运设施
瞭望塔		挂车	马厩			设施维护建筑
售票处		员工住所	医疗室			
		餐饮设施	小剧场			
		商业设施	工艺品商店			

公园大门及游客中心。结合用地自然条件、区域交通状况、公园整体布局、现有城镇分布、景观风貌特色等方面科学选定公园入口位置。游客中心结合入口设置，应以最小的环境影响为代价，满足公园服务的最低需求即可，避免重复、多余建设。

指示解说系统。公园指示解说系统包括栅栏、石墙、指示牌、标识牌等。指示牌的材料、数量、内容、位置、尺度、成本和耐久性应该经过认真考虑。外形设计必须与整体景观的主题协调一致，同时充分运用材料的特性，传递所要表达的信息。内容上要注意指示牌上文字的比例和易读性，要避免公园指示牌变成一种现代的、商业的、吸引人的技术倾向，要注重指示牌之间的逻辑关系。在一些历史文化、自然遗产景点，用标识牌来加深游客对该景点或景物文化内涵的理解。

公园博物馆。建设一种小型开敞式的建筑，可以在人流较为集中的地点统筹布局，也可以在荒废的民居上进行改建，避免占地面积过大。将当地的鸟类、虫类、生长的野花、牧民的手工艺品、藏药等集中起来供游客观赏。

野营地。有组织地为游客提供固定的位置，设置圆锥形帐篷宿营。一个完整的野营地应包括娱乐文化活动集聚区、用餐区、医疗保健区等，各区域之间应该设置适宜的距离，以保证饮水的安全性、私密性。

特许设施。特许设施是指为方便游客而在公园特定位置设置的商店、熟食店、餐馆等。建筑形式要与环境协调。一个成功的特许设施既要是一个成功的商业设施，更要成为一处公园的景观。

公厕。按照一定的距离和公园环境容量要求设置现代公厕，处理过程采用成熟的化学或生物除菌方式，降低排放对环境造成的污染；在设计要求上，一方面需要与周边的环境协调，不能过于突兀，破坏整体环境氛围；另一方面还需要在位置安排上醒目，易于寻找。

第 8 章

色林错 - 普若岗日国家公园
管理体制与运行机制

8.1 国家公园管理的经验借鉴

8.1.1 国家公园管理的经验借鉴

全球性的国家公园运动开展以来，美国、加拿大、英国等发达国家，以及乌干达、坦桑尼亚、菲律宾等发展中国家都在探索建立适合自己的国家公园运营管理模式。

1. 国家公园管治机制

管治是保护地实现国家公园可持续发展目标的重要途径。进入 21 世纪以来，在 IUCN 等国际组织的影响下，管治问题逐渐成为学界关注的焦点。目前此方面的研究工作主要集中于管理体制、管制类型和有效性方面。

1) 强调立法。发达国家的国家公园都建立在较为完善的法律体系之上。以美国为例，不仅有与所有国家公园有关的《国家公园管理局组织法》《国家公园综合管理法案》《国家公园管理局特许事业决议法案》《总管理法》《国家公园及娱乐法案》等，而且还分别针对每个国家公园的保护和管理进行立法，使得国家公园的具体管理有法可依，违法必究（表 8.1）。

表 8.1　国家公园管理法规

国家	专项法规	相关法规
美国	《国家公园基本法》	《国家公园管理局组织法》《国家公园综合管理法案》《国家公园管理局特许事业决议法案》《总管理法》《国家公园及娱乐法案》《原野法》《原生自然与风景河流法》《国家风景与历史游路法》《国家环境政策法》《清洁空气法》《濒危物种法》《国家史迹保护法》
加拿大	《加拿大国家公园基本法》	《国家公园法案实施细则》《野生动物法》《濒危物种保护法》《狩猎法》《防火法》《放牧法》《国家公园通用法规》、《国家公园建筑物法规》《国家公园墓地法规》《国家公园家畜法规》《国家公园钓鱼法规》《国家公园垃圾法规》《国家历史遗迹公园野生动物及家畜管理法规》《加拿大国家公园管理局法》《加拿大遗产部法》
德国	《联邦自然保护法》	《联邦森林法》《联邦环境保护法》《联邦狩猎法》《联邦土壤保护法》
英国	《国家公园与乡村进入法》苏格兰《国家公园法》	《环境法》《野生动物和乡村法案》《灌木树篱条例》《乡村和路权法案》《水环境条例》《自然环境和乡村社区法案》《环境破坏（预防和补救）威尔士条例》《海洋和沿海进入法案（修正案）》
瑞典	《自然保护法》《国家公园法》	《森林法》《林业法》《环境法典》
澳大利亚	《国家公园法》	《环境保护法》《国家公园和野生动植物保护法案》《澳大利亚遗产委员会法案》《鲸类保护法》《世界遗产财产保护法》《濒危物种保护法》《环境保护与生物多样性保育条例》
新西兰	《国家公园法》	《资源管理法》《野生动物控制法》《海洋保护区法》《野生动物法》《自然保护区法》
南非	《国家公园环境管理法》	《保护区域法律》《国家保护区域政策》《海洋生物资源法》《生物多样性法令》《环境保护法令》《湖泊发展法令》《山地集水区域法令》
韩国	《自然公园法》	《山林文化遗产保护法》《山林法》《建筑法》《道路法》《沼泽地保护法》《自然环境保存法》
日本	《自然公园法》	《自然公园法施行令》《自然公园法施行规则》《国立公园及国定公园候选地确定方法》《鸟兽保护及狩猎正当化相关法》《自然环境保全法》《自然再生推进法》《濒危野生动植物保护法》《特定未来物种系统危害防止相关法》

2）突出规划。通过规划的引领和指导作用，达到国家公园有效运行的目的。国家公园管理部门（国家公园管理局），很重要的一个任务就是审批和执行国家公园规划，可见规划在国家公园的重要地位。

3）健全体制。世界各国的国家公园管理体制大致分为三种类型，一是以美国为代表的垂直管理型，通过国家公园总部—区域分部—国家公园的三级管理体系，直接管理全国的国家公园，地方政府无权干涉国家公园的立法、管理和运营；二是以英国、德国为代表的地方自治型，受制于土地权属、执法权等因素，国家公园多由地方政府自行制定管理政策，中央政府只负责监管。第三种是以加拿大为代表的复合管理型，融合了前两种特点，既有垂直管理，又有地方自治。三种管理模式的共同点是都设有国家公园管理局，负责国家公园的管理和运营。

2. 国家公园经营理念

发达国家的国家公园往往秉承公益性和商业性分开的理念。与公益性相关的收费通常低廉甚至免费，与商业性相关的收费通常较高。此外，需要的服务越少收费越低，需要的服务越多收费越高。为便于理解，以加拿大国家公园为例进行系统介绍。

1）从门票就体现出公益和商业的差异。Fundy 国家公园家庭团体门票（7 个人以内）为 19.6 加元，按 7 人平均每人为 2.8 加元，按 5 人平均每人为 3.9 加元；学校团体门票每位学生为 2.9 加元；而商业团体门票，每人为 6.8 加元。为了让更多的民众有机会体验国家公园，加拿大国家公园还发行了类似我国的年票（discovery pass），可以用很低的价格在 1 年以内的任意时间游览超过 80 个公园。其中，家庭年票为 136.4 加元，按 7 人和游览 10 次算，平均每人每次为 1.9 加元，按 5 人和游览 10 次算，平均每人每次为 2.7 加元。并且，如果在 12 月 31 日之前（Early Bird）预定下一年的年票，还可以享受 8 折优惠。此外，国家公园管理局还不定期地举行不同的活动。例如，2017 年为纪念加拿大成立 150 周年，向公众免费开放所有国家公园。

2）商业性活动往往收费较高。除了游憩体验等一般性活动以外，国家公园的其他活动，包括有关国家公园的电影摄像、报纸杂志、广告等都是收费的。例如，电影摄像包括两方面的费用，项目申请费和地点使用费。项目申请费与人数有关，地点使用费除与人数有关以外，还与时间有关。1 ~ 6 个人的团队，项目申请费为 147.2 加元，地点使用费为 490.6 加元 / 天；7 ~ 15 人的团队，项目申请费为 368 加元，地点使用费为 981.3 加元 / 天；16 ~ 30 人的团队，项目申请费为 735.9 加元，地点使用费为 1471.9 加元 / 天；31 ~ 99 人的团队，项目申请费为 2453.2 加元，地点使用费为 1962.6 加元 / 天；16 ~ 30 人的团队，项目申请费为 2943.9 加元，地点使用费为 2453.2 加元 / 天。针对政府、非营利组织 / 学生，国家公园往往会给予一定的优惠，但商业活动享受的优惠则相对较少。

3）服务越多收费越高。国家公园内，露营、钓鱼许可、明火许可、温泉、缆车也都是收费的。服务要求越多，往往收费越高。以露营为例，骑马山（Riding Mountain）国家公园每晚的露营费从 15.7 加元到 56 加元不等。15.7 加元是原始的露营地，32.3 加元是有电的露营地，35.3 加元是有电和水的露营地，38.2 加元是有水、电和下水道的露营地，56 加元为软壳（soft shell）的露营地；露营服务也是收费的，每捆柴收费 6.8 加元，露营预定也是收费的，每次预定露营需要支付 10.8 加元，修改预定和取消预定都需要支付 8.8 加元。

3. 国家公园运营机制

从发达国家的历程看，国家公园的运营机制着重关注两类问题：一是资金的问题，二是土地和统一管理的问题。

1）资金问题。发达国家的游憩需求已经成为社会的基本需求，因此政府将国家公园的建设作为公共财政支出的重要领域（表 8.2）。财政拨款、国家公园的经营收入、社会捐赠共同构成了发达国家国家公园的资金来源。美国国家公园的日常运营维护费用被列为联邦政府经常性财政预算，占国家公园总预算的 70% 左右；加拿大国会拨款占国家公园总预算的 75%。随着人们对国家公园服务需求的增加，联邦政府给予国家公园的预算也是不断增加的，2001 年为 24.03 亿美元，2015 年已经增长到 32.45 亿美元。财政支出存在许多问题，主要包括效率低、支出膨胀、激励作用弱、经营收入的增长动力不足、行政管理缺乏弹性等。与此同时，由于财政收入增长缓慢，国家公园的预算支出压力较大。截至 2016 年美国已经累计有 120 亿美元的需要用于国家公园维修的支出缺口，资金的约束限制了国家公园数量的进一步扩大。为此，以加拿大为代表的国家开始了国家公园的运营机制改革。改革内容包括通过分权和市场手段弥补原有模式的不足，通过分权缩短代理链，将更多管理权力下放给国家公园；国家公园可以保留收入而不必上缴，可以滚动保留上年财政余额；可以根据职位和项目需要聘用人员，并对其工作绩效进行监督。改革还包括保留和进一步完善原有模式的优点，包括将国家公园分为 4 个级别，保证位置偏远的国家公园虽然从旅游获得的收入有限，但是能够得到足够的国家拨款以保护其生态完整性。通过改革，1994～1998 年实现中央政府对国家公园拨款减少 25%；国家公园自身经营收入增长 1 倍。

表 8.2　部分国家国家公园资金来源状况

国家	资金来源	主要资金来源
美国	联邦政府拨款，门票及其他收入，社会捐赠，特许经营收入	联邦财政拨款
加拿大	国家财政拨款，旅游收入，其他收入	国家财政拨款
德国	州政府，社会公众捐助，公园有形无形资源利用收入	州政府
英国	中央政府资助，当地政府预算，国家公园自身收入，特殊的基金，银行利息、专项或一般的储备及垃圾填埋税，国家彩票	中央政府资助
瑞典	国家财政全额拨款，由中央政府、地方政府、社区共同出资成立基金	国家财政全额拨款
澳大利亚	联邦政府专项拨款，各地动植物保护组织的募捐	联邦政府专项拨款
新西兰	政府财政，基金，与国外自然保护区合作筹集资金	政府财政
南非	商业化运营	商业化运用获得的资金
韩国	国家补助，门票收入，停车场收入，设施使用费	国家补助
日本	财政拨款，自筹、贷款、引资	财政拨款

2) 土地和统一管理的问题。美国代表的国家公园绝大多数土地往往已经归联邦政府所有，政府规划和管理国家公园的能力很强。而对于加拿大和英国代表的两类国家公园，由于有着不同程度的非国有土地，因此，如何统筹利益相关者成为两类国家公园需要重点解决的问题。加拿大国家公园涉及联邦和土著的土地。其中，联邦政府土地为 36.5 万 km²，土著的土地为 27.5 万 km²，土著土地约占联邦政府土地的 68%。当地土著对于国家公园建设和管理有重大影响。为此，国家公园管理局必须考虑土著的利益，并在重大问题上与之协商。一个普遍的、行之有效的做法是给土著尽可能多的利益，以维持国家公园的统一管理。国家公园管理局实施监护人和守望者计划，为土著提供培训和就业机会，成为与政府和企业平等的土地和资源保护管理的合作伙伴。加拿大国家公园与 300 多个土著社区密切合作，加拿大国家公园 8.4% 的雇员是土著人。伊瓦维克国家公园成为加拿大第一个通过全面的土地索赔解决方案创建的国家公园，为未来的公园开创了共同合作与共同管理的先例。英国国家公园中几乎所有土地都是私有的，在英格兰和威尔士，即使是露营也需要得到土地所有者的许可。

4. 其他专项管理

1) 游客行为管理。游客的行为模式是国家公园游客管理方面较为关注的问题 (Graham et al.，1988)。游客偏好在自然环境资源管理中起到的作用越来越重要 (White and Lovett，1999)，与其他旅游地不同，国家公园的游客偏好不仅因年龄、性别、职业等人口统计指标而不同，也与各国的历史文化背景相关，如西方游客更能理解自然保护的意义，通常逗留时间较长，偏好独自旅行，而东亚游客较强的集体主义观念则使得他们偏好有组织的团体出行，逗留时间则偏短 (Cochrane，2006)。

2) 资源与环境管理。对资源环境管理的研究主要集中在如下几个方面：首先是国家公园内资源的评估与管理研究。除去传统的资源评估方法，通过支付意愿调查可以将国家公园的本底资源价值以货币形式做出评估，从而直观地揭示某一国家公园的价值存量。特定行为也会对国家公园内的保护资源产生影响。其次是对资源环境的研究，主要关注承载力及其监测方面。最后是关于功能分区的管控研究。

3) 社区管理。社区管理是国家公园专项管理的重要组成部分。对国家公园社区问题的研究主要集中在国家公园对社区的影响、社区对国家公园的影响与认知、社区参与、社区利益分配、土地产权等方面。

4) 收益管理。国家公园自然资源利用存在经济正向效应，但是也会产生漏损现象，创造的就业机会也多是一些低薪和季节性岗位。

8.1.2　相关经验总结

第一，发达国家的国家公园建设的时间往往很长，发展观念、体制机制建设的环境也相对比较成熟。如何考虑发展阶段的差异，将国外的先进理念与管理方法转化为适合我国国情的国家公园运营管理方案仍是今后一段时间国内研究的重要内容。

第二，将国家公园的公益性和商业性分开的理念值得借鉴。通过低廉的公益性收费为大众提供享受国家公园服务的机会；通过较高的商业性收费及提供多种选择的服务，为国家公园的运营筹集资金，同时也为当地创造就业。

第三，资金问题和土地问题是重点需要关注的问题。在国家大力推进国家公园体制建设的背景下，今后应更多地从中国特有的土地制度、资源归属、利益分配、管理体制、监管制度、利益相关者责任等角度展开探讨，这些方面应成为我国国家公园建设和管理研究的重点方向。

8.2　色林错现有管理体制

色林错区域的现有保护机构主要为成立于 1993 年的西藏色林错黑颈鹤国家级自然保护区。最初为申扎黑颈鹤自治区级自然保护区，2003 年升级为国家级自然保护区。应当说，在自然保护区的功能指向下，现有保护体制运行是有效的。未来，要适应国家公园的建设，现有管理体制需要在管理目标、管理重点上进一步丰富和完善。

8.2.1　管理基本架构

西藏色林错黑颈鹤国家级自然保护区成立以来，经过多年建设，初步建立了保护区管理局—管理分局—管理站—管理点四级垂直保护管理体系。保护区管理局是色林错国家级自然保护区主管机构，下设办公室（含计划财务科）、资源保护科、科研宣教科、社区事务科、保护局公安科 5 个内部科室。因保护区范围跨越了那曲地区下属 5 个县（区），为管理方便，在 5 县（区）设立了保护区管理分局。分局下设管理站和保护管理点（图 8.1）。

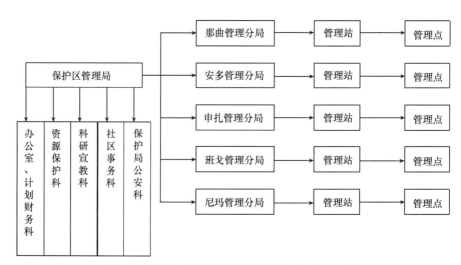

图 8.1　西藏色林错国家级自然保护区机构设置图

根据那曲机编复【2003】11 号文件，保护区管理局为正科级事业单位，下设的公安科、保护科、科研科、办公室（含计划财务）宣教科等全部为副科级科室。5 个管理分局，为副科级事业单位编制。保护区管理局和管理分局分别隶属那曲地区林业局和那曲、安多、班戈、尼玛、申扎等 5 县（区）人民政府。

8.2.2　管理成效

应当说在目前外来人口不多的情况下，目前的管理模式是奏效的。保护区所在地自 20 世纪 90 年代初开始实行了禁猎措施，并积极加强对湿地生态环境和草原的管护，通过宣传，使广大群众保护野生动物的意识极大地提高。自保护区建立以来，相关机构不断规范和严格管理保护区内的巡护工作。先后制定了保护区管理暂行规定、学习制度、考勤制度，请、销假及休息制度，奖惩制度，财产物资管理制度等，建立了保护区管理人员的定期检查、巡护及走访制度，建立健全了基层巡护员的登记制度、奖惩制度等。这些制度的建立使保护区的保护管理工作和日常业务工作趋于规范化，工作效率不断提高。目前保护区社区杜绝了乱捕滥杀野生动物、乱挖滥采野生植物等行为，给黑颈鹤等珍稀、濒危野生动物创造良好的栖息环境，保护区积极采取各种行之有效的保护措施，收到了良好成效。

色林错黑颈鹤国家级自然保护区，是世界上黑颈鹤主要的繁殖地。西藏自治区多次调查结果表明：黑颈鹤在西藏的主要繁殖地是藏北色林错黑颈鹤高原南部湿地生态系统的湖泊湿地，其中最集中的繁殖地位于该保护区的洛波湖、色林错、格仁错、木纠错与班戈县的妥坝湖泊、沼泽湿地，每年夏季约有千余对黑颈鹤在此繁殖。除此之外，尼玛、那曲、班戈等地的湖泊、沼泽湿地，如仁错、格仁错、越恰错、错鄂、崩错、蓬错等也有较多繁殖群体。色林错自然保护区经过近 20 年的保护，黑颈鹤数量明显增加，栖息地环境得到有效改善。初步监测表明该保护区范围内黑颈鹤数量增加了 30% 以上，栖息地面积也增加了 20% 以上，质量得到明显提高，色林错保护区的黑颈鹤生存条件得到了较大改善。

保护区的建立，在有效保护好区域黑颈鹤等野生动物资源及湿地生态系统的同时，也有效保护了区域特有自然生态景观资源。在色林错保护区的湿地范围内，还有大量的棕头鸥、斑头雁、赤麻鸭等珍稀水禽。根据已有资料，保护区鸟类即达 100 余种。在保护区众多湖泊中分布着几十个鸟岛，由于那里鲜有人类的干扰，是许多候鸟重要的繁殖场所，成为我国最高的鸟岛分布群。错鄂、东错、西恰错、祖多错、那玛切错、吴如错、木所错、长玛错、达若错等都有鸟岛分布。其中错鄂湖的鸟岛最为著名，该岛面积仅 9000 m^2，但此地竟栖息着上万只棕头鸥、斑头雁、秋沙鸭、赤麻鸭等，共有 2600 多窝棕头鸥。

8.2.3　存在问题

色林错黑颈鹤国家级自然保护区虽然建立了四级保护管理体系。但是管理权限相对较低，缺乏管理人员，不能满足色林错－普若岗日国家公园合理开发和有效保护的综合管理要求。

色林错黑颈鹤国家级自然保护区管理局，牌子挂在那曲地区林业局野生动植物保护科，实行"一套人马，两个牌子"的管理。色林错国家级自然保护区管理局所属 5 县的管理分局，与所属各县林业局实行"一套人马，两个牌子"的管理方式。一方面，管理级别和权限较低，色林错黑颈鹤国家级自然保护区管理局的级别低于西藏羌塘国家级自然保护区管理局（正处级）；保护区的管理对象主要为保护区保护对象，以及灌丛、湿地、野生动物等隶属林业系统管理的自然资源，对社会经济的综合管理能力有限。另一方面，管理分局、管理站、点人员配置和事业经费主要由管理分局所在的各县人事和财政解决，会对保护区管理局的管理造成一定影响。

人员方面，不仅编制少，而且缺乏专业技术人员。色林错黑颈鹤国家级自然保护区是一个特大型保护区，跨 5 个县级行政区（表 8.3），核心区与缓冲区的总面积占保护区总面积的 81.49%。同时，主要保护区块之间相互分离，需要相对较多的管理人员。然而目前仅有工作人员 105 人，平均每 180 km² 才有一个工作人员。工作人员中，管理人员 21 人，执法人员 15 人，另外 69 人为聘用的农牧民协议管护员。编制内人员文化程度以中等偏多，仅能满足保护区的一般性技术工作需要，开展科研项目的力量有限，需引进和吸收专业人才及提高各类人员的专业技术水平，特别是提高科研人员承担重点科研和监测项目的能力。受人员和能力等条件的限制，保护区一直未出台适合本保护区的保护管理条例。农牧民协议管理员对于协助管理局维护区内治安，打击乱捕滥杀等破坏活动发挥了重要作用。但是，此地人民文化程度普遍在初中以下，普通话的交流能力非常低，很难适应未来国家公园的管理需要。

8.2.4 三江源国家公园管理经验借鉴

2016 年 11 月 16 日，青海省委、省政府报中编办批准后设立三江源国家公园管理局，已建立统一的管理机构，为青海省政府派出机构（正厅级）。按照"坚持优化整合、统一规范，不作行政区划调整，不新增行政事业编制，组建管理实体，行使主体管理职责"的原则，着力突破原有体制的藩篱，实现保护管理体制机制创新；突破条块分割、管理分散、各自为政的传统模式，彻底解决"九龙治水"和监管执法碎片化问题。

一是从现有编制中调整划转，组建三江源国家公园管理局和长江源、黄河源、澜沧江源 3 个园区管委会，管委会受三江源国家公园管理局和所属州政府双重领导，以三江源国家公园管理局管理为主，长江源园区国家公园管理委员会派出治多管理处、曲麻莱管理处和可可西里管理处 3 个正县级机构。

二是分别在整合县政府所属国土、环保、林业、水利等部门相关职责的基础上组建生态环境和自然资源管理局，既是管委会（管理处）内设机构，也是县政府工作部门，受管委会（管理处）和所属县政府双重领导，以管委会（管理处）管理为主。

表 8.3　色林错现有管理机构与管理范围

管理局	管理分局	管理站	管理范围	管理面积 (hm²)
那曲市	色尼区	自日	那玛切乡、香茂乡、罗玛镇	105201
		洛尔岗	那玛切乡、香茂乡、罗玛镇	126242
		羊吉	香茂乡	120982
	安多县	措玛	措玛乡、扎仁镇	84161
		果莫	措玛乡、强玛镇	136762
	班戈县	佳琼	佳琼镇、北拉镇	42022
		土瑞	北拉镇、尼玛乡	63123
		硼砂厂	门当乡	73641
		公莽	申扎县的塔尔玛乡、买巴乡	78901
	申扎县	马跃	马跃乡、雄梅乡	147622
		土荣	马跃乡	78620
		恰乡	恰乡 (保护区外)、巴扎乡	136762
		巴扎	巴扎乡、塔尔玛乡	115722
		雄梅	马跃乡、雄梅乡	89421
		买巴	塔尔玛乡、买巴乡	105201
		下过	下过乡	145722
	尼玛县	申亚	申亚乡、尼玛镇	94682
		南措折	措折罗玛镇	85722
		杜加	协德乡	63121
小计	5 县	19 站	21 乡镇	1893630

三是整合县级政府所属的森林公安、国土执法、环境执法、草原监理、渔政执法等执法机构，分别设立资源环境执法局，为管委会（管理处）下设的副县级机构，管理森林公安局、资源环境执法大队两个正科级机构，资源环境执法局受管委会（管理处）和所属县政府双重领导，以管委会（管理处）管理为主。

四是整合林业站、草原工作站、水土保持站、湿地保护站等涉及自然资源和生态保护的单位，分别设立生态保护站，为管委会（管理处）下设的正科级机构。国家公园范围内的 12 个乡镇政府分别加挂保护管理站牌子，增加国家公园相关管理职责。

五是对 3 个园区所涉及的 5 县进行大部门制改革，县政府组成部门由原来的 20 个左右统一精简为 15 个，园区管委会（管理处）负责园区内外自然资源管理、生态保护、特许经营、社会参与和宣传推介等职责，所在县政府负责经济社会发展综合协调、公共服务、社会管理和市场监管等职责。

六是加强三江源国家公园管理局工作力量，2018 年 1 月，青海省机构编制委员会给我局核增编制 48 名，分别设立了自然资源资产管理处、国际合作与科技宣教处、生态监测信息中心、生态展览陈列中心和成建制划转三江源生态保护基金办公室。

8.3　色林错－普若岗日国家公园体制机制

色林错是受全球气候变化影响最显著和生态最脆弱的区域。与此同时，还受到人类活动的深刻影响。国家公园管理体制和机制对于色林错的可持续发展有重要意义。

8.3.1　整体框架设计

国内外国家公园管理和运行的经验表明，以人为本是国家公园体制机制建构的核心，实现国家公园全民的公益性、生态的可持续性、游憩的体验性及对当地社区的带动性是国家公园建设和发展的根本目标。为此，在综合分析不同的人员类型构成及其与各个目标的相互关系的基础上，结合中华民族伟大复兴两个百年目标要求的分析，建构色林错－普若岗日国家公园管理的体制机制（图8.2）。

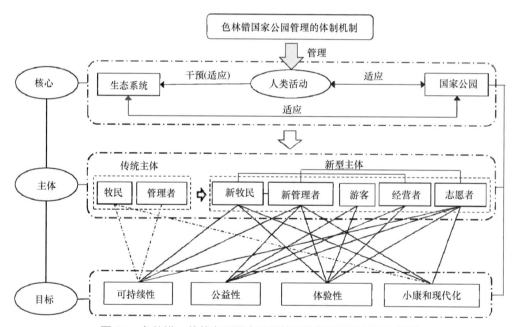

图8.2　色林错－普若岗日国家公园管理体制机制的架构和设想

色林错－普若岗日国家公园体制机制的核心是管理人类活动。对于色林错而言，改革开放以前，甚至改革开放以后的很长一段时期，其人类活动的方式变动不大，与外界的关系也是基本稳定的。牧民保留了数千年以来的生产生活方式，外界对色林错的影响很小——外来人口少，牲畜的市场转化率低。这样的生产生活方式有效维系了当地经济社会发展与资源环境之间非常脆弱的平衡关系。近年来，受国家政策的扶持、需求结构的变化、基础设施的改善等因素的综合影响，色林错的传统生产生活方式及与外界的关系正发生着深刻变革和调整。牧民定居工程、草原生态保护补助奖励政策改变了传统的游牧方式，国家政策对当地人类活动的影响越来越大；随着人们收入水平的提高、基础设施的改善，近年来色林错自驾游开始出现，本地人和外地人未来将共同作用于当地的生态环境；由于全球气候变化，色林错成为受其影响最显著的地区之一。国家公园的体制机制建设必须综合分析这些人文和自然新因素所带来的正面和负面影响，建构既符合国家公园管理运行要求，又能促进色林错可持续发展的体制机制。一方面，国家公园体制机制建设要适应色林错的自然生态系统和社会人文环境，这是体制机制的基础，也是色林错－普若岗日国家公园区别于其他国家公园的主要特色；另一方面，要通过管理人类活动，以及通过人类活动干预和适应生态环境，满足色林错－普若岗日国家公园特色化管理的需要，这是国家公园体制机制建设的基本要求。

随着国家公园的建设，牧民和管理者等传统主体的行为方式发生了显著变化，需要转变为新的牧民和新的管理者。由于游客、特许经营者、志愿者、捐赠者等的出现，国家公园需要统筹的主体越来越多。主体和主体之间存在转换和重叠的现象，新牧民可以成为新的管理者和特许经营者；志愿者可以成为新的管理者。不同主体所关注的重点存在差异，游客的关注点相对单一，主要是旅游价格（公益性）及游憩体验；而管理者的目标则更加综合，需要统筹各方面的内容。色林错的体制机制建设需要在开放的系统条件下，基于多元主体和多元目标寻求最优的管理模式。

8.3.2 管理体制优化建议

1. 兼顾管理和服务

坚持继承创新，依托、优化、提升而不是替换现有管理体制。针对色林错地区，在现有四级管理体系和点阵化管理网络上拓展为县城-管理站、管理点（或乡镇）-牧户的三级（管理＋服务）复合架构，用能够满足高端游客需要的现代化生活条件，显著提高广大牧民的日常生活质量，吸引和服务于高端游客，实现管理、服务、收益三维目标。

2. 提高级别和权限

提高色林错黑颈鹤国家级自然保护区管理局和管理分局的级别。其中，建议色林错黑颈鹤国家级自然保护区管理局与羌塘国家级自然保护区管理局级别相同，均为正处级。管理分局级别也相应调整。色林错－普若岗日国家公园一旦被批准，将色林错黑颈鹤国家级自然保护区管理局改制为独立的色林错－普若岗日国家公园管理局，级别可以进一步提升，以统筹管理色林错－普若岗日国家公园内关于保护和开发的所有事宜。管理局和管理分局实施垂直管理，财政款项建议上级财政统一拨付。管理分局和管理站的设置需考虑国家公园的管理需要，可以实施跨县域管理。

3. 增加编制和人员

按照国家有关规定及主管部门定编标准，结合保护区管理局及西藏的实际情况，为适应新时期保护事业发展的需要，本着强化管理、提高效率、人尽其才的原则，色林错保护区共需配备98个编制。考虑到保护区管理点分散偏僻的实际，管理点不设编制，以聘请当地居民为主。按照三江源国家公园每万平方千米591人的标准，未来农牧民协议管护员可以达到1100人以上，占目前当地人口的1/5强。色林错国家级自然保护区管理机构人员编制见表8.4。

表8.4 色林错国家级自然保护区管理机构人员编制

名称	色尼区	安多县	申扎县	班戈县	尼玛县	备注
管理局			16			保护区管理局人员编制共计16人
管理分局	8	8	8	8	8	每个管理分局8人，共40人
管理站	2×3	2×2	2×7	2×4	2×3	每个管理站2名专职管理人员，人员不足时雇佣临时工，共38人
检查站			2×2			每个检查站2名专职检查人员，人员不足时雇佣临时工，共4人
小计			98			98人

4. 加强职业教育与技能培训

为提高保护效率，实现保护区建设目标，保护区应经常性地开展转变工作态度、提高工作业绩的职业教育培训，以及更新保护知识、提高专业技能、改进工作方法等方面的技能培训。根据色林错黑颈鹤国家级保护区的实际情况，其主要培训内容包括：体能训练，身体适应高原环境要求；野生动植物的识别，特别要熟悉保护区主要保护动物的生物学和生态学等方面的基本知识；动植物标本的采集知识；GPS、照相机、摄像机、海拔仪、罗盘仪、对讲机、望远镜、地形图等保护区常用工具的使用；防火扑救和草原病虫鼠害、野生动物疫源疫病等方面的防治知识；野外巡护知识和野外生存训练；安全防护教育；野生动植物拍摄知识；社区宣传教育知识；农牧业生产知识；巡护笔记、巡护报告及公文的编写等。

8.3.3 资金投入机制

通过调研发现，要建设国家公园，色林错在基础设施、公共服务、综合管理等方面的差距较大，需要相对较大规模的资金投入。然而，目前还没有形成有效的国家公园资金投入机制。

1. 财政资金投入能力

与西藏其他地区一样，色林错未来国家公园建设所涉及的4个县保护开发的资金主要来自中央政府的转移支付，地方自身财力不足。

1990年以来，不考虑物价因素，尼玛县地方财政收入增长了16倍，而同期财政支出增长了225倍；地方财政收入占财政支出的比重从1990年的22.90%下降到2016

年的 1.74%（图 8.3），如果算上每年 2000 万左右的对口援助资金，当地财政占财政总支出的比重还要更低一些；2016 年财政支出已经达到当年 GDP 的 1.53 倍。2000 年以来，班戈县地方财政收入增长了 11 倍，同期财政支出增长了 55 倍；地方财政收入占财政支出的比重从 2000 年的 8.20% 下降到 2016 年的 1.90%。2010 年以来，申扎县地方财政收入增长了 3 倍，同期财政支出增长了 4 倍；地方财政收入占财政支出的比重从 4.04% 下降到 2016 年的 2.85%。相比而言，西藏整体对中央财政的依赖程度是降低的。1990 年西藏地方财政收入仅相当于总财政支出的 1.40%，2015 年已升至 12.34%。

图 8.3　1990 年以来尼玛县财政收支情况

调研发现，有关县财政均为"吃饭财政"，资金投入能力很弱。从财政支出结构看，保障政府机构的一般公共服务支出、公共安全支出、基本建设支出、农林水气象事务支出、农林水事务支出占班戈县财政支出的 70% 以上。相比而言，其他支出、一般公共服务支出、农林水事务支出、交通运输支出、教育支出是西藏前五大财政支出项目。表明色林错"吃饭财政"状况较西藏全区更深，地方财政的投入能力较西藏其他地方更弱。

总体来说，当地财政的投入能力有限。未来政府层面的投资还主要依靠中央转移支付和区外的对口支援。尼玛县的数据表明从 2006 年的 2534 万元到 2015 年的 42721 万元，10 年间中央财政的转移支付增长超过 15 倍。如果通过国家公园建设，中央的转移支付规模能逐渐减小，那么从长期来看，对中央财政也是有益的。

2. 居民资金投入能力

色林错涉及的 5 个县（区）过去均为国家级贫困县，贫困发生率高。以班戈县为例，按照 2800 元的低收入标准统计，全县 2018 年贫困人口 12046 人，占全县牧民总人数 38789 人的 31.06%。此外，还有计划外贫困人口 1834 户，6666 人（图 8.4）。

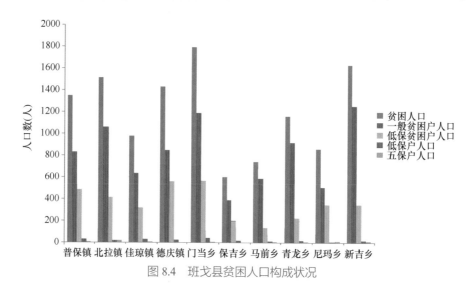

图 8.4　班戈县贫困人口构成状况

色林错涉及的 5 县均为牧区，牧区的贫困与农区不一样，主要表现为现金收入少。相对而言，牧区的牛羊等体现的资产规模往往大于农区。资产规模大为利用金融机构资金创造了条件。从整个西藏来看，1993 年存贷比达到峰值 101.02%，之后持续下降，2010 年降至 23.27%（图 8.5）。虽然 2015 年回升至 57.87%，但仍远低于全国 71.08% 的平均水平。按照全国的平均水平，2015 年西藏潜在的可利用信贷资金超过 480 亿元。而色林错所在的那曲地区，存贷比更低。2016 年那曲地区金融机构各项存款余额为 217.49 亿元，各项贷款余额为 57.73 亿元，存贷比仅为 26.54%。按照 72.05% 的同期全国平均水平，那曲地区潜在的可利用信贷资金达 98.97 亿元，这些资金可以有效支撑色林错 – 普若岗日国家公园的开发建设。

3. 资金投入机制的设计

区分国家公园建设的不同资金需求，坚持区外支援与区内自力更生相结合，逐渐变区外输血为区内造血，逐步形成良性循环的资金投入机制。

一方面，上级政府转移支付资金和区外援藏资金主要投向对经济社会发展具有重大影响的基础设施等重大工程项目及生态环境保护、公共服务等重大民生项目，同时发挥上级政府转移支付资金和区外援藏资金在国家公园开发建设初期的引导作用；全面推行"项目选择由双方共同审核、项目建设由双方共同管理、资金拨付由双方共同签字、项目竣工由双方协商委托审计"的"四双"工作模式，真正形成援受双方权责共担、联合推动的工作机制，避免出现多头管理或监管缺失的问题。

另一方面，产业发展领域要减少政府的投入，逐渐转变为以企业和居民投入为主；要充分发挥银行等金融机构在扶贫开发和绿色发展中的突出作用，切实加大金融助推产业发展的力度，改变制约贫困地区持续发展的"等靠要"思想，着力培育一批本地的新型企业家和新型从业者，实现国家公园的良性、有序运转。

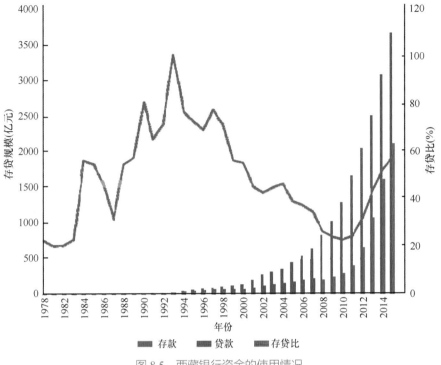

图 8.5　西藏银行资金的使用情况

8.3.4　土地整合模式

发达国家国家公园建设的经验表明，土地资源整合对于建构一个完整的生态系统意义重大。

1. 土地权属现状

目前，色林错黑颈鹤国家级自然保护区涉及的 5 县土地基本已承包到户。以班戈县为例，全县总草场面积为 3778.65 万亩，承包到户可利用草场面积为 3451.99 万亩，承包到户可利用草场面积占总草场面积的 91.36%。通过初步调查色林错区域班戈县、双湖县、申扎县周边 4 个乡（镇）、16 个村、1065 户，4904 人，得出草场总承包面积为 987.01 万亩。

2. 土地利用存在问题

（1）草场超载

色林错所有县都是牧业县。以班戈县为例，2016 年牧业人口仍然占全县总人口的 90% 以上。从那曲整个地区看，随着畜牧业的发展，草场的超载问题比较突出。2000～2008 年那曲地区的牲畜出栏数和年末存栏数均表现出明显的增长趋势。其中，出栏数从 2000 年的 191.81 万只绵羊单位增长到 338.36 万只绵羊单位，增长幅度达 76.40%；

近 10 年存栏数增长速率不及牲畜出栏数，平均以 24.24 万只绵羊单位 / 年的速率增长。参考鄢燕和刘淑珍（2003）的研究数据，那曲地区 1996 年的理论载畜量为 608.89 万只绵羊单位，而那曲地区 2008 年末牲畜存栏数目为 1254.23 万只绵羊单位，放牧超载了约 105.99%。与那曲其他地区一样，色林错涉及的区域也面临草场超载。2016 年班戈县牲畜存栏总数为 78.12 万头（只、匹），折合绵羊单位 117.16 万只；2017 年牲畜存栏总数为 81.06 万头（只、匹），折合绵羊单位 116.98 万只。虽然均较 2010 年下降了超过 30 万只绵羊单位，但仍高于 86.16 万只绵羊单位的草畜平衡载畜量。初步调查的色林错区域班戈县、双湖县、申扎县周边 4 个乡（镇）牲畜总数为 162540 头（只、匹），折合 182716.1 只绵羊单位，高于草畜平衡载畜量的 180464.41 只绵羊单位。

（2）与野生动物争湿地

多年来，由于林业等行业部门的宣传，对于黑颈鹤等珍稀野生动物种类的保护观念已经深入人心。但是对于野生动物所生存的自然环境保护，却无法在短时间内，提高到与野生动物保护同样的地位。尤其是沼泽湿地保护困难较大，因为湿地保护及湿地的重要价值，也仅仅是进入 20 世纪 90 年代后才逐渐被重视。更重要的是，沼泽湿地与人类社区关系相对紧密，对人类生产、生活的影响也相对突出。由于草本沼泽、沼泽草甸草场发育良好，群落覆盖度大，植物生长量较高，牧草品质好，所以牧区群众经常在此割草和放牧等，对黑颈鹤繁殖、栖息影响较大。

（3）围栏对野生动物的危害

围栏的高度一般在 1.2 ～ 1.5 m，有些围栏的铁丝上还缠上了刺丝。一是为了标识不同牧民承包草原的界线，二是限制自家牛羊的活动范围，而刺丝可以防止牦牛撞坏围栏。部分围栏建在藏羚羊的迁徙路上，发生过迁徙藏羚羊被围栏围困而找不到出路，甚至刮伤的事件。与此同时，围栏也导致连续生境的割裂和整体景观的破坏。加拿大国家公园的空间拓展见专栏 8-1。

专栏 8-1　加拿大国家公园的空间拓展

加拿大位于北美洲最北端，国土大部分位于北极圈内，是受全球气候变化影响最显著的区域之一。受气候变化影响最显著的是自然生态系统。为此，加拿大将完善国家公园的管理、提高自然生态系统的适应能力作为应对全球气候变化的主要举措。

孤岛式的保护区不足以维系长期的生物多样性。加拿大各地的公园和保护区机构正在努力增加受保护土地及水域的数量和规模。通过与当地人建立强有力的伙伴关系，当地社区、其他保护组织，以及各级政府、公园和保护区管理机构继续扩大公园和保护区面积。例如，2009 年加拿大纳汉尼国家公园保护区扩张了 6 倍，标志性的野生动物，如灰熊、林地驯鹿和野生大白羊将更加自由地畅游在北方山水中。

建立大的保护区将为更多的物种提供适应气候变化的空间，并增加野生动物种群延续的可能性。例如，英属哥伦比亚国家公园群（BC Parks）在北部增加了一个新的大型保护区，面积占该公园群的 60% 以上。

（4）土地整合的模式和建议

按照利益最大限度让渡当地居民、权利最大可能集中的原则，深入推进资源变资产、资金变股金、农民变股东的三变改革，为野生动物建构完整的生态系统，为当地居民创造富有活力的农村经济社会发展新动能。

以土地、水域等自然资源性资产和房屋、建设用地（物）、基础设施等可经营性资产的使用权评估折价变为资产，通过合同或者协议方式，以资本的形式投资入股企业、合作社等经营主体，享有股份权利。完成农民土地承包经营权、农民宅基地使用权、农民在宅基地上自建住房产权确权颁证，有序推进农村土地流转，鼓励土地承包经营权依法、规范向专业大户、家庭农场、农民专业合作社、产业化龙头企业流动。围绕构建新型农业经营体系，壮大村级集体经济，赋予农民更多财产权利。建成县级农村产权交易中心、乡（镇）和村土地流转服务中心。开展水利、荒地经济管理模式改革，引导农村集体资产有序流转。

第 9 章

色林错－普若岗日国家公园
智慧化管理平台开发报告

9.1 建设目标要求

色林错－普若岗日国家公园智慧化管理平台（以下简称"智慧管理平台"）是集生态保护与资源开发于一体的智能化平台，通过建设国家公园数据与技术标准，整合来自不同网络、不同结构、不同层面的国家公园相关数据资源，形成数据兼容、资源共享的国家公园大数据资源池。依据国家公园管理需要，建设虚拟公园、智能导览、生态管理和应急管理等应用功能模块，改变传统的生态管理模式、旅游服务理念和经营方式，提高国家公园的管理运行效率。

智慧管理平台主要服务于国家公园管理部门，以及公园内的居民、游客、商家，在技术上立足于云计算、物联网、虚拟现实技术等新一代信息技术，依托互联网或移动互联网等现代通信技术，借助便携式智能终端设备（如智能手机、平板电脑等），实现对国家公园生态环境动态监测和管理，实现国家公园旅游的智慧服务，实现对地方产业发展和牧民增收的管理服务支撑。

9.2 国外平台调研

9.2.1 国外国家公园综合管理平台功能调研

为将智慧管理平台系统建设成为世界一流、最先进的国家公园管理工具，对丹佛国家公园和美国黄石国家公园网站系统进行功能调研，使智慧管理平台既要满足上述两个网站系统所具备的功能，又能融入当下互联网软件平台的智慧化功能，更好地服务于色林错－普若岗日国家公园管理。

上述两个国家公园的主要功能简介如下。

1）门户展示：向公众提供公园景区介绍、优质旅游路线推荐、信息公告发布等功能。公众可通过网站系统获取文字、图片、视频等形式的公园资源信息，以及园内各景点的注意事项、服务指南、联系方式等公告信息。

2）旅游线路规划：根据选择的景区和参观偏好，系统自动地为游客制定旅游路线，并提供相应景区的门票、酒店等在线预订功能。

3）酒店预订：结合规划好的旅游路线，智能推荐优选酒店，提供公园景区酒店查询、预订、支付服务，能浏览各酒店可入住的房间数量、价格、折扣、位置、星级等。

4）景点门票预订：可在线查看景点门票信息，并完成预订支付。

5）美食推荐：特色美食信息推荐，以及美食故事介绍。

6）地图导览：调用地图显示酒店、美食、各主要景点位置信息。

7）信息交互：多种内容分享方式，Facebook、Twitter、Youtube、Instagram、Pinterest等多种自媒体登录和分享方式，以及电子邮件分享好友。

8）优选信息推荐：景区特色活动推荐、趣味故事分享、游客旅途信息分享。

9）团体游方式介绍：介绍团体游的方式、服务，注意事项。

10）购物信息：线下商场的信息展示，可在线完成商品的购买支付。

11）生态资源分布：生态资源分布概况图，基本静态呈现河流、水系、山川、湖泊、动植物资源分布等。

上述两个国家公园网站系统提供的功能以景区资源和服务信息为主，其中加入了简单的交互式地图功能和在线支付功能，为游客在公园内的"吃住行游购娱"提供导航和预订的便捷化操作。在旅游线路的制定方面，网站允许游客自由地选择时间、地点和兴趣偏好，但选择范围局限于公园管理方的既定方案。

9.2.2 色林错－普若岗日国家公园综合管理平台功能调研

2018年7月2～12日，课题组成员赴那曲市及其西部的班戈县、尼玛县、双湖县、申扎县，对智慧管理平台建设工作进行需求调研和功能调研。调研对象包括政府部门、公园居民、游客、商家，基于调研，色林错－普若岗日国家公园地方需求总结如下。

1）在旅游路线管理方面，色林错部分景区位于生态保护区，游客不得擅自离开道路进入景区内部。自驾游客只能在沿途进行观光，因此游客较少在该地区停留，多为过路游客。在智慧管理平台需求方面，一方面引入智能导览模块，满足游客的多样化的游览需求，同时严格管控游客的游览路线；另一方面引入虚拟景区模块，利用先进的技术，如虚拟现实技术、全景照相技术，让游客得到"身临其境"的体验。

2）在旅游基础设施方面，色林错景区周边乡镇基础设施较差，多数乡镇仍存在供电不足或尚未通电的情况。受限于环保政策、旅游资源、地理位置等因素，这些乡镇无旅游接待能力或接待能力较为薄弱。景区周边乡镇居民多为牧民，大批牧民外出放牧，容易造成旅游接待人力不足。在人力物力有限的条件下，依托系统平台统筹管理当地旅游资源，将大幅提高景区的旅游服务效率。

3）在应急管理方面，游客遇到的危险主要是交通道路风险，如交通事故、车辆故障等，主要由事故附近的公安部门和医疗卫生部门负责救援，多数游客遇到危险后的首选求救方式为拨打110，当地公安部门在110指挥中心的调度下完成救援。尽管道路两侧有附近公安局的报警救援电话，但利用效率较低。此外，县城和乡镇的医护条件十分有限，均存在医护人员不足、设备不足、设备落后等问题，只能进行简易的处置。将应急管理模块引入智慧管理平台，实现精准救援，对保障公园游客安全和提高公园管理方救援效率至关重要。

4）在生态管理方面，目前生态数据存储与分析手段还处于纸上办公向电子办公的过渡阶段，数据较为碎片化，难以统一管理。当地环保部门希望借助网络平台完成数据的管理、分析、发布、可视化等工作，但限于财力、物力等，进展较为缓慢。

智慧管理平台系统在满足上述两方面系统功能的基础上，还应该结合当地特色和自然保护区管理的相关规定，利用先进的技术手段，在功能设计和实现上有所创新。智慧管理平台系统的优势功能设计如下。

虚拟景区：色林错地区部分景区位于自然保护区的核心区域，只允许游客在沿途进行观赏，无法进入景区内部。为向游客全面展示色林错地区的风貌，该平台系统引入虚拟景区模块。一方面系统平台提供了视角可控的全景影像功能，游客可以在电脑或移动设备上进行深度观赏；另一方面，借助外接虚拟现实设备，系统还能为游客打造亲临实景的新型观景体验方式。此外，该模块还提供交互式地图功能和定位服务，在游客无法进入景区的情况下，可以借助虚拟景区提供的模块快速知道自己所处位置及周围景观、景物、设施的名称，并获取相关文字、图片、视频资料。

智能导览：色林错－普若岗日国家公园所处地区在西藏生态保护体系中具有重要的地位，游客数量过多、自驾游客私闯保护区将对该区域生态环境管理造成很大压力，同时也带来了环境破坏的风险。另外，色林错地区景点之间相距较远，游客在时间有限的条件下，需要更科学的时间管理和路程规划。因此，本系统利用云计算、大数据等技术手段，根据旅客数量、交通方式、旅行时间、预算和偏好等智能地为游客规划旅行路线，推荐与推送酒店、食宿、购物、门票等。借助卫星定位系统，实时监控游客位置及其游览轨迹，防止游客偏航，在游客不能按计划完成游览时动态调整游览路线，当游客私闯保护区时对其违法行为进行记录并发送警示通知。

生态监测与管理：色林错广袤的土地上分布着大量珍稀生态资源，这些资源有重要的科考价值和观赏价值，同时也是重点保护对象。为辅助公园管理方高效地监测并管理景区生态资源，本系统设立了生态监测与管理模块，以交互式地图与图标相结合的方式，定制开发可视化功能组件，如地图热图、地图图表、线图、柱图、饼图、雷达图、仪表图、甘特图、网络图等，实现生态资源的分布概览与指标监测。本系统还能对生态容量进行动态监测预警，如人口容量、游客容量、畜牧容量等。当某一地区生态承载力临近警戒线时，系统自动向公园管理员发送警戒信息，公园管理方可通过系统选择性地关停该地区的线上服务功能，并向系统各类用户发送通知。

应急管理：为保障游客安全，提升公园应急处置效率，本系统为游客及公园管理方提供了应急管理模块。游客在遭遇险情时可通过系统发送救援信息，系统根据游客的位置及险情类型，智能判断救援方式：①通过定位功能向游客推送周边的救援设施（警察局、救助站、医院），引导游客自救；②向附近游客推送救援通知，在安全的前提下呼叫其他游客协助；③呼叫公园管理方进行救助。公园管理方在接到救援信息后，可根据险情类型在系统中部署救援，并实时监控救援进展情况。公园管理方还可以根据险情的程度选择是否停止险情发生区域附近的线上线下服务功能。

用户管理及行为分析：系统用户角色分为游客、商家、公园管理员、系统管理员四类。该模块用于界定用户权限，手机各类系统操作数据。此外，该模块收集并分析游客的行为数据，利用大数据分析手段绘制游客的数据肖像，为公园管理和提升服务质量提供决策基础数据支撑。

信息交互：利用移动端定位服务，允许游客对正在浏览的景区拍照并上传、分享、点赞及评论，同时会在地图和全景图中展示其他游客上传的信息。系统后台利用文本挖掘技术对游客评论内容进行分析，刻画游客信息全貌，深度挖掘游客行为偏好，为公园管理方合理布局旅游资源提供有力支撑。

公共交流平台：方便游客组织相同爱好者共同出游，"结伴同游"如帐篷客、背包游；建立完善的旅游交流论坛评价，方便游客交流分享旅程经历，并提供意见和建议。将 GPS 定位数据及时发布到公共交流平台上，以便搜寻团友位置。

9.3　建设目标

在信息化时代，人们了解信息的方式大部分是通过互联网，这使智慧旅游产品的设计开发显得尤为重要。智慧管理平台的设计和开发，能改善色林错－普若岗日国家公园旅游体验，提升公园的管理运行效率，并服务于公园发展战略决策。通过系统架构、功能模块设计及部署开发，将智慧管理平台系统建设成为世界一流、最先进的公园智慧管理工具，为青藏高原国家公园（群）智慧化管理提供借鉴。

智慧管理平台可以为用户提供全方位的旅游服务、生态管理、应急管理及其他基础服务，其中旅游服务主要包括智能导览、酒店预定、商旅管理、休闲度假、旅游信息和商户信息等旅游服务，做整个旅游行业上下游信息的整合者。未来的旅游业发展将更加人性化，人们出行的需求将最大限度地得到满足，生活在城市中的人随时可以通过智慧旅游来排解工作中的压力。旅游者可以不出家门就能全面了解旅游目的地的信息，预订并支付相关项目，在旅游过程中也可以随时了解最新信息，获得人性化的服务；旅游企业可以集思广益，塑造企业形象，提供最有价值的产品，获得更多的收益；管理部门可以全面了解顾客需求、旅游目的地情况和游客投诉建议，实现科学决策和管理。因此，在旅游服务模块开发方面，紧跟时代的步伐，充分利用现代科学技术，在架构设计中充分体现智慧化、智能化和科学化，使旅游服务和管理发生彻底的颠覆。

2018 年高分五号卫星发射，生态环境部是高分五号卫星的牵头用户。生态环境监测司负责人介绍，该卫星可获取从紫外到长波红外谱段的高光谱分辨率星载遥感数据，对内陆水体、陆表生态环境等地物目标，以及大气污染气体、温室气体、气溶胶等环境要素进行综合探测，将服务于我国环境综合观测对高光谱遥感数据的迫切需求，可为我国生态文明建设、提高我国在全球气候变化中的话语权等提供遥感数据支撑。当前时代的大数据，为生态环境智慧化管理提供了数据基础及可行的技术方案。智慧管理平台生态管理模块开发将充分运用大数据技术，为国家公园区域生态环境决策提供监管和决策支持等服务，提供生态环境全面监测数据库管理、生态资源动态监管、生态环境破坏监测预警，以及生态环境建设发展的决策支撑等具体功能。

色林错地区地广人稀，应急基础设施落后，自然灾害、事故灾难、公共卫生和社会安全事故等方面的突发事件应急力量不足。随着新时代的"智慧应急"结合"互联网+"、人工智能、物联网和大数据等新一代信息技术，深入研究设计适合色林错－普若岗日国家公园应急管理的智慧应用系统。应急管理系统模块建设主要围绕突发事故接报处理、跟踪反馈、协调调度、事后评估等业务系统，通过线上处理安排，结合事故进展情况，对事故影响范围、影响方式、持续时间和危害程度进行综合研判。根据相关应急预案体系设置管理处，利用对突发事故的研判结果，通过智能检索和分析，结合咨询专家意见，为公园应急管理部门提供应对突发事故的辅助决策方案。

9.4 设计原则

智慧管理平台架构设计，以国家公园管理局和地方管理相关部门的管理和服务职能要求为基础，结合国家公园所在地自然和人文资源条件设计相关功能模块，模块设计必须以服务平台用户为导向，以提升管理运行效率为目的。在设计中必须了解平台用户的需求，始终坚持以用户的需要为出发点，结合各方面用户的需求设计符合国家公园管理体制的功能。在设计中，必须把握好 3 个环节：了解各方面用户需求和规模，了解基础设施条件和运行环境条件，开发能满足多层次需求的个性化、多样化、内容丰富、新颖独特，带有趣味性、知识性、参与体验性的系统功能。为确保系统的建设成功与可持续发展，在系统地建设与设计技术方案时我们遵循如下原则。

9.4.1 统一设计原则

统筹规划和统一设计系统结构，尤其是应用系统建设结构、数据模型结构、数据存储结构及系统扩展规划等内容，均需从全局出发、从长远的角度考虑，注重各种信息资源的有机整合。

9.4.2 可扩展性和易维护性的原则

在设计时具有前瞻性，充分考虑功能的长期发展、系统升级、扩容、扩充和维护的可行性，尽可能设计简明，降低各功能模块的耦合度，并充分考虑兼容性。针对本系统涉及的服务对象多样化、业务繁杂的特点，要同时服务于政府、企业、社区民众、商户等，充分考虑如何大幅度提高业务处理的响应速度，以及统计汇总的速度和精度。

9.4.3 先进成熟性原则

系统构成必须采用国际主流、成熟的体系架构来构建，实现跨平台应用。确保能够适应当前科技的需求，满足移动设备、车载终端等多种终端使用需求，同时还要保证技术的稳定、安全性。

9.4.4 经济性和实用性原则

系统的设计实施要尽最大可能节省项目投资，设计系统性能优良，价格合理，具有较好的性能价格比，设计面向实际，注重实效，坚持实用、经济的原则，充分合理利用现有设备和信息资源，尽量降低建设成本。

9.4.5　可靠性和稳定性原则

在设计时采用可靠的技术，系统各环节具备故障分析与恢复和容错能力，并在安全体系建设、复杂环节解决方案和系统切换等各方面考虑周到、切实可行，建成的系统将安全可靠，稳定性强，把各种可能的风险降至最低。

9.4.6　安全性和保密性原则

系统设计把安全性放在首位，既要考虑信息资源的充分共享，也要考虑信息的保护和隔离；系统在各个层次对访问都进行了控制，设置了严格的操作权限；并充分利用日志系统、健全的备份和恢复策略增强系统的安全性。

9.5　平台架构设计

9.5.1　平台总体架构

采用 MVC 的架构方式，内部分模块进行设计与开发（图 9.1 和表 9.1）。总体结构清晰，最大限度满足后期需求扩展。通过模块划分，使得在更加规范的同时拥有更自由的接口，模块与模块之间的耦合度降低，单个模块的设计与开发保证复用性、可扩展性、可维护性。同时，模块化开发也有益于项目部署及任务的分配，降低系统集成复杂度，提高效率。

表 9.1　系统基础技术参数

架构方式	J2EE
核心框架	Spring，Struts
数据库	MySql
数据交互	JSON、ajax
核心技术	交互式数据地图、交互式数据图表、交互式全景影像、流程控制

9.5.2　功能模块介绍

基于智慧管理平台的整体架构，按照应用需求的次序及重要性，采取模块化的开发策略。根据各功能之间的业务逻辑，分三类模块进行开发：①基础模块：

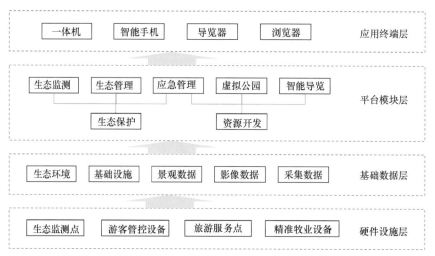

图 9.1　系统总体架构图

支撑平台运行的通用性模块。②核心模块：支撑平台业务的功能性模块。③拓展模块：服务于平台特色需求的定制化模块。开发过程中优先开发基础功能模块，重点完成核心功能模块。最终根据色林错－普若岗日国家公园各自的特点进行拓展开发。

1）虚拟景区：以地图的形式展示色林错－普若岗日国家公园的信息，在地图中加入旅游景点及旅游基础设施的标签，点击景点标签后呈现景区信息介绍及全景影像，点击旅游基础设施标签后根据标签类型展示相关信息。

2）智能导览：根据旅客点选的信息（如旅客数量、交通方式、旅行时间、预算、偏好等），智能地为旅客规划一条旅行的路线。路线中包含酒店、食宿、购物、门票等服务的推荐与推送。

3）生态监测：可根据甲方提供的数据预算法实现生态资源的分布概览与指标检测。分布概览为交互式静态展示，指标监测为交互式动态展示。展示方式可选地图热图、地图图表、线图、柱图、饼图、雷达图、仪表图、甘特图、网络图。

4）生态管理：生态监测信息的计算与分析模块，在模块中完成数据接口、算法接口，以及可视化组件的开发。

5）应急管理：实时监测灾难信息（地震、滑坡、崩塌、泥石流、游客遇难、野生动物遇难）。一旦发生此类事件，系统进行预警，并进入应急灾难救援界面。灾难救援界面可展示灾难事件周围一定范围内的救助设施（警察局、救助站、医院）。在一定的流程控制下，公园管理员可在系统中部署救援。

6）用户管理：系统的用户角色分为游客、公园管理员、系统管理员三部分。该模块用于界定用户权限，手机各类系统操作数据。

7）信息交互：利用移动端定位服务，允许游客对正在浏览的景区拍照并上传、分享、点赞和评论，同时会在地图和全景图中展示其他游客的交互信息。

8）数据管理：系统后台管理，包含系统中各类数据的更新及维护工具。

9.5.3　主要功能

1. 智能导览

1) 旅游线路规划：结合交通、景点容量，依据个人偏好，智能规划线路，生成旅游线路之后，类似于导航功能，辅以实时监控并提醒。

2) 路线动态调整：在游客不能按计划路线完成游览时，系统根据游客的位置和时间对后续行程做动态调整。

3) 酒店预订：结合规划好的旅游路线，智能推荐优选酒店，提供公园景区酒店查询预订支付服务，能浏览各酒店可入住的房间数量、价格、折扣、位置、星级，可通过 VR 全景查看酒店设施概况。

4) 电子商务服务：游客通过智能服务平台即可在线完成网上预订、服务、支付，丰富旅游线路产品，包括门票、租车、车票、酒店、美食等。

2. 生态监测

1) 生态资源现状：生态资源的分布概况图，实现分层展示（包括河流、水系、山川、湖泊、动植物资源分布等）。

2) 生态资源监测：动态显示监测数据，以及监测点分布、生态环境监测（草地、冰川、水系水质、野生动物种群等）。

3. 生态管理

生态容量的动态展示，人口容量、游客容量、畜牧容量，根据生态容量的承载力有不同颜色预警展示。当生态容量超过警戒线时向公园管理员发送警示信息。公园管理员可在系统中开放和关停相关景区的线上、线下服务。

4. 应急管理

对园区客流进行监控，并及时发布给游客，方便游客合理安排游览顺序；景区资源管理，方便游客查找周边旅游服务设施；景区应急灾害处理，根据灾害情况和救援难度进行分级，智能制定救援方案，保障游客安全，提升应急处置效率，系统提供以下三类救援方案。

1) 游客自救：为游客推荐附近的救援站、医院、警察局、加油站的位置及联系方式。

2) 游客互救：将游客的求救信息推送至周边游客，在保障安全的前提下引导其他游客实施救援。

3) 专业救助：呼叫公园管理方进行救助。公园管理方在接到救援信息后，可根据险情类型在系统中部署救援，并实时监控救援进展情况。

4) 灾害阻断：公园管理方可以根据险情的程度选择是否停止险情发生区域附近的线上线下服务功能。

5. 虚拟公园

1）旅游资源位置及介绍，包括自然资源、人文资源。

2）实现三维虚拟导游导览系统，运用三维技术打造"3D虚拟景区体验"，实现VR全景体验、电子导游等，使游客通过智能移动终端设备即可体验，如景区的视频介绍和不同季节的风景。

3）旅游服务设施的实时展示，旅店、饭店、厕所、旅游服务点。

4）旅游综合服务：交通实时展示、景区游客量。

6. 景区服务

在景区，通过GPS定位后，在智能终端设备上显示网络地图，游客通过地图即可获知景区全貌，在屏幕上查看感兴趣的点，也可以获得关于兴趣景点的位置、介绍、图片、视频、评价等信息。

7. 智能交通

游客在前往目的地的途中，通过GPS定位后的网络地图可以主动弹出方式提示游客道路前方的拥堵情况、距离加油站公里数、停车位情况。

8. 天气预报

查看旅游行程中所涉及的所有景区天气，并且24 h即时更新，如有天气骤变，智能终端将以主动弹出的方式提醒游客。

9. 信息更新

及时更新相关信息，并及时发布于智能终端设备的网络地图中，如实时查看景区景点人流量及排队情况，并且可以满足游客随时随地查询最新信息。

10. 信息交互

1）建立公共交流平台，方便游客组织相同爱好者共同出游，"结伴同游"如帐篷客、背包游；

2）建立完善旅游交流论坛评价，方便游客交流分享旅程经历，并提供意见和建议；

3）将GPS定位数据及时发布到公共交流平台上，以便搜寻团友位置。

9.6　智慧公园系统

智慧管理平台智慧公园系统服务包括游客出行之前、游行过程中和行程结束后的全流程服务。在游客出行之前国家公园只是旅游者心中的一种印象，通过平台对景区资源、管理信息、服务设施的"文字＋图片＋实景视频"进行全方位展示，使得游客系统了解国家公园基本情况，增强对游客的吸引，形成对国家公园旅游目的地的基本游行意愿；在游行过程中，包括出行行程规划、票务预订、智能导览、实时分享等，给游客提供全程的便捷性、智慧化、安全可靠的体验；旅游行程结束后，旅游者可以通过平台分享心情、交流旅游经验，给管理部门提供建议。通过智慧管理平台的智慧公园系统，使游客从一开始就了解到返回居住地实现旅游全过程智能化服务。

9.6.1 平台系统特征

（1）多终端平台接入

平台用户主要为准备出游去色林错 – 普若岗日国家公园的游客，以及需要查询相关色林错 – 普若岗日国家公园信息的潜在游客。通过多种智能移动终端设备，如智能手机和平板电脑，登录平台系统。平台终端包括手机 APP、浏览器端及园区导览屏。

（2）旅游全程精准服务

游客在游览前进行必要信息的搜索，了解景区的资源状况、服务设施状况及其他拓展信息，依托对信息资源的了解制定符合自己预期的旅游路线。

在游览途中通过已连接互联网的终端设备，对游客进行 GPS 卫星定位，定位以后，旅游服务商就可以为游客提供只符合定位后游客自身情况的、旅途中所必需的、完全针对定位游客的专门化的、完全个性化的服务。配以网络地图，游客可以随时了解跟自己相关的服务信息，也可以设定自己的兴趣爱好点、旅行需求等。

在游览后进行意见建议等信息的反馈，在各类论坛进行互动交流。

（3）智能化个性定制

所有设定的兴趣爱好点和旅行需求都将被发送到云计算中心，云计算中心储存有丰富的信息，通过将各类信息进行筛选、分类、深度挖掘，找出符合游客需求的信息，以及旅途中所必需的信息，通过物联网实现"物与物""物与人"，以及所有的事物与网络的连接，发送到游客的智能终端设备上，并以主动弹出的方式呈现给游客，游客查看感兴趣的对象（景区、预订、娱乐、活动等），可以获得关于兴趣点的位置、介绍、图片、视频、评价等信息，深入了解兴趣点的详细情况。例如，自驾车游客在前往旅游目的地途中会被提示交通拥堵情况、加油站分布情况、停车场情况等信息。游客进入景区后，会被提示每个景点的人流情况、排队情况等。

（4）游客数据肖像

在游客使用系统的过程中，系统后台采集并记录游客的基本信息与行为数据。行为数据包括游览轨迹、逗留时间、信息浏览痕迹、消费对象及金额、评论等信息。通过将游客基本信息数据与行为数据相融合，构建反映游客信息全貌的数据肖像，提供数据分析工具深度挖掘不同类型游客的偏好和游览习惯，一方面为打造精准化旅游服务产品提供支撑，另一方面为公园管理方合理布局旅游资源提供决策支撑。

9.6.2　全过程服务设计

（1）出行之前——虚拟园区

"虚拟景区"是对国家公园景区资源的平台可视化展示，包括人文景观、自然景观等所有景点的基本信息，以及科普类延展的文字信息、图片和视频，以平面图和卫星图两种方式直观展示园区的所有旅游信息，在游客出行之前，了解色林错－普若岗日国家公园旅游资源分布、景区详情、服务设施状况（图 9.2）。

图 9.2　虚拟园区界面

景区虚拟体验，通过地图选择想要浏览的景区，获取包括位置、面积、景点分布、游客量、票价信息等在内的景区基本信息。可以进一步观赏景区的视频，包括鸟瞰全景视频、特色景点视频、夜景及不同季节视频，给游客一种身临其境的全面体验。

景点 VR 全景观赏包括场景选择、场景分享、地图导航、音乐配合、上下左右欣赏角度的选择、自动旋转。VR 全景视频通过独立弹窗的形式播放，需佩戴专业 VR 眼镜观赏，不影响过往的浏览顺序。可随意切换并欣赏其他感兴趣的场景全景（图 9.3）。

（2）行程中——旅游智能导览

通过"智能导览"模块，为游客提供深度的个性化旅游定制服务。结合交通状况、景点容量、服务设施，提供智能线路规划，包括旅游路线的规划、推荐，门票的预订、酒店或者露营点的推荐，且行程规划方案支持一键导出到移动设备，便于游客随时随地查看（图 9.4）。

图 9.3　虚拟现实（VR）场景展示

图 9.4　智能导览主界面

平台系统会智能推荐当下人气最旺的旅游信息。选择每个旅游景点后，平台都将在地图上智能显示行程距离、路线和游览所需的时间，并通过行程定位功能模拟行进路线自动演示。

任意选择两个及以上旅游景点，平台系统均会智能化推荐最优的导览路线。例如，遇门票售罄情况或自然灾害发生等情况，平台系统会智能化提示并暂时关闭景点游览选择选项（图9.5）。

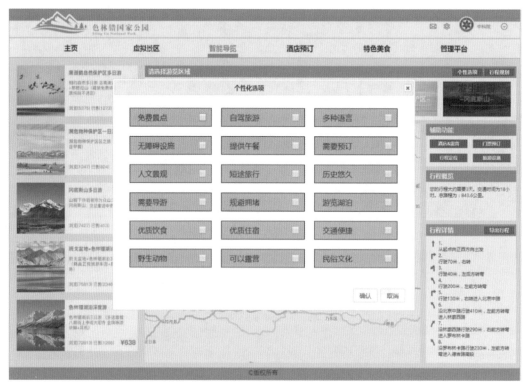

图 9.5 旅游活动的个性化定制

"门票预定"功能，在行程规划之后，平台系统会根据智能导览路线，优选门票相关信息，帮助用户在线完成已选景区的门票预订及支付过程，无须再到线下购买门票。

（3）行程中——动态管理

平台系统会根据智能导览路线，为想要入住或者自助游的游客，智能化推荐景区内沿途合适的酒店或者露营地，供用户自由选择，并且实时显示可入住的酒店剩余房间数（图9.6）。

（4）行程中——实时定位

为保护用户的游览安全，平台系统可实时追溯游客行踪，在地图上实时提醒游客所处位置。例如，游客偏离既定路线，系统将发出安全提示（图9.7）。

（5）行程中——酒店预订

"酒店预订"功能方面，平台系统会智能推荐热门的酒店信息，包括酒店的具体分布、

图 9.6 酒店与露营点推荐

图 9.7 行程实时定位

人群集中度、酒店星级、推荐指数、用户评论等。可在线查看酒店的地理位置、酒店详情、酒店全景，并在线完成预订和支付。

　　针对用户的不同需求，平台系统支持自定义的条件筛选，根据目标景区、入住日期、退房日期、酒店级别进行定制化搜索（图9.8）。

　　酒店定位功能方面，方便用户在线查看酒店具体的地理位置分布信息。为更好地服务用户，平台系统提供了酒店全景功能，使用户可以身临其境地感受酒店内部环境，即使相隔很远，也可以第一时间选择心仪的酒店入住（图9.9）。

图 9.8　酒店分布及旅客数量热图

图 9.9　酒店全景展示

（6）行程中——特色美食

特色美食方面，平台系统根据旅游路线，智能推荐可选择的餐厅，呈现不同餐厅的特点及特色推荐菜式，有不同国别、不同菜系可供选择，满足旅游者多样化需求（图 9.10）。

（7）行程后——交互分享

游客完成行程之后，可以通过交互论坛、微博分享游行经验，也可以向管理部门提供建议（图 9.11）。

图 9.10　特色美食

图 9.11　游记分享

9.7　综合管理系统

综合管理系统是针对色林错－普若岗日国家公园管理员开发的平台子系统，具体包括生态资源监测、生态管理、应急管理等功能。需要凭用户名、密码进行安全登陆（图 9.12）。

图 9.12　管理平台

9.7.1　生态资源现状

为能够更清晰地了解生态资源分布概况，平台系统以动静态结合分层展示生态资源信息，包括动物、野生动物、冰川、草地、湖泊、山川、植物、河流等资源分布信息，属性包括时间、经纬度、资源的数量情况（图 9.13）。

生态资源还可以按照特征进行资源分类，并以热能图的形式在平台上显示出来，便于更加直观地了解生态资源信息（图 9.14）。

9.7.2　生态资源监测

提供生态资源的现状分布情况，以及实现动态的实时监测，便于色林错－普若岗日国家公园随时掌握生态资源分布变化情况。系统提供预警模式，利用不同颜色，在标准范围内显示（图 9.15）。

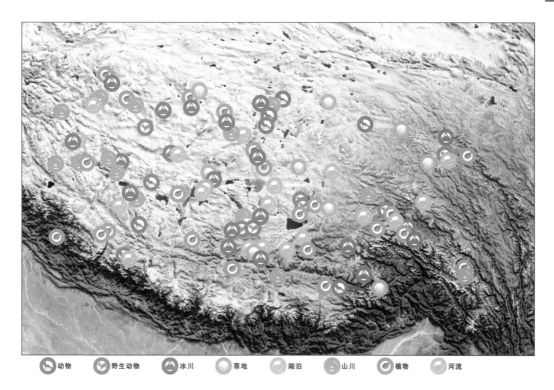

动物　野生动物　冰川　草地　湖泊　山川　植物　河流

图 9.13 生态资源现状分布

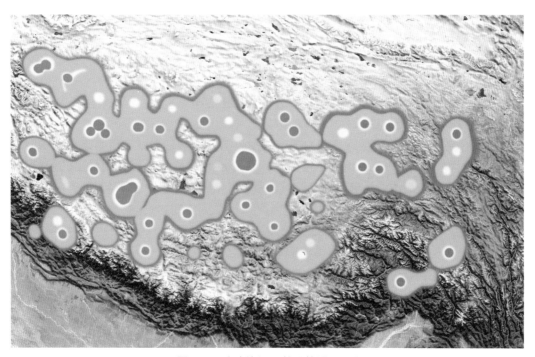

图 9.14 生态资源现状（热图展示）

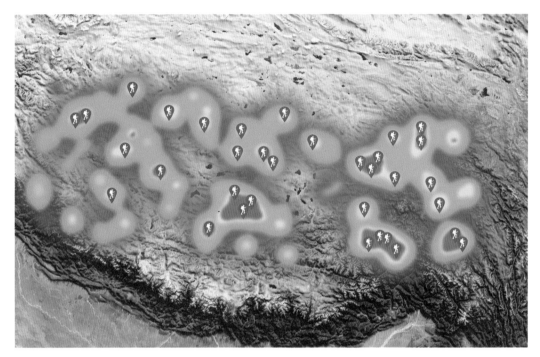

图 9.15　生态资源监测

9.7.3　应急管理

应急管理模块，用于景区客流监控，并及时将信息发布给游客，方便游客合理安排游览顺序；景区资源管理，方便游客筛选旅游目的地；景区应急灾害处理，方便游客联系相关应急处置部门，使各种突发状况能够快速得到解决（图 9.16）。

1）自然灾害应急：地震、滑坡、崩塌、泥石流等；

2）灾害点实时监控：灾害情况监测分级、救援情况等；

3）野外紧急救援：救助站、医院、警局。

应急管理模块一方面为游客提供安全提醒，防止游客遇险或者游客遇到危险时及时对其进行救助；另一方面游客遇险时可通过移动智能终端迅速找到最近的避难所、急救站等，方便救援力量迅速确定遇险游客位置，对其实施有效救援。

9.8　平台的智能化说明

1）平台提供了智能地图的功能，游客可在到达公园之前，通过平台对公园的景区、旅游基础设施、路线等内容有多方位的了解和体验。游客可通过平台寻找附近的旅游基础设施，如酒店、餐馆、加油站、汽车修理厂等。

2）平台提供了全景及 VR 展示模块，游客可通过 VR 设备在足不出户的情况下体验公园景色及旅游基础设施内景。

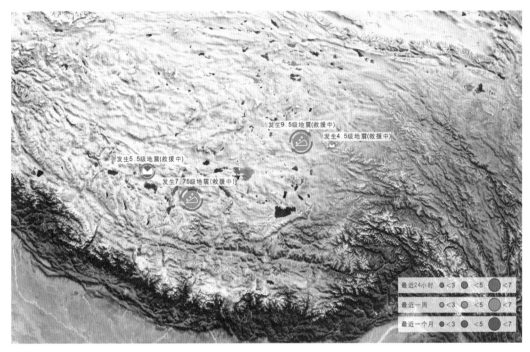

图 9.16　应急管理模块

3）游客在公园游览过程中，不仅可以体验景区当前的景色，还可以通过平台的全景及 VR 模块体验景区不同时节的景色。同时平台还集成了智能导游功能，可根据游客所处地理位置智能地为游客进行讲解。

4）平台可帮助游客智能地指定旅游路线，平台可根据游客选取的偏好、兴趣标签（如是否交通便捷、是否规避拥堵等）、预游览景区等信息，自动地规划出一条最优的旅行路线。同时，平台还为出行的游客提供门票预订、住宿推荐、行程定位等流程化服务。此功能一方面使得游客在出行前就获得了旅游的全部信息和凭证，另一方面也使得公园管理方能够更好地配置与管理旅游资源。

5）平台统一管理公园的旅游资源，一方面可控制旅游资源是否对游客开放，另一方面可实时监控游客行踪，以免游客进入不对外开放区域。此功能可大幅降低游客安全风险和生态资源遭到破坏的风险。

6）公园管理者可通过平台查看多种生态资源的分布状况（如野生动物、草地、植物等），从而能够更好地统筹旅游资源、监测生态资源、预防资源破坏。平台还提供了生态资源监测的接口，可实时向管理者展示生态及旅游资源分布情况，并预警生态风险。

7）当紧急情况发生时（如地震、滑坡、游客遇险、野生动物偷猎等），平台将及时发出预警，并提供紧急救援的操作面板及推荐的救援方案。管理者可在平台上部署救援资源（如警察局、医院、救助站等）到达紧急情况发生地。同时，管理者还可依靠平台查看过往紧急情况的救助情况案例，提供应急决策参考。

第 10 章

环境影响评价与效益、风险评估

10.1 环境影响评价

10.1.1 环境影响分析与预测

色林错－普若岗日国家公园建设的环境影响主要包括：访客接待设施对草地、湿地的占用；访客活动对藏北高原野生动植物的干扰；访客废弃物排放对环境的污染。

1. 访客接待设施对草地的占用

道路、停车场、观景平台、厕所、营地、服务驿站等是色林错－普若岗日国家公园内的必要性访客接待设施。根据上文的色林错－普若岗日国家公园的功能分区，在国家公园建设中，游憩展示区的面积最多不超过国家公园总面积的 6.8%，在游憩展示区内配置必要的游客设施。预计需占用草地资源的各类主要旅游接待设施的总占地面积不超过 25.61 hm^2。

道路对草地的占用。目前，各游憩点均已有硬化铺装车道，或已有基础路基条件，这些道路同时也是当地群众的通行道路。因此，旅游机动车道将不再额外占用草地。在色林错－普若岗日国家公园建设中，需新设置一些游步道体系，会占用一定草地。根据对当前色林错区域游客意向的初步调查，合理的行游比应不低于 1/4，即设游客在公园内每天的旅行时间为 10 h，则游憩时间应不少于 2.5 h。公园内平均车行速度约为 60 km/h，游客游憩行进平均速度约为 2 km/h。根据对公园内主要旅游接待点之间距离的估算，公园内的游憩公路约 2500 km，则公园内至少应有 20.8 km 长的游步道系统。其中约一半游步道可依托已有聚落、街道等进行设置，另外约 10.4 km 长的游步道需占用草地进行设置。游步道的平均宽度约为 2.0 m，则设置游步道需占用 2.08 hm^2 的生态草地。

停车场对草地的占用。根据上文对公园内合理游客容量的测定，整个国家公园区域的旅游日空间容量不能超过 7000 人。每辆旅游车平均载客 2.5 人，则公园内每天的旅游车辆约有 2800 辆的停放需求，每个车位的面积约为 35 m^2（包括公用空间）。设其中一半停车空间依托现有聚落等进行设置，另一半停车空间需占草地空间，则停车场需占用 4.9 hm^2 的草地。

观景平台对草地的占用。根据对游客行游比的调查，每天应为每位游客提供至少4 处观景平台，参照《风景名胜区总体规划标准（GB/T 50298—2018）》，观景平台的人均占用标准按 30 m^2/ 人计算；根据对游客平均观景停留时间的调查核算，观景平台每天的使用频次按 15 次计算，则观景平台占地面积最多约为 5.6 hm^2，这些观景平台基本上均需占用草地进行设置。

厕所对草地的占用。厕所建设占地面积参照云南省地方标准《国家公园建设规范（DB53T 301—2009）》中厕位按访客日容量的 2% 的标准，以及《旅游厕所质量等级的划分与评定（GB/T 18973—2016）》中三星级厕所厕位面积约 4 m^2 左右的标准进行预估。设其中一半厕位依托现有聚落进行设置，则厕所建设需占用草地 0.28 hm^2。

营地对草地的占用。根据对游客住宿意愿的初步调查，在各类住宿设施中，营地的使用概率约 35% 左右；根据对已有营地的调查，营地硬化建设区的人均占用面积不宜少于 $50m^2$。则营地建设的占地面积最多约为 $12.25\ hm^2$。

驿站对草地的占用。根据对游客使用驿站意愿的调查，平均每位游客每天会使用驿站 2 次左右；参照餐饮场所运营情况，每位游客使用的驿站面积应不小于 $5\ m^2$；根据对途中接待点游客停留时间的调查核算，驿站每天的使用频次约为 7 次左右。设其中一半驿站依托现有聚落进行设置，则旅游驿站建设最多需占用草地 $0.5\ hm^2$。

2. 访客活动对高原野生动物的干扰

根据初步调查估计及对当地野生动物保护工作者的访谈咨询，藏羚羊、藏原羚一般会与人（车辆）保持 50 m 左右的警戒距离，黑颈鹤、藏野驴、藏牦牛一般会分别与人（车辆）保持约 70 m、150 m、400 m 左右的警戒距离。雪豹、棕熊一般与人保持的警戒距离尚无法估计。设道路上有游客流动的时间占全年时间的 1/3，则游客在旅游道路中的流动使藏羚羊、藏原羚活动空间的减少量约相当于 $4180\ hm^2$，使藏野驴活动空间的减少量约相当于 $12540\ hm^2$。藏牦牛分布区约占整个国家公园面积的 33% 左右，则游客在旅游道路中的流动使藏牦牛活动空间的减少量约相当于 $11050\ hm^2$。黑颈鹤只分布在整个国家公园 5.65% 的范围内，则游客在旅游道路中的流动使黑颈鹤活动空间的减少量约相当于 $330\ hm^2$。

3. 访客废弃物排放对区域环境的污染

第一，草原区域，游客人均垃圾、污水排放量为 0.38 kg/（人·d）、140 L/（人·d）。每吨垃圾、每立方米污水的处理成本分别为 50 元、3.6 元。

第二，草原区域，游客每天的人均能耗约为 7.32 kg 标准煤，每燃烧 1 t 标准煤排放 CO_2 约 2.6 t，SO_2 约 24 kg，NO_x 约 7 kg（孙琨和钟林生，2014）；每人每天使用交通工具行驶约 400 km，使用交通工具所产生 CO 的量为 0.46 g/km，所产生的 NO_x 的量为 0.03 g/km。CO_2、SO_2、NO_x、CO 的排污成本分别为 158 元/t、3000 元/t、4000 元/t、36 元/t。

根据上文，色林错-普若岗日国家公园的最大游客接待量为每天 7000 人，色林错-普若岗日国家公园访客废弃物排放所产生的最大环境影响预测结果见表 10.1。每天排污使环境所产生的损失约相当于 3.02 万元。

表 10.1　色林错-普若岗日国家公园访客每天排污所造成的环境影响

项目	垃圾	废水	CO_2	SO_2	NO_x	CO
废弃物排放量	2.66 t	980 m³	133.22 t	1.23 t	0.44 t	1.28 t
排放成本	133.00 元	3528.00 元	21049.39 元	3689.28 元	1770.72 元	46.37 元

4. 访客游憩对地方性传统文化的影响

访客的进入会对色林错区域传统文化造成冲击。第一，会使地方的一些传统文化受外来文化的冲击而逐渐改变；第二，当地居民传统的生活方式会逐渐改变；第三，随着客流量增多，商业设施的配置会使一些宗教场所的文化氛围受到干扰；第四，在旅游商业的影响下，部分地方居民的宗教信仰会变弱；第五，从事旅游运营及接待会使一些居民的传统生活方式发生改变；第六，会使有关社区居民的传统人际关系发生改变；第七，访客量的增多会对一些传统文化遗址的保护产生压力。

通过对双湖县某宾馆老板，以及双湖县、尼玛县旅游从业者的访谈调查，了解一线人员对旅游接待区传统文化受影响的感知状况，采用九度标度法分别评估色林错－普若岗日国家公园开发建设中"传统宗教信仰、传统生活方式、传统民俗文化、传统文化遗迹、传统人际关系"可能受影响的程度，得出上述各类传统文化的受干扰风险等级分别为 4、6、3、2、9。其中传统人际关系、传统生活方式受影响的可能性最大。

10.1.2 预防环境影响的对策

1. 严格控制

将访客活动约束在既定的空间范围内，如通过游览道路限定访客的活动范围，避免自驾游客随意驾车进入草地等。严格控制访客接待设施的规模，对游憩活动类型进行限制，对运营者行为、游憩者行为进行调控。对区内访客接待设施的色彩、体量等进行控制，防止其对野生动物造成干扰；各类游憩设施的建设要充分考虑野生动物活动的需求；需制定严谨可行的传统文化资源开发利用办法等。

2. 科学防治

对自然及文化环境承载力、访客规模等进行科学预测；采用科学合理的办法准确配置各类基础服务设施，避免造成不必要的空间浪费和生态干扰。采用科学监控方式，对访客的不恰当行为进行及时防范。使用高科技设施，对废弃物进行较彻底的消除等。

3. 妥善整治

及时对由修路等造成的草地植被破坏，采用妥善方法进行修复；及时对受污染威胁的水体进行治理；及时对访客等产生的废弃物进行清运和处理；对由于自然、人为原因而出现生存繁衍困难的野生动物给予妥善的救助和支援；对受到干扰的物质和非物质文化遗产实施妥善的恢复拯救措施。

10.1.3 环境影响评价的结论

第一，国家公园是一种生态空间的环境友好型利用方式，其倡导生态低碳的游憩方式，体现热爱自然生态的精神。但同时，国家公园开发会对自然生态环境造成轻度影响。

第二，通过严格控制、科学防治、妥善整治办法，可将色林错－普若岗日国家公园建设对自然生态所造成的轻度影响控制在一个可接受、合理的范围之内，在乡村聚落等空间环节，有望通过有效途径使游憩接待的环境影响接近零。

10.2　效益预估

10.2.1　生态效益

生态保护和恢复是建设国家公园过程中的主要任务，国家公园建设中的生态保护和管控会产生积极的生态效应。例如，青海省在建设三江源国家公园体制试点区过程中，组建了生态保护队伍、加大了管护力度，对山水林草湖自然生态空间进行系统性保护，在试点期结束前后，拟退牧还草 1285 万 hm^2，治理荒漠化土地 20 万 hm^2，治理水土流失面积 4.3 万 hm^2，植被平均覆盖度提高了 25 ～ 30 个百分点，保护湿地面积 20 万 hm^2，长江、澜沧江源区水质总体保持在 I 类水平，黄河源区 I 类水质河段将明显增加。三江源国家公园体制试点区建设将产生非常显著的生态正效应。

色林错区域的草原、湿地是世界上不多见的高寒绿色屏障，发挥着水源涵养、气候调节、生物多样性维护等重要生态功能；区内的普若岗日冰川是除南北极之外的地球上面积最大的冰川，为藏北区域众多河流、湖泊提供水源，具有重要的生态意义。但色林错区域目前也正面临生态退化问题，如安多县有可利用草地面积 8290 万亩，而极重度和重度退化草地面积分别占草地总面积的 2.6% 和 14.3%，中度退化草地面积占 20.5%，轻度退化草地面积占 26.7%，未退化草地面积仅占 35.9%。而事实证明，区内的草地生态可以得到相应恢复，如申扎县开展了大幅度禁牧、减畜措施，禁牧区草原植被覆盖度提高了 15 ～ 25 个百分点，植被平均高度提高了 3 ～ 8 cm，草地覆盖率平均由原来的 40% 提高到了 60% 以上。因此，色林错 – 普若岗日国家公园建设过程中的生态保护和恢复措施也必将改善和维护色林错区域的生态环境，产生显著的生态正效应。

1. 生态效益预估依据

色林错 – 普若岗日国家公园建设将主要对区内的草原、草甸、水域产生影响，进而产生相应的生态效应。本方案将从水源涵养、养分循环、土壤保持、空气调节、生物栖息地保护这几个方面，按照以下依据对色林错 – 普若岗日国家公园建设的生态效应进行预估。考虑到将来对废弃物排放的严格控制，将不需要草地等发挥废弃物处理功能，因此在衡量色林错–普若岗日国家公园建设的生态效应时，未考虑草地的废弃物处理功能。

另外，国家公园吸引来的访客将产生废气物排放，进而会产生相应的生态负效应。本方案基于人均废弃物制造量及废弃物治理成本来衡量访客进入所造成的生态负效应。

（1）水源涵养功能

根据相关研究，在藏北高寒草地区域，未退化、轻度退化、中度退化、严重退化高寒草原、草甸的水源涵养功能分别如表 10.2 所示。通过分析色林错 – 普若岗日国家公园建设中高寒草原、草甸的恢复面积及恢复程度，可量化评判公园建设所产生的水源涵养功能。

表 10.2　藏北高寒草地生态服务功能量表（刘兴元和冯琦胜，2012）

草原、草甸退化程度		水源涵养 $[m^3/(hm^2 \cdot a)]$	养分循环 $[kg/(hm^2 \cdot a)]$	土壤保持 $[t/(hm^2 \cdot a)]$	废弃物处理 $[kg/(hm^2 \cdot a)]$	灰尘滞留 $[kg/(hm^2 \cdot a)]$	释放 O_2 $[kg/(hm^2 \cdot a)]$	固定 CO_2 $[kg/(hm^2 \cdot a)]$	削减 SO_2 $[kg/(hm^2 \cdot a)]$
未退化	高寒草原	1500	421.0	350.8	27.7	30.0	130.9	95.6	15.5
	高寒草甸	2500	409.8	341.5	30.0	35.0	287.5	210.0	20.5
轻度退化	高寒草原	1350	391.3	326.1	25.8	20.0	63.4	46.3	10.2
	高寒草甸	2250	376.3	313.6	27.5	24.0	134.0	98.0	12.0
中度退化	高寒草原	1200	250.4	208.7	16.5	7.0	39.3	28.7	4.4
	高寒草甸	2000	268.3	223.6	19.6	10.0	82.0	60.0	4.4
严重退化	高寒草原	900	185.2	154.3	12.2	1.0	29.8	21.8	0.7
	高寒草甸	1500	221.9	184.9	16.2	2.0	63.0	45.9	1.1

（2）养分循环功能

藏北未退化、轻度退化、中度退化、严重退化高寒草原的养分循环服务功能分别为 421.0 kg/(hm²·a)、391.3 kg/(hm²·a)、250.4 kg/(hm²·a)、185.2 kg/(hm²·a)，未退化、轻度退化、中度退化、严重退化高寒草甸的养分循环服务功能分别为 409.8 kg/(hm²·a)、376.3 kg/(hm²·a)、268.3 kg/(hm²·a)、221.9 kg/(hm²·a)。据此，通过分析色林错－普若岗日国家公园建设中高寒草原、草甸的恢复面积及恢复程度，可量化评判公园建设所产生的养分循环服务功能。

（3）土壤保持功能

藏北未退化、轻度退化、中度退化、严重退化高寒草原的土壤保持服务功能分别为 350.8 t/(hm²·a)、326.1t/(hm²·a)、208.7t/(hm²·a)、154.3t/(hm²·a)，未退化、轻度退化、中度退化、严重退化高寒草甸的土壤保持服务功能分别为 341.5t/(hm²·a)、313.6t/(hm²·a)、223.6t/(hm²·a)、184.9t/(hm²·a)。据此，通过分析色林错－普若岗日国家公园建设中高寒草原、草甸的恢复面积及恢复程度，可量化评判公园建设所产生的土壤保持服务功能。

（4）空气调节功能

高寒草原、草甸的空气调节功能体现在灰尘滞留、释放 O_2、固定 CO_2、削减 SO_2 这几个方面，藏北未退化、轻度退化、中度退化、严重退化高寒草原、草甸的相应空气调节功能见表10.2，据此，通过分析色林错－普若岗日国家公园建设对高寒草原、草甸的恢复面积及恢复程度，可量化评判公园建设所产生的空气调节服务功能。

（5）生物栖息地保护功能

根据相关研究（谢高地等，2003），藏北高寒草原的生物栖息地服务功能所产生的价值为 205.11 元 /(hm²·a)，据此，通过分析色林错－普若岗日国家公园建设中高寒草原、草甸的恢复程度，并将恢复的草地面积折算为未退化标准草地面积，可量化评判公园建设所产生的生物栖息地服务功能。

2. 生态效应预估结果

色林错 – 普若岗日国家公园内游步道、观景平台、营地、驿站、停车场、旅游厕所等各类旅游接待设施建设最多需占用 25.61 hm^2 的自然草地。根据相关研究（鄢燕和刘淑珍，2003），色林错 – 普若岗日国家公园区域草地中高寒草原、高寒草甸占比分别为 75.7%、24.3%。设这些被占用的草地均会经过退牧还草等生态修复措施而变为未退化草地，则旅游接待对草地占用所造成的生态负效益如表 10.3 所示。若以 6.3 节第二种方案确定国家公园的范围，则国家公园内 12700 万 hm^2 保护核心区、17200 万 hm^2 生态保育区内的各类退化草地均会得到生态修复。根据那曲市农牧局资料，那曲轻度退化、中度退化、严重退化草地占比分别为 56.35%、34.55%、9.1%。另根据对申扎县、尼玛县农牧局从业人员的访谈调查，在禁牧状态下，轻度退化、中度退化、严重退化可分别在 5 ~ 10 年、10 ~ 15 年、20 年的时间内恢复为原生态状况。据此，可估算出色林错 – 普若岗日国家公园建设中草地生态效益变化情况，如表 10.3 所示。与国家公园建设所带来的草地生态正效益相比，旅游业所产生的草地生态负效应微小。

旅游接待设施会占用 25.61 hm^2 草地，参照相关研究成果，对草地的占用可使国家公园所在区域每年的生物栖息地服务功能减少约 0.53 万元。同时，若单从草地的养分循环功能来看，国家公园建设对草地养分循环功能的提升相当于至少增加了 6680 万 hm^2 的生态草地，则可使生物栖息地服务功能所产生的价值每年增加约 137 亿元。

10.2.2　社会效益

1. 社会示范方面的效益

基于国家公园的内涵特征，色林错 – 普若岗日国家公园建设可在"生态环境保护、生态资源管理、生态游憩服务、社会共创共享"等方面产生一定的示范效应，这几个方面属于生态文明建设的关键，因此相应方面示范效应的发挥有非常重要的意义。

色林错 – 普若岗日国家公园建设可探索并积累"草地保护与利用协调""草地修复技术""生态旅游管理""生态设施建设""社区居民参与"等方面的有益经验，对其他相关、类似区域提供经验借鉴。

2. 精神塑造方面的效益

通过建设色林错 – 普若岗日国家公园，可进一步培育和提升访客的生态文明精神境界、爱国精神境界，以及通过游历体验开拓生活境界等。初步调查结果表明，绝大多数到访者均认为色林错之行深化了其对国土空间的认知，使其热爱国土的意识得到强化；大部分到访者认为色林错之旅会强化其积极、乐观的生活信念；约一半的到访者认为色林错之旅使其心灵得到一定程度的净化，对健康和谐的人地生态关系、人际关系有了新的理解。

表 10.3　色林错－普若岗日国家公园建设过程中的生态效益表

草地变化情况		变化面积 (hm²)	水源涵养 (10⁸m³/a)	养分循环 (10⁸kg/a)	土壤保持 (10⁸t/a)	废弃物处理 (10⁸kg/a)	灰尘滞留 (10⁸kg/a)	释放 O₂ (10⁸kg/a)	固定 CO₂ (10⁸kg/a)	削减 SO₂ (10⁸kg/a)
被占用	高寒草原	19.39	-2.9085×10^{-4}	-0.8163×10^{-4}	-0.6802×10^{-4}	-0.0537×10^{-4}	-0.0582×10^{-4}	-0.2538×10^{-4}	-0.1854×10^{-4}	-0.0301×10^{-4}
	高寒草甸	6.22	-0.5550×10^{-4}	-0.2549×10^{-4}	-0.2124×10^{-4}	-0.0187×10^{-4}	-0.0218×10^{-4}	-0.1788×10^{-4}	-0.1306×10^{-4}	-0.0128×10^{-4}
轻度退化被修复为原生状态	高寒草原	12754.43×10^{4}	+191.32	+37.88	+31.50	+2.42	+12.75	+86.09	+62.88	+6.76
	高寒草甸	4094.22×10^{4}	+102.36	+13.72	+11.42	+1.02	+4.50	+62.85	+45.86	+3.48
中度退化被修复为原生状态	高寒草原	7820.15×10^{4}	+234.60	+133.41	+111.12	+8.76	+17.99	+71.63	+52.32	+8.68
	高寒草甸	2510.30×10^{4}	+125.51	+35.52	+29.60	+2.61	+6.28	+51.59	+37.65	+4.04
严重退化被修复为原生状态	高寒草原	2059.72×10^{4}	+123.58	+48.57	+40.47	+3.19	+5.97	+20.82	+15.20	+3.05
	高寒草甸	661.18×10^{4}	+66.12	+12.42	+10.35	+0.91	+2.18	+14.84	+10.85	+1.28
综合效益		—	+843.49	+281.52	+234.47	+18.92	+49.68	+307.83	+224.76	+27.29

注：国家公园内的生态游憩设施建设会占用少量草地；国家公园内草地的封禁保护及修复会使严重退化、中度退化、轻度退化的草地逐渐恢复成原生状态，从而使该区域产生更多生态效益。

3. 社区建设方面的效益

色林错 – 普若岗日国家公园建设将对色林错周边雄梅镇 3 村、6 村、8 村、10 村，马跃乡 4 村、5 村、6 村，门当乡 3 村等一些村落进行风貌改造，提升这些村落的景观质量；同时也将会提升相关城镇、村落电力、给排水、通信、环卫、医疗等基础设施的配置水平。同时旅游停车场、旅游驿站、旅游厕所、文化展示体验场馆等旅游服务设施也将向当地社区居民开放，使相应社区的基础设施配置水平得到大幅提升。

10.2.3　经济效益

1. 国家公园发展的收益前景与带动辐射链分析

旅游产业链条一般较长，涉及景点、交通、酒店、娱乐、商业等多个方面，影响范围广泛，除游客带来的直接影响以外，也包括生产者、批发商、零售商带来的影响。从客源地出发到旅游目的地的一次完整的旅游活动中包括多种旅游、娱乐要素。因此，国家公园的发展，除了直接的门票经营收入之外，对周边产业、经济发展有较强的带动作用。

国家公园发展的直接经济效益来自国家公园建立所带来的游客 在当地交通、住宿、餐饮、门票、能源等方面的消费。游客游览国家公园产生的经济支出会带来工作岗位的增加和人均收入的提高，而且将通过前向、后向、旁向等产业关联效应，给其他产业部门带来更多工作机会，丰富当地经济生活。就业率的提高、人均收入的增加带来的更多消费扩大了游客消费带来的间接影响，从而带动了整个地区的经济发展。

美国 National Park Service 公布的数据显示（图 10.1），2016 年美国国家公园游客消费约 18.4 亿美元，然而其中国家公园建立所带来的直接门票收入仅占总收入的 10.2%。另外，住宿及早餐支出费用为 5.7 亿美元，占游客总支出的 31%。餐饮为第二大消费支出，共消费 5 亿美元。2016 年美国游客消费为国家经济带来 19936.3 百万美元的附加收入，共 34878.3 百万美元经济产出。从就业上来看，2016 年美国国家公园的建立与游客消费共带来约 30 万个工作岗位，为全国劳动收入带来 12046.1 百万美元的增加值（表 10.4），特别是国家公园的间接经济收益与直接经济收益大体相当，彰显了国家公园拉动地方经济的潜力。

在我国，国家公园建设使得普达措国家公园实现跨越式发展。普达措国家公园在建设之前属于较原生态的景区，门票年收入仅 100 万元左右，然而在 2006 年建成普达措国家公园后，其门票收入迅速增长至 1 亿多元。公园运营至 2009 年底，接待的游客数量呈现不断增长的趋势，累计达 195.77 万人次，并实现门票收入 3.53 亿元。2015 年累计接待游客 132.96 万人次，同比增长 22.63%，并实现门票收入 2.83 亿元，同比增长 25.82%，占当年香格里拉市旅游门票总收入的一半以上。

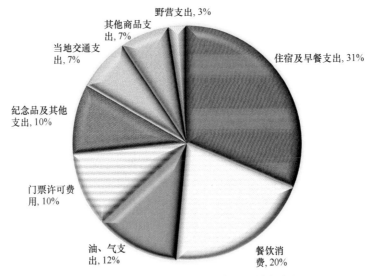

图 10.1　2016 年美国国家公园游客支出

资料来源：《2016 年美国国家公园游客消费影响报告》

表 10.4　2016 年美国国家公园游客支出对各部门的经济影响

影响	部门	劳动收入 （百万美元）	附加值 （百万美元）	总产出 （百万美元）
直接影响	住宿部门	2081.8	3596.2	5730.5
	餐饮部门	187.6	293.0	465.4
	油、气部门	1596.9	2149.8	3724.9
	门票管理部门	169.0	243.3	362.3
	纪念品商店	116.7	154.1	236.0
	当地交通部门	431.1	906.9	1365.9
	其他商品部门	725.3	1043.3	1884.2
	营地、营具等	483.4	539.9	826.9
直接影响总计	—	5791.8	8926.5	14596.1
间接影响	—	6254.3	11009.8	20282.2
总影响	—	12046.1	19936.3	34878.3

数据来源：《2016 年美国国家公园游客消费影响报告》。

　　另外，与国家公园密切相关的国家级风景名胜区和遗产地也表现了很大活力。2015 年国家级风景名胜区经营性收入为 550 亿元，是国家经费拨款的 8 倍。2015 年涉及世界遗产的国家级风景名胜区有 39 个，接待游客 1.8 亿人次，提供就业岗位 9 万余个，推动了所在地的经济转型和绿色发展。2014 年各遗产地为地方带来直接旅游收入 73 亿元；为当地居民提供就业岗位 8.8 万个；仅 2014 年，就为当地社区提供各种经济补偿 3800 余万元，帮助当地社区完成道路交通、电力通信等基础设施建设 98 项，支持医疗、教育、养老等公共设施项目 80 余项，举办捐资助学助教、农林培训、文艺宣传等公益活动 90 余项，有效地改善了遗产地居民的生活条件，促进了遗产地保护与居民生产生活的协调发展。风景名胜区和遗产地的经验表明依托当地良好的生态环境资源，符合社会发展需求的国家公园建设有望实现地方经济发展从"输血"到"造血"模式的转变。

2. 色林错 – 普若岗日国家公园发展的经济收益预分析

（1）生态旅游业

依托当地丰富而独特的自然旅游资源，色林错区域可依靠色林错 – 普若岗日国家公园的建设搭建以旅游业为主导的优势产业，积极推动农牧业结构升级，在县城和特色小集市、小集镇里努力开拓相关服务业。

当地经济跨越式发展。当地的旅游产业链包括：旅游资源的开发产业，即以国家公园为代表，发展当地丰富的自然资源及野生动植物资源，同时挖掘藏文化人文旅游资源；旅游资源的要素产业，即构建良好的旅游环境，在涉及食、住、行、游、购、娱等要素方面，将各个产业，如交通、科研、金融、住宿等行业共同调动，使其相互依托，成为完整的色林错 – 普若岗日国家公园产业体系。主要包括以下方面。

构建生态旅游产业。生态旅游产业链实现景观观赏、探险旅游、科研旅游、文化旅游、农业旅游、节庆表演等产业一体化。色林错区域野生动物资源极其丰富，有大面积保存完好的高寒湿地生态系统。班戈县地处纳木错与色林错两大湖泊之间，是游西藏大北线的必经之路，境内拥有大小景区景点 80 多处。目前，班戈县色林错野生动物观赏区项目正在建立，要系统挖掘区域丰富的野生动物资源和湿地资源景观；班戈谐钦具有一千年的历史，并被列入《国家级非物质文化遗产名录》；尼玛乡村落历史悠久，服饰、村落布局、民居建筑、风俗习惯、礼仪节庆、民间艺术、手工技艺等传统民俗文化元素均与尼玛乡人民的生产、生活息息相关，手工编制品等制作等独具特色。

随着色林错区域自然资源的进一步开发和生态旅游产业链更深层次的建立，可尝试发展一批以高原雪山景观和草原牧场风光为资源依托，形成观光摄影基地、自驾车营地、艺术写生基地等观光类旅游产品；建立以休闲农庄、观光果园、休闲渔场、骑马牧场、农业教育园、农业科普示范园为代表的农家乐、牧家乐等乡村休闲旅游产品；开发一批以藏地民俗文化、民族风情及高原传统文化为主题的旅游产品，包括藏戏演艺、民间歌舞、藏家体验等；推广民间藏药、藏医学及温泉资源，开发康体疗养和健身娱乐的康乐养生旅游产品；同时在一定区域实行差异化发展，以推动藏区发展从传统农牧业到现代农牧业，再到特色藏区农牧业 + 农牧文化的转变，循序构建当地的发展动能。

国家公园对地方经济发展贡献的测算需以国家公园合理容量为指引，在做过大量的社会经济调查后进行。根据预调查和初步测算，保守估计国家公园年参观者将达到年 10 万人次，人均花费为 600 元 /d［目前酒店设施水平较低，住宿费用还有很大的提升空间，尼泊尔国家公园人均花费为 70 美元左右（Baral et al.，2017）］，平均停留 7 天，那么国家公园带来的收入将达到 2.5 亿元，直接贡献相当于 2015 年色林错区域 GDP 的 12%。

（2）生态农产品产业

积极推动农牧业结构升级。农牧业是色林错区域的传统优势产业。以班戈县为例，

2015 年牲畜出栏率和牲畜产品商品率分别达到 30% 和 62%，可利用草场面积 3451.9 万亩，特色畜牧业养殖初具规模，藏系绵羊养殖规模在全地区中位居第一、绒山羊养殖规模位居全地区第三，产业优势和后发优势明显。随着地区旅游产业链的构建，把握时机对当地农牧业进行升级，发展高品质旅游和农牧产业，形成农家乐、生态农场、农牧产品加工等多种产业形式，搭建藏区经济绿色发展途径。加大对对藏医药的推广，形成当地品牌效应，完善藏医药种植、采摘、加工、运输一体化产业。

旅游业将提高农牧产品商品化率，促进产业化经营的持续发展，呈现多元化经营模式。2016 年班戈县第一产业产值约 1.4 亿元，2015 年出栏数为 256942 头，农牧业商品转化率为 60% 左右。按照日高峰期 600 个参观者的情景来计算，对当地农牧业商品转化率的直接贡献率约为 0.2% 左右（吃、购买加工品）。如果结合国家公园建设，建立 2 座小型农业加工厂，商品转化率可以提高到 70%，假设农牧业作为中间投入和最终产品价值不变，农产品产值约为 1500 万元，劳动价值为 60 万元，同时将带动当地运输企业新增 5 个就业岗位，销售企业新增 10 个就业岗位，沿用基本乘数与关联效应乘数之比 1 ∶ 1.42，创造劳动价值共计 339 万，带动农牧民增收约 3.3 倍（表 10.5）。

表 10.5　农产品商品转换率提高所带来的经济效益

农产品商品转换率提高 10%	新增企业数量（个）	创造就业岗位（个）	劳动价值（按万元算）
农业加工厂	2	20	60
运输	1	5	20
销售	1	10	60
小计	4	35	140
共计（以基本关联乘数为 2.42 计算）	—	—	339

（3）县城服务业

国家公园的发展为保护区外围的城镇发展带来了机遇。通过对旅游产业价值链的各环节协调，实现藏区农牧业和服务业产业的对接和整体提升。国家公园的建立吸引游客进入，扩大了当地的消费市场，为多地区服务业、旅游业发展创造了市场需求。地区的发展不能单纯依靠景点门票收入，必须综合考虑和旅游相关的食、住、行、娱等多种服务产品的开发，通过连接餐饮业、零售业、纪念品销售、民俗文化演艺等服务业形式，构建县城服务业产业链。例如，班戈县位于色林错黑颈鹤国家级自然保护区两大片区的中心位置，作为连接两地的交通枢纽，可以通过发展当地特色服务业，将县内服务产业链与国家公园的经济发展勾连，吸引游客"慢下来、留下来、住下来"。通过在当地发展特色餐饮业、酒店业、休闲产业、特色产品展览，吸引游客停留参加；进行户外用品销售、维护向导、救援系统开发，为游客提供必备的旅游观光产品；开发自身文化产业，发展高端旅游产品等。

（4）就业岗位

国家公园建设与发展将创造大量的就业岗位。鉴于各地区存在较大差异，因此需要具体分析。以班戈县旅游旺季日游客量约达 800 人计算,可以有效地带动 3 个景点的发展,可产生就业岗位 90 个,其中涉及景区票务、基础设施维护、保卫、安全救助、景区内讲解、景区宣传运营等多类型岗位,可以满足不同劳动力素质的需要。另外,由于班戈县与周围各县有一定的车程,并且初步预计在色林错 – 普若岗日国家公园游览的时间约为5 h,所以将会产生大量的住宿需求。按照我国实际情况推算,若选择在班戈县就近住宿,则其共可容纳约 700 人,以 2 人一间的旅游住宿惯例,共需要房间 400 间左右。结合淡季和旺季游客的情况,可以产生约两个宾馆住宿的需求。在满足旺季游客需求的前提下,为维护宾馆的日常运行,至少会产生经理、前台、服务人员等 75 个就业岗位需求。

此外,对于整个旅游活动来讲,为满足除基本住宿以外的餐饮、娱乐要求,旅游业的发展可带动当地餐饮、纪念礼品等配套性需求的增长。除酒店所能提供的基本餐饮以外,估算可以产生满足 6 个饭店或餐馆的就餐需求,一共可产生 24 个就业岗位。除此之外,还将带动工艺品、日常零售业、旅游教师等就业岗位的发展。关联产业的就业岗位初步估计为 405 个,诱发性就业岗位 142 个(表 10.6)。那么,国家公园建设在班戈县将创造 547 个就业岗位,带动农民收入增长 4 ~ 5 倍。

表 10.6　国家公园经济带动作用初步测算(班戈县相关项目)

项目建成后 5 年,3 个景区	就业人数(人)	价值(按就业计算,万元)	注释
基本			
景区	90	540	
酒店	75	270	临时就业人数可以在此基础上增加 50%
小计	165	810	
关联			
客栈	75	270	
餐馆	24	75.6	
客车	15	90	
出租	24	135	
导游	30	180	
零售	38	225	
工艺品	9	75.6	
纪念品店	10	45	
旅游教师	15	90	
小计	240	1186.2	
合计:基本 + 关联	405	1996.2	

比例:基本 : 关联 = 1 : 1.42(就业)

基本关联乘数:2.42

诱发就业:405×0.35=141.75

基本 + 关联 + 引发就业:547

带动收入增长 4 ~ 5 倍

10.2.4　文化效益

典型文化遗产是色林错－普若岗日国家公园的重要构成要素，对这些典型文化遗产的保护和展示是国家公园建设中的重要任务，这既能延续文化遗产的价值，又能扩大区域的文化影响。另外，色林错－普若岗日国家公园游憩也会客观上产生相应文化效应，主要体现在 3 个方面：第一是促进文化保护，第二是驱动文化创造，第三是扩大文化影响。

第一，色林错－普若岗日国家公园内拥有丰富的文化旅游资源。初步调查表明，绝大部分游客对公园内的文化资源有浓厚兴趣，文化体验是该公园内旅游的重要内容。其中，游客对象雄文化的感兴趣程度最为突出，其次为宗教文化、民族艺术、游牧文化等。文化保护和传承是文化利用的前提，色林错－普若岗日国家公园文化旅游开发运营必将促进文化展示、文化传承、文化遗迹保护等。

第二，根据鲁朗小镇等文化旅游区的开发运营经验，以旅游体验为目的进行的文化呈现将会引入多媒体、虚拟现实等技术，将会对文化的表现与陈列方式进行创新，从而使国家公园内的传统文化更加生动活泼，文化影响力更加突出。

第三，国家公园建设属于国家战略，会引起国家、西藏自治区、那曲市相关文化部门及社会有关文化主体的关注和参与，会壮大公园内的文化建设者力量，促进各个层面的文化交流，从而促进公园内的文化繁荣。

第四，根据国外国家公园开发运营经验，在国家公园品牌驱动下，艺术、摄影、文学与音乐创作等文化活动会更加活跃，从而对文化建设产生推动作用。

第五，色林错－普若岗日国家公园内的象雄文化等文化现象由于其存在环境的特殊性，相应文化行为、文化载体、文化场景均具有一定的不同寻常特征，会对访客心理造成强大的冲击和震撼，从而可有效地将与其相关联的一些生态文明思想传递给游客。

10.3　风险分析

10.3.1　生态环境风险

国家公园建设运营也有造成生态环境问题的风险，如 1872 ～ 1916 年，美国的国家公园就曾遇到过大肆修建旅馆、大量修建道路、砍伐森林、猎杀野生动物，进而严重干扰生态环境的问题，优胜美地国家公园内甚至还修建水坝来解决旧金山的供水问题；20 世纪 30 年代，美国黄石国家公园的游憩活动对美洲野牛、黑熊等野生动物的繁衍造成干扰，其他一些国家公园曾引进外来物种进行风景培育，对本土生态造成了破坏。然而，经过对国家公园的重新定位及严格管护措施的实施，现在这些生态方面的问题都得到了解决。据此可认为国家公园建设存在风险，但相关风险可以有效防范和应对。

色林错 – 普若岗日国家公园建设的生态风险主要体现在旅游活动对草地的占用，旅游排污对生态的影响，旅游活动对野生动物的干扰等方面。但根据上文分析，旅游活动将被限定在指定范围之内，且旅游接待空间占整个国家公园生态空间的比例微不足道，只有千万分之一左右。另外，根据上文分析，公园内每天的排污治理成本为3.02 万元（每年约有 6 个月为旅游淡季，此期间游客量按最大游客量的 1/2 计算），则每年公园需花费 850 万元用于治理排放污染，这会对国家公园运营造成一定压力。游客活动会对野生动物造成干扰，会压缩野生动物的生存环境。但在地域辽阔的色林错 – 普若岗日国家公园内，这种影响同样比较微弱，且可通过有效的游客管理手段来减少旅游对野生动物的影响。

10.3.2　游客安全风险

在色林错区域，访客面临的安全风险因素较多：如高原缺氧导致胸闷气短、全身乏力、行走困难；在一望无际的草原上容易迷路；车辆在溪流或沼泽中受陷；天气复杂多变，会遭到冰雹和大风的袭击；熊、狼等野生动物广泛出没，对人身安全构成威胁等。在尼玛县，旅游旺季每月会遇到十多次游客求助事件；在双湖县，每月会遇到 3 ～ 4 次游客求助事件。大部分求助均为车辆被陷，或车辆发生故障。而车辆被陷主要是游客不遵守旅游驾驶要求、不按照既定行驶路线行车造成的。

因此，加强对游客的管理非常必要。另外，需针对高寒缺氧环境下访客生理易出现的各种不适，制定相应的预防及应急办法；识别访客可能会受野牦牛、棕熊等野生动物袭击的地点及时段，采取有效的防范应对办法。分析游憩者户外活动过程中可能会遇到的其他风险及制定相应的风险应对方案等。

10.3.3　文化冲突风险

在色林错区域的民族和宗教文化背景下，游客所带入的消费文化观念、所产生的不确定行为可能会引起文化冲突。在西藏其他地方，就经常发生访客攀爬经幡佛器、在佛寺周围不按顺时针方向行走、在寺庙院落中追打动物、随意抚摸喇嘛佩戴的护身符、触摸藏族同胞的头等有违地方文化传统的行为，引起了不必要的冲突。

在色林错 – 普若岗日国家公园建设中，也同样存在出现上述文化冲突的风险。因此，需在调查研究当地宗教寺院及民俗文化中有关禁忌的基础上，制作游客行为提示手册，将相应的禁忌清晰地告知游客；在进行旅游活动之前，需对相应访客对当地宗教文化、民俗文化的理解程度进行摸底调查，并通过事先介绍的方法加深游客对当地文化的尊重和理解程度。针对可能会出现的文化冲突事件，制定相应的防范及冲突化解预案等。

参考文献

边多, 边巴次仁, 拉巴, 等. 2010. 1975~2008年西藏色林错湖面变化对气候变化的响应. 地理学报, 65(3): 313~319.

边多, 杨志刚, 李林, 等. 2006. 近30年来西藏那曲地区湖泊变化对气候波动的响应. 地理学报, 61(5): 510~518.

仓决卓玛, 杨乐, 李建川, 等. 2008. 西藏黑颈鹤的保护与研究现状. 四川动物, 27(3): 449~453.

曹生奎, 曹广超, 陈克龙, 等. 2014. 青海湖高寒湿地生态系统服务价值动态. 中国沙漠, 34(5): 1402~1409.

陈春阳, 陶泽兴, 王焕炯, 等. 2012. 三江源地区草地生态系统服务价值评估. 地理科学进展, 31(7): 978~984.

陈德亮, 徐柏青, 姚檀栋, 等. 2015. 青藏高原环境变化科学评估: 过去、现在与未来. 科学通报, 60(32): 3025~3035.

陈莉. 2017. 旅游业对西藏经济增长的影响研究. 拉萨: 西藏大学硕士学位论文.

陈耀华, 黄丹, 颜思琦. 2014. 论国家公园的公益性、国家主导性和科学性. 地理科学, 34(3): 257~264.

程绍文, 张婕, 胡静, 等. 2013. 中英国家公园旅游可持续比较研究——以中国九寨沟和英国新森林国家公园为例. 人文地理, 28(2): 20~26.

池永宽, 熊康宁, 刘肇军, 等. 2015. 我国天然草地生态系统服务价值评估. 生态经济, 31(10): 132~137.

崔庆明, 徐红罡, 杨杨. 2014. 世俗的朝圣: 西藏旅游体验研究. 旅游学刊, 29(2): 110~117.

丁哲澜, 陈东, 樊杰, 等. 2013. 我国县级政府贫困现状与空间特征. 地域研究与开发, (6): 8~13.

杜鹃, 杨太保, 何毅. 2014. 1990—2011年色林错流域湖泊-冰川变化对气候的响应. 干旱区资源与环境, (12): 88~93.

恩和. 2005. 蒙古高原草原荒漠化的文化学思考. 内蒙古社会科学, 26: 136~141.

樊杰. 2000. 青藏地区特色经济系统构筑及与社会、资源、环境的协调发展. 资源科学, 22(4): 12~21.

樊杰, 王海. 2005. 西藏人口发展的空间解析与可持续城镇化探讨. 地理科学, 25(4): 385~392.

樊杰, 徐勇, 王传胜, 等. 2015. 西藏近半个世纪以来人类活动的生态环境效应. 科学通报, 60(32): 3057~3066.

樊杰, 钟林生, 李建平, 等. 2017. 建设第三极国家公园群是西藏落实主体功能区大战略、走绿色发展之路的科学抉择. 中国科学院院刊, 32(9): 20~32.

丰婷. 2011. 国家公园管理模式比较研究——以美国、日本、德国为例. 上海: 华东师范大学硕士学位论文.

侯鹏, 杨旻, 翟俊, 等. 2017. 论自然保护地与国家生态安全格局构建. 地理研究, 36(3): 420~428.

黄宝荣, 欧阳志云, 郑华. 2016. 生态系统完整性内涵及评价方法研究综述. 应用生态学报, 11(17): 2196~2202.

黄丽玲, 朱强, 陈田. 2007. 国外自然保护地分区模式比较及启示. 旅游学刊, 22(3): 18~25.

黄幸, 陈月华, 覃事妮. 2015. 传统村落整体人文生态系统浅析. 绿色科技, (4): 92~95.

贾军梅, 罗维, 杜婷婷, 等. 2015. 近十年太湖生态系统服务功能价值变化评估. 生态学报, 35(7): 2255~2264.

赖启福, 陈秋华, 黄秀娟. 2009. 美国国家公园系统发展及旅游服务研究. 林业经济问题, 29(5): 448~453.

李斌, 陈午, 许新宜, 等. 2016. 基于生态功能的水资源三级区水资源开发利用率研究. 自然资源学报, 31(11): 1918~1925.

李凤山. 2005. 黑颈鹤的现状和保护//李凤山, 杨晓君, 杨芳. 云贵高原黑颈鹤的现状及保护. 昆明: 云南民族出版社.

李凤山, 马建章. 1992. 越冬黑颈鹤的时间分配, 家庭和集群利益的研究. 野生动物, 67(3): 34~41.

李立新, 王兵, 周立波, 等. 2011. 矿产资源开发生态景观风险评价. 矿产保护与利用, 2: 1~5.

李忠魁, 拉西. 2009. 西藏草地资源价值及退化损失评估. 中国草地学报, 31(2): 14~21.

李筑梅, 李凤山. 2005. 黑颈鹤研究. 上海: 上海科技教育出版社.

廖日京. 1999. 国家公园. 台北: 台湾大学森林学博士学位论文.

刘冲. 2016. 城步国家公园体制试点区运行机制研究. 长沙: 中南林业科技大学硕士学位论文.

刘静佳. 2017. 基于功能体系的国家公园多维价值研究——以普达措国家公园为例. 学术探索, (1): 57~62.

刘兴元, 冯琦胜. 2012. 藏北高寒草地生态系统服务价值评估. 环境科学学报, 32(12): 3152~3160.

刘兴元, 龙瑞军, 尚占环. 2012. 青藏高原高寒草地生态系统服务功能的互作机制. 生态学报, 32(24): 7688~7697.

刘正佳, 于兴修, 李蕾, 等. 2011. 基于SRP概念模型的沂蒙山区生态环境脆弱性评价. 应用生态学报, 22(8): 2084~2090.

卢琦, 赖政华, 李向东. 1995. 世界国家公园的回顾与展望. 世界林业研究, (1): 35~40.

马鸣. 2003. 青海隆宝国家级自然保护区还有黑颈鹤吗. 中国鹤类通讯, 7(1): 13~14.

马燕. 2017. 藏羚羊的研究现状. 中国高原医学与生物学杂志, 38(3): 206~212.

孟恺. 2012. 青藏高原中部色林错区域古湖滨线地貌特征、空间分布及高原湖泊演化//中国科学院地质与地球物理研究所. 中国科学院地质与地球物理研究所2012年度(第12届)学术论文汇编——特提斯研究中心. 北京: 中国科学院地质与地球物理研究所.

孟恺, 石许华, 王二七, 等. 2012. 青藏高原中部色林错湖近10年来湖面急剧上涨与冰川消融. 科学通报, 57(7): 668~676.

孟宪民. 2007. 美国国家公园体系的管理经验: 兼谈对中国风景名胜区的启示. 世界林业研究, 20(1): 75~79.

米玛顿珠. 2017. 西藏生态脆弱区绿色矿业经济发展模式研究. 武汉: 中国地质大学博士学位论文.

蒲健辰, 姚檀栋, 王宁练, 等. 2004. 近百年来青藏高原冰川的进退变化. 冰川冻土, 26(5): 517~522.

乔治·阿其博. 2005. 黑颈鹤的观察研究. 中国鹤类研究. 贵阳: 云南教育出版社.

秦远好. 2006. 三峡库区旅游业的环境影响研究. 重庆: 西南大学博士学位论文.

任贾文, 秦大河, 井哲. 1998. 气候变暖使珠穆朗玛峰地区冰川处于退缩状态. 冰川冻土, 20(2): 17~18.

沈均梁. 2014. 藏原羚. 经济动物学报, 18(1): 3~4.

施雅风, 刘潮海, 王宗太, 等. 2005. 简明中国冰川目录. 上海: 上海科学普及出版社.

石璇, 李文军, 王燕, 等. 2007. 保障保护地内居民受益的自然资源经营方式——以九寨沟股份制为例. 旅游学刊, (3): 12~17.

苏杨. 2003. 中国西部自然保护区与周边社区协调发展的研究与实践. 中国可持续发展, (4): 54~59.

苏杨. 2017. 建立国家公园体制——强化自然资源资产管理. 中国环境报, 2017-11-20(003).

孙鸿烈. 2003. 中国科学院青藏高原综合科学考察研究三十年. 科学新闻, (20): 8~9.

孙鸿烈, 郑度. 1998. 青藏高原形成演化和发展. 广州: 广东科学技术出版社.

孙鸿烈, 郑度, 姚檀栋, 等. 2012. 青藏高原国家生态安全屏障保护与建设. 地理学报, 67(1): 3~12.

孙琨, 钟林生. 2014. 青藏地区草原旅游生态负效益评价及其补偿研究. 长江流域资源与环境, 23(9): 1322~1329.

覃发超, 刘丽君, 张斌. 2009. 基于RS和GIS的西藏可利用土地资源评价. 统计与决策, (23): 77~79.

田世政, 杨桂华. 2011. 中国国家公园发展的路径选择: 国际经验与案例研究. 中国软科学, (12): 6~14.

田兴军. 2005. 生物多样性及其保护生物学. 北京: 化学工业出版社.

图登克珠. 2017. 西藏旅游扶贫与农牧民增收问题研究. 西藏大学学报(社会科学版), 32(1): 134~138.

王柯平. 2015. 旅游美学论要. 北京: 北京大学出版社.

王立鹏, 唐晓峰. 2017. 普达措和老君山国家公园社区参与旅游比较研究. 农村经济与科技, 28(11):

85~86, 91.

王梦君, 唐芳林, 孙鸿雁. 2016. 国家公园范围划定探讨. 林业建设, (2): 21~26.

王娜. 2011. 对构建西藏生态安全屏障的几点思考. 西藏发展论坛, (3): 43~46.

王亚欣, 李泽锋. 2013. 西藏藏传佛教文化旅游游客的动机和满意度研究. 经济管理, 35(4): 125~132.

王原, 陆林, 赵丽侠. 2014. 1976—2007 年纳木错流域生态系统服务价值动态变化. 中国人口·资源与环境, 24(11): 154~159.

蔚东英. 2017. 国家公园管理体制的国别比较研究——以美国、加拿大、德国、英国、新西兰、南非、法国、俄罗斯、韩国、日本10个国家为例. 南京林业大学学报(人文社会科学版), (3): 89~98.

吴普, 岳帅. 2013. 旅游业能源需求与二氧化碳排放研究进展. 旅游学刊, 28(7): 64~72.

吴至康, 李筑眉, 王有辉, 等. 1993. 黑颈鹤迁徙研究初报. 动物学报, 39(1): 105~106.

习近平. 2011. 习近平在庆祝西藏和平解放六十周年大会上的讲话. 人民日报, 2011-7-20.

郄建荣. 2017. 我国已完成生物多样性保护优先区域边界核定. 法制网. http://www.chla.com.cn/htm/2017/0222/. [2018-3-4]

夏霖, 杨奇森, 李增超, 等. 2005. 交通设施对可可西里藏羚季节性迁移的影响. 四川动物, 24(2): 147~151.

谢高地, 鲁春霞, 肖玉, 等. 2003. 青藏高原高寒草地生态系统服务价值评估. 山地学报, 21(1): 50~55.

谢伟. 2017. 那曲地区"六个扶持"抓好扶贫工作. 中国西藏新闻网. www.xzxw.com/xw/xzyw/201711/t20171103_2018958.html. [2017-11-03].

徐瑶. 2014. 藏北草地退化遥感监测与生态安全评价. 成都: 成都理工大学博士学位论文.

徐瑶, 何政伟. 2014. 基于RS和GIS的藏北申扎县生态资产供需平衡分析. 物探化探计算技术, 36(3): 375~379.

徐媛媛, 周之澄, 周武忠. 2016. 中国国家公园管理研究综述. 上海交通大学学报, 50(6): 980~986.

鄢燕, 刘淑珍. 2003. 西藏自治区那曲地区草地资源现状与可持续发展. 山地学报, 21(增刊): 40~44.

闫露霞, 孙美平, 姚晓军, 等. 2018. 青藏高原湖泊水质变化及现状评价. 环境科学学报, (3): 900-910.

严国泰, 沈豪. 2015. 中国国家公园系列规划体系研究. 中国园林, (2): 15~18.

杨锐. 2001. 国家公园体系的发展历程及其经验教训. 风景园林, (1): 62~64.

杨文忠. 2012. 滇西北基于民族文化的自然保护模式研究. 昆明: 云南大学博士学位论文.

杨文忠, 谷勇, 赵晓东, 等. 2005. 高黎贡山和白马雪山国家级自然保护区少数民族文化与自然保护关系调研报告. 昆明: 云南省林业科学院博士学位论文.

姚檀栋, 余武生, 杨威, 等. 2016. 第三极冰川变化与地球系统过程. 科学观察, 11(6): 55~57.

殷宝法, 于智勇, 杨生妹, 等. 2007. 青藏公路对藏羚羊、藏原羚和藏野驴活动的影响. 生态学杂志, 26(6): 810~816.

余玉群, 刘务林, 桑杰. 1993. 西藏拉萨河上游黑颈鹤越冬生态的初步研究. 动物学研究, 14(3): 250~251.

喻泓, 罗菊春, 崔国发, 等. 2006. 自然保护区类型划分研究评述. 西北农业学报, 15(1): 104~108.

袁宝印, 黄慰文, 章典. 2007. 藏北高原晚更新世人类活动的新证据. 科学通报, 52(13): 1567~1571.

查瑞波, 孙根年, 董治宝, 等. 2016. 青藏高原大气氧分压及游客高原反应风险. 评价生态环境学报, 25(1): 92~98.

张丽君, 侯霄冰. 2017. 西藏多维贫困特征及精准扶贫研究. 黑龙江民族丛刊, (3): 85~91.

张薇. 2010. 风景名胜区规划分区的探讨. 南京: 南京林业大学硕士学位论文.

赵疆宁, 高行宜. 1991. 藏原羚. 干旱区研究, (1): 29.

赵新全, 周青平, 马玉寿, 等. 2017. 三江源区草地生态恢复及可持续管理技术创新和应用. 青海科技, 24(1): 13-19.

郑敏, 张家义. 2013. 美国国家公园的管理对我国地质遗迹保护区管理体制建设的启示. 中国人口·资源与环境, 13(1): 37~40.

郑生武, 高行宜. 2000. 中国野驴的现状、分布区的历史变迁原因探讨. 生物多样性, (1): 81~88.

钟林生, 邓羽, 陈田, 等. 2016. 新地域空间——国家公园体制构建方案讨论. 中国科学院院刊, 31(1): 126~133.

钟士芹. 2017. 西藏自治区及下辖市(地区)经济财政实力与债务研究(2017). 上海: 上海新世纪资信评估投资服务有限公司.

朱立平, 乔宝晋, 杨瑞敏, 等. 2017. 青藏高原湖泊水量与水质变化的新认知. 自然杂志, 39(3): 166~172.

朱明, 史春云. 2015. 国家公园管理研究综述及展望. 北京第二外国语学院学报, (9): 24~33.

朱璇. 2008. 美国国家公园运动和国家公园系统的发展历程. 风景园林, (6): 22~25.

住建部. 2016. 生活垃圾产生量计算及预测方法 CJ/T106-2016[S]. 北京: 中国标准出版社.

Baral N, Kaul S, Heinen J T, et al. 2017. Estimating the value of the World Heritage Site designation: A case study from Sagarmatha (Mount Everest) National Park, Nepal. Journal of Sustainable Tourism, 25(12): 1776~1791.

Barker A, Stockdale A. 2008. Out of the wilderness? Achieving sustainable development within Scottish national parks. Journal of Environmental Management, 88(1): 181~193.

Bere R. M. 1957. The national park idea: How to interest the african public. Oryx, (1): 21~27.

Brotherton I. 1982. National parks in great Britain and the achievement of nature conservation purposes. Biological Conservation, (2): 85~100.

Cochrane J. 2006. Indonesian national parks understanding leisure users. Annals of Tourism Research, 33(4): 979~997.

Dearden P, Rollings R. 1993. Parks and Protected Areas in Canada: Planning and Management. Toronto: Oxford University Press.

Dressler W. H, Kull C. A, Meredith T. C. 2006. The politics of decentralizing national parks management in the Philippines. Political Geography, (7): 789~816.

Dudley N. 2008. Guidelines for Applying Protected Area Management Categories. IUCN, Gland.

Fan J, Wang H Y, Chen D, et al. 2010. Discussion on sustainable urbanization in Tibet. Chinese Geographical Science, 20(3): 258~268.

Graham J, Alnos B, Plumptre T. 2003. Governance principles for Protected Areas in the 21st Century. Durban: The Vth IUCN World Parks Congress.

IUCN, UNEP-WCMC. 2014. The World Database on Protected Areas(WDPA): April 2014. Cambridge, UK: UNEPWCMC.

Jameson J. R. 1980. The national park system in the United States: An overview with a survey of selected government documents and archival materials. Government Publications Review, (2): 145~158.

Kim S S, Lee C K, Klenosky D B. 2003. The influence of push and pull factors at Korea National Parks. Tourism Management, (2): 169~180.

Lovari S, Cassola F. 1975. Nature conservation in Italy: The existing national parks and other protected areas. Biological Conservation, (8): 127~142.

Lupp G, Konold W, Bastian O. 2013. Landscape management and landscape changes towards more naturalness and wilderness: Effects on scenic qualities—The case of the Müritz National Park in Germany. Journal for Nature Conservation, (21): 10~21.

Owen J S. 1969. Development and Consolidation of Tanzania National Parks. Biological Conservation, (2): 156~158.

Pritchard J. 2002. Selling Yellowstone: Capitalism and the construction of nature. Lawrence, Kan.: University Press of Kansas.

Qiu L, Feng Z J. 2014. Effects of traffic during daytime and other human activities on the migration of Tibetan Antelope along the Qinghai~Tibet highway. Qinghai-Tibet Plateau. Acta Zoolo GicaSinica (动物学报), 50(4): 669~674.

Schaller. 1986. The comprehensive scientific Expedition to the Qinghai-Tibet Plateau, Chinese Academy of Sciences, Glaciers of Tibet. Beijing: Science Press.

Wescott G C. 1991. Australia's distinctive national parks system. Environmental Conservation, 18(4): 331~340.

White P. C. L, Lovett J. C. 1999. Public preferences and willingness-to-pay for nature conservation in the North York Moors National Park. Journal of Environmental Management, (1): 1~13.

Williams J R, Arnold J G. 1997. A system of erosion sediment yield models. Soil Technology, 11(1): 43~55.

Wischmeier W H, Smith D D. 1958. Rainfall energy and its relationship to soil loss. Transactions American Geophysical Union, 39: 285~291.

Wyer N, Bishop M, Harkness J, et al. 1992. Black-necked cranes nesting in the Tibet autonomous region, P. R. China. North American CraneWorkshop, 6: 75~80.

Ryan D A. 1978. Recent development of national parks in Nicaragua. Biological Conservation, (3): 179~182.

附录

色林错区域考察日志

色林错区域考察日志一

课题名称：	色林错－普若岗日国家公园建设方案　　2017 年 10 月 11 日			
考察内容：色林错－普若岗日国家 公园区域自然与人文概况		考察区域： 班戈县、尼玛县、申扎县		考察时间： 2017 年 9 月 16～23 日
考察领队：樊杰，考察人员：钟林生、安宝晟、黄宝荣、吴登生、陈东、王红兵、刘旺、郭锐、王亚飞、杨振山、 虞虎、孙琨、燕妮				
日期（每天）	工作内容（如分组则分别填写）	停留地点	交通工具	住宿条件
9 月 16 日	与拉萨部对接考察工作，前期准备	拉萨	飞机	拉萨部招待所
9 月 17 日	科考前期准备	拉萨	汽车	拉萨部招待所
9 月 18 日	从拉萨开车至班戈县	班戈县	汽车	纳木错宾馆
9 月 19 日	班戈县至尼玛县，沿途考察色林错	尼玛县	汽车	尼玛县招待所
9 月 20 日	尼玛县至申扎县，沿途考察藏羚羊保护区	申扎县	汽车	申扎县招待所
9 月 21 日	申扎县至拉萨，沿途考察湿地保护区	拉萨	汽车	拉萨部招待所
9 月 22 日	在拉萨周边考察	拉萨	汽车	拉萨部招待所
9 月 23 日	从拉萨返回北京		飞机	结束
课题负责人：		领队：	经手人：	

色林错区域考察日志二

课题名称：	色林错 - 普若岗日国家公园建设方案　2018 年 7 月 15 日			
考察内容：色林错 - 普若岗日国家公园区域自然与人文概况		考察区域：那曲市、班戈县、双湖县、尼玛县、申扎县		考察时间：2018 年 7 月 3 ~ 14 日
考察领队：樊杰，考察人员：樊杰、钟林生、徐勇、王传胜、刘旺、黄宝荣、周侃、刘寅鹏、陈东、李九一、郭锐、王亚飞、杨振山、余建辉、孙琨、王移、虞虎、赵艳楠、梁博、张海鹏、李萌、段健、白赫、赵燊、陈东军、杨定、聂炎宏				
日期（每天）	工作内容（如分组则分别填写）	停留地点	交通工具	住宿条件
7 月 3 日	与拉萨部对接考察工作，前期准备	拉萨	飞机	拉萨部招待所
7 月 4 日	从拉萨前往那曲市，与那曲市政府座谈对接，作关于色林错 - 普若岗日国家公园的计划和工程项目安排	那曲市	汽车	那曲宾馆
7 月 5 日	一队在那曲市对接收集部门规划和矢量数据资料，二队上午前往班戈县，下午考察色林错北线的错鄂鸟岛、自驾游营地、搬迁村、雄梅镇等，进行影像航拍	班戈县	汽车	纳木错宾馆
7 月 6 日	一队、二队汇合，上午考察色林错南线的班戈错、汤腊草地、门当乡，下午与班戈县各职能部门收集资料	班戈县	汽车	纳木错宾馆
7 月 7 日	一队前往尼玛县沿途考察吴如错，二队前往双湖县沿途考察多玛乡政府，三队返回拉萨、北京，下午与两县政府开座谈会，对接工作	尼玛县双湖县	汽车	尼玛宾馆、普若岗日宾馆
7 月 8 日	尼玛队考察恰规错、罗布玉杰管理站、人民医院、唐鲁村等设施；双湖队考察普若岗日冰川、保护区管理站，进行影像航拍，下午到各部门收集资料	尼玛县双湖县	汽车	尼玛宾馆、普若岗日宾馆
7 月 9 日	双湖队赴尼玛县汇合，沿途考察色林错西南核心区湿地、达则错，下午考察戈芒错和张乃错，进行影像航拍	尼玛县	汽车	尼玛宾馆
7 月 10 日	尼玛县上午赴申扎县，沿途考察马跃乡小学、错鄂湿地、旧石器遗址，下午考察格仁错及环湖乡镇、孜桂错，进行影像航拍	申扎县	汽车	申扎县招待所
7 月 11 日	上午考察申扎县买巴乡藏羚羊永久栖息地，下午考察队返回拉萨	拉萨	汽车	拉萨雅汀舍丽酒店
7 月 12 ~ 13 日	考察队返回北京，留虞虎、聂炎宏两人与中国科学院青藏高原研究所拉萨部商讨设备放置	拉萨	飞机	拉萨雅汀舍丽酒店
7 月 14 日	虞虎、聂炎宏二人返回北京		飞机	结束
课题负责人：		领队：	经手人：	